乡村振兴畜牧兽医实用技术选编

2018

黄　卫　刘　斌　张会峰　主编

中国农业大学出版社
·北京·

图书在版编目(CIP)数据

乡村振兴畜牧兽医实用技术选编.2018/黄卫,刘斌,张会峰主编.—北京:中国农业大学出版社,2018.6

ISBN 978-7-5655-2063-1

Ⅰ.①乡…　Ⅱ.①黄…②刘…③张…　Ⅲ.①畜牧学②兽医学　Ⅳ.①S8

中国版本图书馆 CIP 数据核字(2018)第 160900 号

书　　名　乡村振兴畜牧兽医实用技术选编

作　　者　黄　卫　刘　斌　张会峰　主编

策划编辑　张　蕊　张　玉　　　**责任编辑**　张　玉

封面设计　郑　川

出版发行　中国农业大学出版社

社　　址　北京市海淀区圆明园西路 2 号　　　**邮政编码**　100193

电　　话　发行部 010-62818525,8625　　　读者服务部 010-62732336

编辑部 010-62732617,2618　　　出　版　部 010-62733440

网　　址　http://www.caupress.cn　　　**E-mail**　cbsszs @ cau.edu.cn

经　　销　新华书店

印　　刷　北京工商事务印刷有限公司

版　　次　2018 年 7 月第 1 版　2018 年 7 月第 1 次印刷

规　　格　787×1 092　16 开本　19.75 印张　480 千字

定　　价　56.00 元

编 委 会

编委 陈　磊　河北省石家庄市栾城区畜产品质量监测站
张建平　湖北省建始县三里乡畜牧兽医服务中心
陈相辉　山东省昌邑市奎聚街道畜牧兽医管理站
陈志宏　宁夏回族自治区石嘴山市惠农区动物卫生监督所
程云锋　湖北省枝江市动物卫生监督局
丁国进　昌吉市畜牧兽医局生产科科长
董　瑞　陕西省榆阳区大河塔镇安崖畜牧兽医工作站
樊　华　宁阳县畜牧兽医局畜产品质量安全监管科科长
范治国　河北省沧州市东光县农业局
宫建成　河北省承德县农牧局
侯桂芳　河北省衡水市动物卫生监督所
黄　香　广西壮族自治区畜牧研究所
冀永华　山西省忻州市牧草饲料工作站畜牧师
蒋勇军　江苏省扬州市广陵区沙头镇畜牧兽医技术推广服务站
李　舵　新疆维吾尔自治区动物卫生监督所
李有龙　云南野生动物园有限公司
李　赟　太原市动物疫病预防控制中心
刘才彬　山东省郯城县畜牧兽医技术推广中心
潘明哲　伊川县动物疫病预防控制中心
庞晓光　河北省承德县农牧局
宋　瑞　石家庄市畜产品质量监测中心
王建瑶　贵州省毕节市种畜场
王克生　山东省龙口市兰高镇畜牧兽医工作站
王　莹　山东省菏泽市牡丹区动物卫生监督所
武春元　阳曲县东黄水镇农村便民服务中心畜牧兽医服务站
许　俊　云南省曲靖市沾益区菱角乡畜牧兽医站
杨　洁　石家庄市畜产品质量监测中心 业办室副主任
杨　荣　北京市朝阳区动物疫病预防控制中心
张　栋　山东省动物疫病预防与控制中心
张孝国　吉林省桦甸市八道河子镇畜牧兽医站
赵留印　山东省菏泽市牡丹区沙土镇农业综合服务中心
赵　娜　河北省南和县农业局
赵兴鑫　河北省石家庄市农业畜牧局
仲万玉　河南省商丘市动物卫生监督所
周炳绪　河北省沧州市东光县农业局

前　言

中国畜牧业的发展其实与我国改革开放的发展紧密相连，在短短的40年里从“杀猪过年，鸡犬相闻”的小农经济，发展到现在以小规模散养户为主体的养殖模式，部分养殖企业已经实现了规模化、标准化养殖，可以说成就不小，贡献巨大。

随着社会的进步，人民生活水平的提高，全社会对畜牧行业提出了更高的要求，期望提供更多的“绿色食品”“健康食品”“有机食品”，但由于中国畜牧业仍以个体养殖户养殖为主体，在整个产业链中制约整个产业的发展，行业发展水平与人们对美好生活的向往还有不小差距，而且多年来非常规发展的畜牧行业社会责任已经发生改变，养殖已经不单单是“饲料＋鸡苗＋兽药”的问题，而是一个系统性的工程，需要方方面面的协调与支持。

今年是中国改革开放40周年，也是党中央乡村振兴战略实施开局之年。为了顺应时代对于畜牧业的要求，我们编写了这本实用技术类图书。此书立足畜牧兽医行业，从畜牧业发展现状、基础研究、家畜养殖、家禽养殖和特种养殖等五个方面勾勒出本书的主要框架。本书在内容筛选上首重实用性，又不失理论性，同时兼顾内容的系统性、科学性，可以说对于实际生产中出现的具有代表性的问题进行了一次相对集中的梳理。

本书的顺利出版，首先要感谢本书入选作者，感谢他们对于畜牧业的热爱和奉献。同时还要感谢中国农业大学出版社张蕊主任以及编辑部同事们在本书的出版过程中给予的大力支持和帮助！期望本书的出版能对现代畜牧业健康发展提供参考。由于时间仓促，本书难免出现挂一漏万之处，敬请读者谅解！

编　者

2018年6月5日

前言

目　　录

第一篇　畜牧业发展

第一部分　各地畜牧业政策

第二部分　畜牧业情况调查

第二篇　基础研究

第三篇　家畜养殖

第一部分　病例剖析

第二部分　疫病防控

第三部分　饲养管理

第四篇　家禽养殖

第五篇　特种养殖

2018

第一篇　畜牧业发展

第一部分　各地畜牧业政策

关于防范“扶贫羊”疫病风险　提高扶贫成效维护“无疫区”品牌的建议

何春方

（海南省动物卫生监督所，海南海口　570000）

1　当前我省羊的饲养情况

海南黑山羊，是海南省目前唯一的地方优良山羊品种。在海南各市县均有分布，具有耐粗饲、耐高温高湿、抗病力强、性成熟早、肉用性能好等优点，是中国热带地区规模化养殖宝贵的品种资源。

从海南省政府《2016 年上半年海南省主要畜禽生产形势分析》了解到，2016 年上半年羊出栏整体提升。据国家统计局海南调查总队对全省主要畜禽监测调查结果显示，海南省 2016 年上半年羊出栏量 44.43 万只，同比增长 3.07%；期末羊存栏 63.44 万只，同比增长 3.66%。

当前，“黑山羊”特色养殖以其耐粗放、易管理、见效快等优势，已经成为我省脱贫攻坚的一种重要举措。

2　“扶贫羊”存在的疫病风险

当前海南省因为扶贫项目集中采购的黑山羊，数量较大，多数中标单位并无真正的供货能力，即便是合作社也难满足各市县的规模采购。这样就造成了这些中标单位从千家万户中收购，有些甚至与不法分子联手从省外偷运。省内千家万户收购的羊由于其饲养环境、车辆运输等因素而造成应激，使其抵抗力减弱而至生病。外省羊由于其无法从正规渠道进入，难免舟车劳顿，一上岸后便匆忙分发到各家各户中，这种羊由于其来源不明，疫病整体状况不清楚，所以疫病传入风险巨大。2016 年 1～11 月份海南省各市县都有“扶贫羊”发病并且死亡的例子，有些批次的“扶贫羊”已全部死亡，甚至还传染给本地的猪、牛、羊。

3　防范“扶贫羊”疫病风险的措施

3.1　科学规范实施养羊扶贫项目的采购

3.1.1　科学制订扶贫羊项目计划

按照最新最权威的山羊统计数据测算出其年度生产能力，从而确定扶贫羊的最大数量；将现有100只以上规模羊场纳入扶贫供羊点实施监管,确保其羊健康无疫。

3.1.2 科学设定供应商资格,确保本场供羊

供应商除符合《政府采购法》第二十二条规定外,还要具备《动物防疫条件合格证》、完整的养殖档案、防疫档案、重大动物疫病定期监测合格证明、售后防疫技术服务等,必要时对其年繁殖能力进行评价。避免供应商"只供不养"或"供大于养"。

3.2 严格按照国家法律法规及规范实施调运

(1)2016年国家新修订的《无规定动物疫病区管理技术规范》中制订了无疫区输入动物管理技术规范,明确规定:

①引入羊的条件。省外引入的羊应当来自于免疫无口蹄疫区或非免疫无口蹄疫区;引入种用羊,应当取得海南省动物卫生监督所的准引手续,按照《动物检疫管理办法》和《跨省调动乳用、种用动物产地检疫规程》要求,经检疫合格方可引入,并由指定通道进入;本省跨市(县)境引入的羊,应当取得输出地市(县)动物卫生监督所出具的《动物检疫合格证明》,方可调运。

②引入羊的监管。一是引入羊到达目的地后,货主或者承运人应当在24 h内向所在地县级动物卫生监督所报告,并接受监督检查。二是要定期进行监督检查和疫情监测。三是应当详细掌握所有引入羊的生产、去向和结果,并建立相关档案。四是对未按规定进入我省的羊,由发现地动物卫生监督所依法进行处理,并对有关情况进行风险评估,采取控制措施。五是发现染疫羊,应当立即按照有关规定处理,并及时追踪溯源。

3.3 部门联手,共同做好"扶贫羊"的兽医卫生工作

3.3.1 严格产地检疫工作

对纳入"扶贫羊"的养殖场(户),在其依法履行报检手续时,属地市(县)动物卫生监督所应当实行检疫,有条件的最好能临栏检疫,若不能临栏检疫,必须要求其提供相应的养殖档案、免疫记录等证明,对"无具体饲养场(户)、无耳标、无养殖档案、无防疫记录等"不予受理,避免外省"偷渡羊"混入我省市场,确保"扶贫羊"来源清晰。

3.3.2 严格动物卫生监督检查工作

按照农业部和省农业厅相关规范要求对活畜交易市场、养殖场(小区)、农村散养户进行巡查,对来源不明的"羊"要严格按照相关法律法规进行处理,并追溯其来源,对相关责任人追究相应的责任。

3.3.3 科学饲养、科学防疫

俗话讲"家有万贯,带毛的不算",就是说养的再好、市场再好,一场疫病下来,不但可能让养殖场(户)全年无收,而且可能倾家荡产、"赔掉老本"。所以,发展特色羊养殖,就应该做好科学饲养、科学防疫工作。具体措施建议如下:

(1)科学建羊舍。在干燥、水源充足的地方搭建一个冬暖夏凉、通风换气的羊舍。

(2)科学消毒。羊入舍前一周应做周围环境及羊舍的消毒工作。

(3)预防应激。羊因运输抵抗力下降,所以羊到达羊舍后,应先休息,喂水,水中可以适量加入盐、粮和复合维生素B,待约6 h后喂食青饲料。

(4)按程序实施免疫。

(5)科学隔离。新领回来的羊要先行隔离,待45 d无临床症状后方可与本地(户)羊混群

饲养，不可一领回来就混养。

4　维护“无疫区”金字招牌

我省“无疫区”于2009年顺利通过农业部评估，成为全国首个“无疫区”，为中国畜牧兽医史树起了一块金色的里程碑。“十年磨一剑”，“无疫区”品牌来之不易。

无疫区建成后，海南畜牧业快速发展，牧业总产值迅速提高。据《2016年海南年鉴》统计，从2010年到2015年，全省牧业总产值由158.56亿元增加到238.46亿元，2010年农民人均总收入为6 905元，2015年农民可支配性收入达到10 858元。“无疫区”成效显著。

“无疫区”建设难，维持更难。

当前市场经济条件下，发展海南特色畜禽养殖业对贫困农民增收是一条很好的途径，但若不防范羊的疫病风险，给农民造成损失，毁了“无疫区”招牌，则是“得不偿失”。

为了维护海南省“无疫区”安全，我们必须做到“特色养殖”的羊属于本岛自繁自养，坚决杜绝外地“偷渡羊”，要知道，降低疫病风险本身就是提高养殖效率，减少疫病造成的损失本身就是保护资源、增产增收。要增强贫困地区的致富“造血”能力，我们必须为养殖业健康发展提供坚强的基础保障，必须帮助养殖者降低养殖风险，必须帮助养殖者提振从业信心、稳定收益预期，形成养殖业发展与脱贫致富的良性循环，实现“无疫区”与“脱贫”双赢的局面。

关于加大海南省无疫区建设资金扶持力度的建议

何春方

（海南省动物卫生监督所，海南海口　570000）

2009年，海南岛免疫无口蹄疫区顺利通过农业部评估，成为全国首个无疫区。无疫区建成后，畜牧业得到了快速发展，畜牧业产值大幅增长，规模化、标准化养殖业成倍增加，成为海南热带高效农业的主要组成部分与农民收入的主要来源。取得了明显经济效益和社会效益。

2009年，国务院正式发布了《关于推进海南国际旅游岛建设发展的若干意见》（国发〔2009〕44号），将海南国际旅游岛建设上升为国家战略，着重提出了海南国家热带现代农业基地建设的战略定位；2012年，国家中长期动物疫病防治规划（2012—2020年）把海南岛作为动物疫病防治优势区建设无疫区。给我省提出了重点任务是2015年，海南岛O型口蹄疫达到非免疫无疫标准；高致病性禽流感要达到免疫无疫标准。这为推动海南省无疫区建设提供了机遇和挑战。

无疫区评估通过后，省委省政府高度重视，把无规定动物疫病区列入《海南省国民经济和社会发展第十二个五年规划纲要》加以强化建设。省农业厅也十分重视后无疫区建设的研究和策划，制定了《全力推进海南无规定动物疫病区建设工作方案》，着力从兽医工作体系、动物防疫技术支撑体系、动物防疫监督体系、动物疫情监测体系、动物防疫屏障体系和法律法规体系等方面继续强化建设。按照陈成副省长的指示精神，我厅编制了“十二五”期间重点推动海南省动物疫病预防控制中心兽医实验室、海南省兽药饲料与畜产品质量安全检测实验室、海南省动物标识及疫病可追溯网络、海南省动物疫苗冷链系统、海南省省际动物卫生监督检查站、海南省动物隔离场、海南省病害动物无害化处理场、海南省动物卫生全程监管网络系统等“八大项目”（以下简称“八大项目”）建设，全面夯实无疫区基础。

目前海南岛免疫无口蹄疫区建设已经步入维护免疫无口蹄疫时期，如何维护并进一步建设海南无疫区，以至发展到2015年的非免疫无O型口蹄疫和高致病性禽流感免疫无疫标准，是国家的重大战略部署，是一项长期而又艰巨的工作。首先是从非无疫区引入动物及动物产品，外疫随之传入的风险和威胁依然存在，堵住外疫的任务十分繁重；二是无疫区建设及维持无疫的财政支持机制尚未完善，2003年无疫区建设项目通过验收后，国家对无疫区没有专门项目资金加以扶持，各无疫区只能依据自身的条件实施建设。所有这些问题和困难都势必影响无疫区维持建设的进程。

海南无疫区的进一步建设，直接关系到《国家中长期动物疫病防治规划》的任务是否完成，关系到我国动物疫病区域化管理的目标和进程，关系到是否能进一步得到国际动物卫生组织（OIE）的认可。我们在举全省之力之时，恳请农业部全面落实国务院《关于推进海南国际旅游岛建设发展的若干意见》(国发〔2009〕44号)精神，在政策、资金、项目安排等方面给予特殊扶持。在基础设施、生态建设、环境保护、扶贫开发和社会事业等方面安排中央预算内投资和其他有关中央专项投资时，赋予海南省西部大开发政策。对我省无疫区加大资金扶持力度，继续给予支持。

(1)加大资金扶持力度，支持海南进一步建设兽医实验室，全面提升兽医实验室能力。按照生物安全三级标准要求，支持海南完善省级兽医实验室建设，使其进一步提升对全省重大疫情、新发和外来动物疫病的快速反应能力以及适时动态指挥能力；按照生物安全二级标准要求，支持海南完善海口、三亚、儋州、琼海四市县区域中心兽医实验室建设，使其完全承担起本辖区及周边片区市县内重大动物疫病监测和突发疫情应急的重任；按照OIE的要求，帮助和指导海南建立兽医实验室质量保证体系体系；支持和鼓励农业部所属支撑机构与海南建立技术支持机制，开展实验室技术交流，强化实验室人员的业务培训，全面提升海南兽医实验室业务能力。

(2)加大资金扶持力度，支持海南进一步建设动物疫情预警预报体系，全面提升动物疫情预警预报能力。支持海南继续完善琼海、三亚和儋州3个国家级动物疫情测报站建设的同时，增加投资新建海南东部、西部、南部和北部4个动物疫情监测站，建立健全动物疫情预警预报体系。同时，帮助和指导海南有效开展动物疫情监测，进一步扩大全省动物疫病的监测面、监测频率和监测数量，及时了解和掌握疫情信息，为及时作出预警预报提供科学依据。

(3)加大资金扶持力度，支持海南进一步建设动物卫生监督体系，全面提升动物卫生监督整体能力。支持海南进一步提升全省动物卫生监督执法手段和管理能力，全面充实和更新动物卫生监督执法工作所需的取证、交通、通信等仪器设备；帮助和指导海南建立动物及动物产品市场准入管理体系，实现动物从饲养到屠宰、运输和销售以及动物产品从加工到流通、储藏等环节的全程有效监控，有效预防、控制各个环节的动物疫病传播和流行，从根本上保障动物卫生质量安全。

(4)加大资金扶持力度，支持海南进一步建设动物防疫屏障体系，全面提升“堵外疫”能力。充分利用海南四面环海的自然屏障优势，支持海南进一步完善现有9个省际动物卫生监督检查站和增加建设文昌铺前港、澄迈马村港、儋州白马井等重要口岸动物卫生监督检查站，构建更为完善的动物防疫屏障体系；支持海南进一步完善现有动物隔离场、无害化处理场基础设施建设的同时，帮助海南建设中心区域市县动物隔离场、无害化处理场，全面规范动物隔离和病害动物及其无害处理的管理；支持海南建立外来动物及动物产品准入管理机制和现代化管理系统，有效防范外来动物疫情传入的风险。

(5)加大资金扶持力度，支持海南建立健全畜禽良种繁育体系，实现畜禽及其产品“只出不进”。支持建立文昌鸡、屯昌猪、临高猪、五指山猪、海南黑山羊、海南黄牛、嘉积鸭等地方优良品种原种繁殖场以及外来良种畜禽繁殖场，构建全省畜禽良种繁育体系，争取2～3年实现海南畜禽种苗自给，结束岛外引入畜禽种苗的历史，最终实现海南无疫区畜禽及其产品“只出不进”的目标。

(6)加大资金扶持力度，支持海南建立畜产品出口出岛基地。支持和指导海南企业按照无疫区建设要求，建立健全企业动物防疫体系、兽药残留监控体系、安全卫生管理体系和HACCP体系，从饲养源头切断动物疫病的传播途径，消除畜禽养殖生产过程中可能存在的危害因素，保障畜禽及其产品的卫生安全，推进海南畜产品出岛出口基地建设。

(7)加大资金扶持力度，支持海南参与国际国内区域经济合作。支持海南参与泛珠三角区域性合作，加大交流、引资和项目引进力度，促进海南无疫区对外开放；支持海南创办国际性无疫区品牌推介会，不断拓宽海南畜产品的国内外市场，为海南参与国内外经济合作提供更多机遇和帮助；支持海南举办国际性的无疫区建设论坛，集思广益，共同促进海南无疫区 OIE 认可。

畜禽养殖场应遵循的行业法律法规导引

程云锋

（枝江市动物卫生监督局，湖北枝江　443200）

1　畜禽养殖场选址、用地、布局、相关法律法规

1.1　畜禽养殖场选址要求

1.1.1　法规

1.1.1.1 《中华人民共和国动物防疫法》第十九条　动物饲养场（养殖小区）和隔离场所，动物屠宰加工场所，以及动物和动物产品无害化处理场所，应当符合下列动物防疫条件：

（一）场所的位置与居民生活区、生活饮用水源地、学校、医院等公共场所的距离符合国务院兽医主管部门规定的标准；

（二）生产区封闭隔离，工程设计和工艺流程符合动物防疫要求；

（三）有相应的污水、污物、病死动物、染疫动物产品的无害化处理设施设备和清洗消毒设施设备；

（四）有为其服务的动物防疫技术人员；

（五）有完善的动物防疫制度；

（六）具备国务院兽医主管部门规定的其他动物防疫条件。

1.1.1.2 《中华人民共和国畜牧法》第四十条　禁止在下列区域内建设畜禽养殖场、养殖小区：

（一）生活饮用水的水源保护区，风景名胜区，以及自然保护区的核心区和缓冲区；

（二）城镇居民区、文化教育科学研究区等人口集中区域；

（三）法律、法规规定的其他禁养区域。

1.1.1.3 《畜禽规模养殖污染防治条例》第十一条　禁止在下列区域内建设畜禽养殖场、养殖小区：

（一）饮用水水源保护区，风景名胜区；

（二）自然保护区的核心区和缓冲区；

（三）城镇居民区、文化教育科学研究区等人口集中区域；

（四）法律、法规规定的其他禁止养殖区域。

1.1.1.4 《动物防疫条件审查办法》第五条　动物饲养场、养殖小区选址应当符合下列条件：

（一）距离生活饮用水源地、动物屠宰加工场所、动物和动物产品集贸市场 500 m 以上；距离种畜禽场 1 000 m 以上；距离动物诊疗场所 200 m 以上；动物饲养场（养殖小区）之间距离不

少于 500 m；

(二)距离动物隔离场所、无害化处理场所 3 000 m 以上；

(三)距离城镇居民区、文化教育科研等人口集中区域及公路、铁路等主要交通干线 500 m 以上。

1.1.1.5 《枝江市畜禽养殖布局规划》

2013 年 7 月，枝江市畜牧兽医局和枝江市环保局报枝江市人民政府审批，共同编制了《枝江市畜禽养殖布局规划》。划定了枝江市的畜禽养殖“三区”，即宜养区、限养区、禁养区。

“禁养区”不等于“无畜禽区” “禁养区”是指禁止建设养殖场和养殖小区的区域，即禁止建设达到省级人民政府设定养殖规模以上养殖场所的区域，湖北省人民政府确定我省规模养殖标准为：生猪年出栏不小于 500 头；奶牛存栏不小于 100 头；肉牛年出栏不小于 50 头；蛋禽年存栏不小于 5 000 羽；肉禽年出栏不小于 10 000 羽。对于规模以下的养殖户来说，不是要禁止其养殖行为，而是指导其做好养殖污染防治工作。目前有些地方对“禁养区”概念存在误读情况，主要表现为在划定的“禁养区”实行“全面禁养”，即一头生猪或者其他畜禽均不能养殖，现有的养殖活动一律限期清理。

“限养区”不等于“少养区” “限养区”是指在一定区域内，结合区域环境容量限定畜禽养殖污染排放问题的区域。限养区不是对畜禽养殖量的限制，而是对畜禽养殖污染物排放总量的限制。限养区内畜禽规模养殖场（小区）必须实现养殖废弃物全部资源化利用或达到城市生活污水排放标准，即 COD 低于 150 mg/L、氨氮低于 40 mg/L。所以说只要能够做好养殖污染防治工作，不对环境造成污染，限养区内是不对畜禽养殖量进行限制的。对于不能做好污染治理工作的养殖场（小区）由县级以上地方人民政府限期关停转迁。【注：化学需氧量（chemical oxygen demand，COD），是指水中的还原性物质在强氧化剂的作用下进行氧化分解时所消耗的氧化剂量。它是表示水中还原性物质多少的一个指标。】

“宜养区”不等于“随意养殖区” 畜禽养殖户在宜养区内开展养殖活动也应该以区域环境承载力未基础，合理规划和布局畜禽养殖行为，实现养殖废弃物的循环综合利用或达到国家《畜禽养殖业污物排放标准》，即 COD 低于 400 mg/L、氨氮低于 80 mg/L。所以宜养区与限养区的区别在于排放标准的不同，限养区的排放要求比宜养区更加严格，但是宜养区内同样也不能发生养殖行为污染环境问题。

“粪肥还田”不等于“向环境排污” 有的地方对畜禽粪肥、粪浆液态肥、沼渣沼液等还田利用心存疑虑，认为是这是将污染物排到田地，是污染环境的行为。其实粪肥还田利用与向环境排放污染物有本质的区别。排放污染物是将本次生产环节中没有利用价值且不会进入到下一个生产环节的产物排放到环境中予以处理处置的行为，这种行为只会给环境增加负担负荷，不会带来任何增值。粪肥还田只要符合《畜禽规模养殖污染防治条例》相关规定，做到无害化并符合土地消纳利用需求，则不会导致污染，反而会为土壤和植物提供养分，并提高种植业的单位生产效益。

1.1.2 罚则

《畜禽规模养殖污染防治条例》第三十七条 违反本条例规定，在禁止养殖区域内建设畜禽养殖场、养殖小区的，由县级以上地方人民政府环境保护部门责令停止违法行为；拒不停止违法行为的，处 3 万元以上 10 万元以下的罚款，并由县级以上人民政府责令拆除或者关闭。在饮用水源保护区建设畜禽养殖场、养殖小区的，由县级以上地方人民政府环境保护部门责令停止违法行为，处10万元以上50万元以下的罚款，并报经有批准权的人民政府批准，责令拆除或者关闭。

1.2　畜禽养殖场的用地要求

1.2.1　《中华人民共和国畜牧法》第三十七条

国家支持农村集体经济组织、农民和畜牧业合作经济组织建立畜禽养殖场、养殖小区，发展规模化、标准化养殖。乡（镇）土地利用总体规划应当根据本地实际情况安排畜禽养殖用地。农村集体经济组织、农民、畜牧业合作经济组织按照乡（镇）土地利用总体规划建立的畜禽养殖场、养殖小区用地按农业用地管理。畜禽养殖场、养殖小区用地使用权期限届满，需要恢复为原用途的，由畜禽养殖场、养殖小区土地使用权人负责恢复。在畜禽养殖场、养殖小区用地范围内需要兴建永久性建（构）筑物，涉及农用地转用的，依照《中华人民共和国土地管理法》的规定办理。

1.2.2　《畜禽规模养殖污染防治条例》第二十七条

县级以上地方人民政府在组织编制土地利用总体规划过程中，应当统筹安排，将规模化畜禽养殖用地纳入规划，落实养殖用地。国家鼓励利用废弃地和荒山、荒沟、荒丘、荒滩等未利用地开展规模化、标准化畜禽养殖。畜禽养殖用地按农用地管理，并按照国家有关规定确定生产设施用地和必要的污染防治等附属设施用地。

1.2.3　规模化畜禽养殖用地的规划布局和选址

应坚持鼓励利用废弃地和荒山荒坡等未利用地、尽可能不占或少占耕地的原则，禁止占用基本农田。各地在土地整理和新农村建设中，可以充分考虑规模化畜禽养殖的需要，预留用地空间，提供用地条件。任何地方不得以新农村建设或整治环境为由禁止或限制规模化畜禽养殖。积极推行标准化规模养殖，合理确定用地标准，节约集约用地。

1.2.4　2017年国土资源部将在全国范围内划定15.46亿亩永久基本农田

湖北已经划定永久基本农田5 883万亩，其中城市周边174.53万亩。永久基本农田按照“上图入库、落地到户、从严保护”原则一经划定任何单位和个人不得擅自占用或者擅自改变用途（能源、交通、水利及军事设施等国家重点建设项目无法避免的除外）。

1.3　畜禽养殖场的布局要求

1.3.1　《动物防疫条件审查办法》第六条

动物饲养场、养殖小区布局应当符合下列条件：

（一）场区周围建有围墙；

（二）场区出入口处设置与门同宽，长4 m、深0.3 m以上的消毒池；

（三）生产区与生活办公区分开，并有隔离设施；

（四）生产区入口处设置更衣消毒室，各养殖栋舍出入口设置消毒池或者消毒垫；

（五）生产区内清洁道、污染道分设；

（六）生产区内各养殖栋舍之间距离在5 m以上或者有隔离设施。

禽类饲养场、养殖小区内的孵化间与养殖区之间应当设置隔离设施，并配备种蛋熏蒸消毒设施，孵化间的流程应当单向，不得交叉或者回流。

1.3.2 《动物防疫条件审查办法》第七条

动物养殖场、养殖小区应当具有下列设施设备：

(一)场区入口处配置有消毒设备；

(二)生产区有良好的采光、通风设施设备；

(三)圈舍地面和墙面选用适宜材料，以便清洗消毒；

(四)配备疫苗冷冻(冷藏)设备、消毒和诊疗等防疫设备的兽医室，或者有兽医机构为其提供相应服务；

(五)有与生产规模相适应的无害化处理、污水污物处理设施设备；

(六)有相对独立的引入动物隔离舍和患病动物隔离舍。

1.3.3 《动物防疫条件审查办法》第十条

种畜禽场除符合本办法第六条、第七条、第八条、第九条规定外，还应当符合下列条件：

(一)距离生活饮用水源地、动物饲养场、养殖小区和城镇居民区、文化教育科研等人口集中区域及公路、铁路等主要交通干线 1 000 m 以上；

(二)距离动物隔离场所、无害化处理场所、动物屠宰加工场所、动物和动物产品集贸市场、动物诊疗场所 3 000 m 以上；

(三)有必要的防鼠、防鸟、防虫设施或者措施；

(四)有国家规定的动物疫病的净化制度；

(五)根据需要，种畜场还应当设置单独的动物精液、卵、胚胎采集等区域。

1.4 畜禽养殖场的行政许可相关要求

1.4.1 法规

1.4.1.1 《中华人民共和国动物防疫法》第二十条　兴办动物饲养场(养殖小区)和隔离场所、动物屠宰加工场所以及动物和动物产品无害化处理场所，应当向县级以上地方人民政府兽医主管部门提出申请，并附具相关材料。受理申请的兽医主管部门应当依照本法和《中华人民共和国行政许可法》的规定进行审查。经审查合格的，发给《动物防疫条件合格证》；不合格的应当通知申请人并说明理由。需要办理工商登记的，申请人凭《动物防疫条件合格证》向工商部门申请办理登记注册手续。

1.4.1.2 《动物防疫条件审查办法》：

第二条　动物饲养场、养殖小区、动物隔离场所、动物屠宰加工场所以及动物和动物产品无害化处理场所，应当符合本办法规定的动物防疫条件，并取得《动物防疫条件合格证》。经营动物和动物产品的集贸市场应当符合本办法规定的动物防疫条件。

第三条　农业部主管全国动物防疫条件审查和监督管理工作。

县级以上地方人民政府兽医主管部门主管本行政区域内的动物防疫条件审查和监督管理工作。

县级以上地方人民政府设立的动物卫生监督机构负责本行政区以内的动物防疫条件监督执法工作。

第四条　动物防疫条件审查应当遵循公开、公正、公平、便民原则。

1.4.1.3 《中华人民共和国畜牧法》：

第二十二条　从事种畜禽生产经营或者生产商品代仔畜、雏禽的单位、个人，应当取得种畜禽生产经营许可证。申请人持种畜禽生产经营许可证依法办理工商登记，取得营业执照后，方可从事生产经营活动。

第二十四条 其他（除生产家畜卵子、冷冻精液、胚胎等遗传材料以外）种畜禽的生产经营许可证由县级以上地方人民政府畜牧兽医行政主管部门审核发放，具体审核发放办法由省级人民政府规定。

第二十六条 农户饲养的种畜禽用于自繁自养和有少量剩余仔畜、雏禽出售的，农户饲养种公畜进行互助配种的，不需要办理种畜禽生产经营许可证。

1.4.1.4 《畜禽规模养殖污染防治条例》第十二条 新建、改建、扩建畜禽养殖场、养殖小区，应当符合畜牧业发展规划、畜禽养殖污染防治规划，满足动物防疫条件，并进行环境影响评价。对环境可能造成重大影响的大型畜禽养殖场、养殖小区，应当编制环境影响报告书；其他畜禽养殖场、养殖小区应当填报环境影响登记表。大型畜禽养殖场、养殖小区的管理目录由国务院环境保护主管部门商国务院农牧主管部门确定。

1.4.2 罚则

1.4.2.1 《中华人民共和国动物防疫法》第七十七条 违反本法规定，有下列行为之一的，由动物卫生监督机构责令改正，处1千元以上1万元以下罚款；情节严重的，处1万元以上10万元以下罚款：

（一）兴办动物养殖场（养殖小区）和隔离场所，动物屠宰加工场所，及动物和动物产品无害化处理场所，未取得动物防疫条件合格证的；

（二）、（三）略。

1.4.2.2 《中华人民共和国畜牧法》第六十二条 违反本法有关规定，无种畜禽生产经营许可证或者违反种畜禽生产经营许可证的规定生产经营种畜禽的，转让、租借种畜禽生产经营许可证的，由县级以上人民政府畜牧兽医行政主管部门责令停止违法行为，没收违法所得；违法所得在3万元以上的，并处违法所得1倍以上3倍以下罚款；没有违法所得或者违法所得不足3万元的，并处3千元以上3万元以下罚款。违反种畜禽生产经营许可证的规定生产经营种畜禽或者转让、租借种畜禽生产经营许可证，情节严重的，并处吊销种畜禽生产经营许可证。

1.4.2.3 《中华人民共和国畜牧法》第六十五条 销售种畜禽有本法第三十条第一项至第四项违法行为之一的，由县级以上人民政府畜牧兽医行政主管部门或者工商行政管理部门责令停止销售，没收违法销售的畜禽和违法所得；违法所得在5万元以上的，并处违法所得一倍以上5倍以下罚款；没有违法所得或者违法所得在5万元以下的，并处5千元以上5万元以下罚款；情节严重的，并处吊销种畜禽生产经营许可证或者营业执照。

（一）以其他畜禽品种、配套系冒充所销售的畜禽品种、配套系；

（二）以低代别种畜禽冒充高代别种畜禽；

（三）以不符合种用标准的畜禽冒充种畜禽；

（四）销售未经批准进口的种畜禽。

1.4.2.4 《畜禽规模养殖污染防治条例》第三十八条 违反本条例规定，畜禽养殖场、养殖小区依法应当进行环境影响评价而未进行的，由有权审批该项目环境影响评价文件的环境保护主管部门责令停止建设，限期补办手续；逾期不补办手续的处5万元以上20万元以下的罚款。

2 畜禽养殖场日常生产管理相关法律法规

2.1 防疫免疫相关法律法规相关要求

2.1.1 法规

2.1.1.1 《中华人民共和国动物防疫法》第十四条　县级以上地方人民政府兽医主管部门组织实施动物疫病强制免疫计划。乡级人民政府、城市街道办事处应当组织本辖区内饲养动物的单位和个人做好强制免疫工作。饲养动物的单位和个人应当依法履行动物疫病强制免疫义务，按照兽医主管部门的要求做好强制免疫工作。经强制免疫的动物，应当按照国务院兽医主管部门的规定建立免疫档案，加施畜禽标识，实施可追溯管理。

2.1.1.2 《湖北省动物防疫条例》第十条　动物养殖场、养殖小区应当配备执业兽医或者乡村兽医，落实动物疫病强制免疫、消毒等措施，并向所在地动物卫生监督机构报告动物疫病强制免疫病种的免疫程序、密度和质量等情况。散养动物的单位和个人应当接受、配合兽医行政主管部门实施强制免疫工作。

2.1.1.3 《湖北省动物防疫条例》第十三条　兽医行政主管部门应当加强畜禽标识管理，建立动物疫病可追溯制度。动物养殖场、养殖小区应当在当地动物卫生监督机构的监督下，对强制免疫的动物加施畜禽标识，建立免疫档案；经强制免疫的散养动物，由村级动物防疫员加施畜禽标识，建立免疫档案。

2.1.2 罚则

《中华人民共和国动物防疫法》第七十三条　违反本法规定，有下列行为之一的，由动物卫生监督机构责令改正，给予警告；拒不改正的，由动物卫生监督机构代作处理，处理所需费用由违法行为人承担，可以处 1 000 元以下罚款：

（一）对饲养的动物不按照动物疫病强制免疫计划进行免疫接种的；

（二）、（三）略。

2.2 动物疫情报告及疫病控制相关要求

2.2.1 法规

2.2.1.1 《中华人民共和国动物防疫法》第二十六条　从事动物疫情监测、检验检疫、疫病研究与诊疗以及动物饲养、屠宰、经营、隔离、运输等活动的单位和个人，发现动物染疫或者疑似的，应当立即向当地兽医主管部门、动物卫生监督机构或者动物疫病预防控制机构报告，并采取隔离等措施，防止动物疫情扩散。其他单位和个人发现动物染疫或者疑似染疫的，应当及时报告。

2.2.1.2 《中华人民共和国动物防疫法》第五十九条　动物卫生监督机构执行监督检查任务，可以采取下列措施，有关单位和个人不得拒绝或者阻碍：

（一）对动物、动物产品按照规定采样、留验、抽检；

（二）对染疫或者疑似染疫的动物、动物产品及相关物品进行隔离、查封、扣押和处理；

（三）对依法应当检疫而未检疫的动物实施补检；

（四）对依法应当检疫而未检疫的动物产品，具备补检条件的实施补检，不具备补检条件的予以没收销毁；

（五）查验检疫证明、检疫标志和畜禽标识；

（六）进入有关场所调查取证，查阅、复制与动物防疫有关的资料。

2.2.1.3 《重大动物疫情应急条例》第十五条　动物防疫监督机构负责重大动物疫情的监测，饲养、经营动物和生产、经营动物产品的单位和个人应当配合，不得拒绝和阻碍。

2.2.1.4 《重大动物疫情应急条例》第十六条　从事动物隔离、疫情监测、疫病研究与诊疗、检验检疫以及动物饲养、屠宰加工、运输、经营等活动的有关单位和个人，发现动物出现群体发病或者死亡，应当立即向所在地的县（市）动物防疫监督机构报告。

2.2.1.5 《中华人民共和国动物防疫法》第二十九条　国务院兽医主管部门负责向社会及时发布全国动物疫情，也可以根据需要授权省、自治区、直辖市人民政府兽医主管部门公布本行政区域内的动物疫情。其他单位和个人不得发布动物疫情。

2.2.1.6 《中华人民共和国动物防疫法》第三十条　任何单位和个人不得瞒报、谎报、迟报、漏报动物疫情，不得授意他人瞒报、谎报、迟报动物疫情，不得阻碍他人报告动物疫情。

2.2.2　罚则

2.2.2.1 《中华人民共和国动物防疫法》第八十条　违反本法规定，有下列行为的，由动物卫生监督机构责令改正，处1千元以上1万元以下罚款：

（一）、（二）略；

（三）发布动物疫情的。

2.2.2.2 《中华人民共和国动物防疫法》第八十三条　违反本法规定，从事动物疫病研究与诊疗和动物饲养、屠宰、经营、隔离、运输，以及动物产品生产、经营、加工、贮藏等活动的单位和个人，有下列行为之一的，动物卫生监督机构责令改正；拒不改正的，对违法行为单位处1千元以上1万元以下罚款，对违法个人可以处500元以下罚款：

（一）不履行动物疫情报告义务的；

（二）、（三）、（四）略。

2.2.2.3 《重大动物疫情应急条例》第四十六条　违反本条例规定，拒绝、阻碍动物防疫监督机构进行重大动物疫情监测，或者发现动物出现群体发病或者死亡，不向当地动物防疫监督机构报告的，由动物防疫监督机构给予警告，并处2 000元以上5 000元以下的罚款；构成犯罪的，依法追究刑事责任。

2.3　畜禽养殖档案及畜禽标识要求

2.3.1　法规

2.3.1.1 《中华人民共和国畜牧法》第四十一条　畜禽养殖场应当建立养殖档案，载明以下内容：

（一）畜禽的品种、数量、繁殖记录、标识情况、来源和进出场日期；

（二）饲料、饲料添加剂、兽药等投入品的来源、名称、使用对象、时间和用量；

（三）检疫、免疫、消毒情况；

（四）畜禽发病、死亡和无害化处理情况；

（五）国务院畜牧兽医行政主管部门规定的其他内容。

2.3.1.2 《中华人民共和国畜牧法》第四十五条　畜禽养殖者应当按照国家关于畜禽标

识管理的规定，在应当加施标识的畜禽的指定部位加施标识。畜牧兽医行政主管部门提供标识不得收费，所需费用列入省级人民政府财政预算。

2.3.2 罚则

2.3.2.1 《中华人民共和国畜牧法》第六十六条　违法本法第四十一条规定，畜禽养殖场未建立养殖档案的，或者未按照规定保存养殖档案的，由县级以上人民政府畜牧兽医行政主管部门责令限期改正，可以处一万元以下罚款。

2.3.2.2 《中华人民共和国畜牧法》第六十八条　违反本办法有关规定，使用伪造、变造的畜禽标识的，由县级以上人民政府畜牧兽医行政主管部门没收伪造、变造的畜禽标识和违法所得，并处 3 千元以上 3 万元以下罚款。

2.4 畜禽养殖场粪便、废水及其他废弃物的排放要求

2.4.1 法规

2.4.1.1 《中华人民共和国畜牧法》第四十六条　畜禽养殖场、养殖小区应当保证畜禽粪便、废水及其他固体废弃物综合利用或者无害化处理设施的正常运转，保证污染物达标排放，防止污染环境。畜禽养殖场、养殖小区违法排放畜禽粪便、废水及其他固体废弃物，造成环境污染危害的，应当排除危害，依法赔偿损失。国家支持畜禽养殖场、养殖小区建设畜禽粪便、废水及其他固体废弃物的综合利用设施。

2.4.1.2 《畜禽规模养殖污染防治条例》第十三条　畜禽养殖场、养殖小区应当根据养殖规模和污染防治需要，建设相应的畜禽粪便、污水与雨水分流设施，畜禽粪便、污水的存储设施，粪污厌氧消化和堆沤、有机肥加工、制取沼气、沼渣液分离和输送、污水处理、畜禽尸体处理等综合利用和无害化处理设施。已经委托他人对畜禽养殖废弃物代为综合利用和无害化处理的，可以不自行建设综合利用和无害化处理设施。未建设污染防治配套设施、自行建设的配套设施不合格，或者未委托他人对畜禽养殖场废弃物进行综合利用和无害化处理的，畜禽养殖场、养殖小区不得投入生产或者使用。畜禽养殖场、养殖小区自行建设污染防治配套设施的，应当确保其正常运行。

2.4.2 罚则

2.4.2.1 《畜禽规模养殖污染防治条例》第三十九条　违反本条例规定，未建设污染防治配套设施或者自行建设的配套设施不合格，也未委托他人对畜禽养殖废弃物进行综合利用和无害化处理，畜禽养殖场、养殖小区即投入生产、使用，或者建设的污染防治配套设施未正常运转的，由县级以上人民政府环境保护主管部门责令停止生产或者使用，可处 10 万元以下的罚款。

2.4.2.2 《畜禽规模养殖污染防治条例》第四十二条　未按规定对染疫畜禽和病害畜禽养殖废弃物进行无害化处理的，由动物卫生监督机构责令无害化处理，所需处理费用由违法行为人承担，可处 3 000 元以下罚款。

2.5 畜禽养殖场其他要求

《中华人民共和国畜牧法》第四十二条　从事畜禽养殖，不得有下列行为：

（一）违反法律、行政法规的规定和国家技术规范的强制性要求使用饲料、饲料添加剂、兽药；

（二）使用未经高温处理的餐馆、食堂的泔水饲喂家畜；

（三）在垃圾场或者使用垃圾场中的物资饲养畜禽；

（四）法律、行政法规和国务院畜牧兽医行政主管部门规定的危害人和畜禽健康的其他行为。

3　畜禽养殖场投入品（兽药、饲料）相关法律法规

3.1　畜禽养殖场兽药使用相关法律法规要求

3.1.1　法规

3.1.1.1　《兽药管理条例》第三十九条　禁止使用假、劣兽药以及国务院兽医行政管理部门规定禁止使用的药品和其他化合物。禁止使用的药品和其他化合物目录由国务院兽医行政管理部门制定公布。

3.1.1.2　《兽药管理条例》第四十一条　国务院兽医行政管理部门，负责制定公布在饲料中允许添加的药物饲料添加剂品种目录。

禁止在饲料和动物饮用水中添加激素类药品和国务院兽医行政管理部门规定的其他禁用药品。经批准可以在饲料中添加的兽药，应当由兽药生产企业制成药物饲料添加剂后方可添加。禁止将原料药直接添加到饲料及动物饮用水中或者直接饲喂动物。禁止将人用药品用于动物。

3.1.1.3　《兽药管理条例》第四十条　有休药期规定的兽药用于食用动物时，饲养者应当向购买者或者屠宰者提供准确、真实的用药记录；购买者或者屠宰者应当确保动物及其产品在用药期、休药期内不被用于食品消费。

3.1.1.4　《兽药管理条例》第四十三条　禁止销售含有违禁药物或者兽药残留量超过标准的食用动物产品。

3.1.2　罚则

3.1.2.1　《兽药管理条例》第六十二条　违反本条例规定，未按照国家有关兽药安全使用规定使用兽药的、未建立用药记录或者记录不完整真实的，或者使用禁止使用的药品和其他化合物的，或者将人用药品用于动物的，责令其立即改正，并对饲喂了违禁药物及其他化合物的动物及其产品进行无害化处理；对违法单位处 1 万元以上 5 万元以下罚款；给他人造成损失的，依法承担赔偿责任。

3.1.2.2　《兽药管理条例》第六十八条　违反本条例规定，在饲料和动物饮用水中添加激素类药品和国务院兽医行政管理部门规定的其他禁用药品，依照《饲料和饲料添加剂管理条例》的有关规定处罚；直接将原料药添加到饲料及动物饮用水中，或者饲喂动物的，责令其立即改正，并处 1 万元以上 3 万元以下罚款；给他人造成损失的，依法承担赔偿责任。

3.1.2.3　《兽药管理条例》第六十三条　违反本条例规定，销售尚在用药期、休药期内的动物及其产品用于食品消费的，或者销售含有违禁药物和兽药残留超标的动物产品用于食品消费的，责令其对含有违禁药物和兽药残留超标的动物产品进行无害化处理，没收违法所得，并处 3 万元以上 10 万元以下罚款；构成犯罪的，依法追究刑事责任；给他人造成损失的，依法承担赔偿责任。

3.2 畜禽养殖场饲料和饲料添加剂相关法律法规规定

3.2.1 法规

3.2.1.1 《饲料和饲料添加剂管理条例》第二十五条 养殖者应当按照产品使用说明和注意事项使用饲料。在饲料或者动物饮用水中添加饲料添加剂的，应当符合饲料添加剂使用说明和注意事项的要求，遵守国务院农业行政主管部门制定的饲料添加剂安全使用规范。

养殖者使用自行配制的饲料的，应当遵守国务院农业行政主管部门制定的自行配制饲料使用规范，并不得对外提供自行配制的饲料。

使用限制使用的物质养殖动物的，应当遵守国务院农业行政主管部门的限制性规定。禁止在饲料、动物饮用水中添加国务院农业行政主管部门公布禁用的物质以及对人体具有直接或者潜在危害的其他物质，或者直接使用上述物质养殖动物。禁止在反刍动物饲料中添加乳和乳制品以外的动物源性成分。

3.2.1.2 《饲料和饲料添加剂管理条例》第二十九条 禁止生产、经营、使用未取得新饲料、新饲料添加剂证书的新饲料、新饲料添加剂以及禁用的饲料、饲料添加剂。

禁止经营、使用无产品标签、无生产许可证、无产品质量标准、无产品质量检验合格证的饲料、饲料添加剂。禁止经营、使用无产品批准文号的饲料添加剂、添加剂预混合饲料。禁止经营、使用未取得饲料、饲料添加剂进口登记证的进口饲料、进口饲料添加剂。

3.2.2 罚则

3.2.2.1 《饲料和饲料添加剂管理条例》第四十七条 养殖者有下列行为之一的，由县级人民政府饲料管理部门没收违法使用的产品和非法添加物质，对单位处 1 万元以上 5 万元以下罚款，对个人处 5 000 元以下罚款；构成犯罪的，依法追究刑事责任：

（一）使用未取得新饲料、新饲料添加剂证书的新饲料、新饲料添加剂或者未取得饲料、饲料添加剂进口登记证的进口饲料、进口饲料添加剂的；

（二）使用无产品标签、无生产许可证、无产品质量标准、无产品质量检验合格证的饲料、饲料添加剂的；

（三）使用无产品批准文号的饲料添加剂、添加剂预混合饲料的；

（四）在饲料或者动物饮用水中添加饲料添加剂，不遵守国务院农业行政主管部门制定的饲料添加剂安全使用规范的；

（五）使用自行配制的饲料，不遵守国务院农业行政主管部门制定的自行配制饲料使用规范的；

（六）使用限制使用的物质养殖动物，不遵守国务院农业行政主管部门的限制性规定的；

（七）在反刍动物饲料中添加乳和乳制品以外的动物源性成分的。

在饲料或者动物饮用水中添加国务院农业行政主管部门公布禁用的物质以及对人体具有直接或者潜在危害的其他物质，或者直接使用上述物质养殖动物的，由县级以上地方人民政府饲料管理部门责令其对饲喂了违禁物质的动物进行无害化处理，处 3 万元以上 10 万元以下罚款；构成犯罪的，依法追究刑事责任。

3.2.2.2 《饲料和饲料添加剂管理条例》第四十八条 养殖者对外提供自行配制的饲料的，由县级人民政府饲料管理部门责令改正，处 2 000 元以上 2 万元以下罚款。

4　畜禽养殖场销售及其他法律法规规定

4.1　畜禽出售或者调出相关法律法规规定

4.1.1　法规

4.1.1.1　《中华人民共和国动物防疫法》第四十二条　屠宰、出售或者运输动物以及出售或者运输动物产品前，货主应当按照国务院兽医主管部门的规定向当地动物卫生监督机构申报检疫。

4.1.1.2　《中华人民共和国动物防疫法》第四十五条　输入到无规定动物疫病区的动物、动物产品，货主应当按照国务院兽医主管部门的规定向无规定动物疫病区所在地动物卫生监督机构申报检疫，经检疫合格的，方可进入；检疫所需费用纳入无规定动物疫病区所在地地方人民政府财政预算。

4.1.1.3　《中华人民共和国动物防疫法》第二十五条　禁止屠宰、经营、运输下列动物和生产、经营、加工、贮藏、运输下列动物产品：

(一)封锁疫区内与所发生动物疫病有关的；

(二)疫区内易感染的；

(三)依法应当检疫而未经检疫或者检疫不合格的；

(四)染疫或者疑似染疫的；

(五)病死或者死因不明的；

(六)其他不符合国务院兽医主管部门有关动物防疫规定的。

4.1.1.4　《动物检疫管理办法》第十四条　出售或者运输的动物，经检疫符合下列条件，由官方兽医出具《动物检疫合格证明》：

(一)来自非封锁区或者未发生相关动物疫情的饲养场(户)；

(二)按照国家规定进行了强制免疫，并在有效保护期内；

(三)临床检查健康；

(四)农业部规定需要进行实验室疫病检测的，检测结果符合要求；

(五)养殖档案相关记录和畜禽标识符合农业部规定。

乳用、种用动物和宠物，还应当符合农业部规定的健康标准。

4.1.2　罚则

4.1.2.1　《中华人民共和国动物防疫法》第七十六条　违反本法第二十五条规定，屠宰、经营、运输动物或者生产、经营、加工、贮藏、运输动物产品的，由动物卫生监督机构责令改正、采取补救措施，没收违法所得和动物、动物产品，并处同类检疫合格动物、动物产品货值金额1倍以上5倍以下罚款；其中依法应当检疫而未检疫的，依照本法第七十八条的规定处罚。

4.1.2.2　《中华人民共和国动物防疫法》第七十八条　违反本法规定，屠宰、经营、运输的动物未附有检疫证明，经营和运输的动物产品未附有检疫证明、检疫标志的，由动物卫生监督机构责令改正，处同类检疫合格动物、动物产品货值金额10%以上50%以下罚款；对货主以外的承运人处运输费用1倍以上3倍以下罚款。

4.2 畜禽购进或者调入相关法律法规规定

4.2.1 法规

4.2.1.1 《中华人民共和国动物防疫法》第四十六条　跨省、自治区、直辖市引进乳用动物、种用动物及其精液、胚胎、种蛋的，应当向输入地省、自治区、直辖市动物卫生监督机构申请办理审批手续，并依照本法第四十二条的规定取得检疫证明。跨省、自治区、直辖市引进的乳用动物、种用动物到达输入地后，货主应当按照国务院兽医主管部门的规定对引进的乳用动物、种用动物进行隔离观察。

4.2.1.2 《动物检疫管理办法》第十九条　跨省、自治区、直辖市引进用于饲养的非乳用、非种用动物到达目的地后，货主或者承运人应当在 24 h 内向所在地县级动物卫生监督机构报告，并接受监督检查。

4.2.1.3 《动物检疫管理办法》第二十条　跨省、自治区、直辖市引进的乳用、种用动物到达输入地后，在所在地动物卫生监督机构的监督下，应当在隔离场或饲养场（养殖小区）内的隔离舍进行隔离观察，大、中型动物隔离期为 45 天，小型动物隔离期为 30 天。经隔离观察合格的方可混群饲养；不合格的，按照有关规定进行处理。隔离观察合格后需继续在省内运输的，货主应当申请更换《动物检疫合格证明》。动物卫生监督机构更换《动物检疫合格证明》不得收费。

4.2.1.4 《动物检疫管理办法》第三十五条　跨省、自治区、直辖市引进乳用动物、种用动物及其精液、胚胎、种蛋的，货主应当填写《跨省引进乳用种用动物检疫审批表》，向输入地省、自治区、直辖市动物卫生监督机构申请办理审批手续。

4.2.1.5 《动物检疫管理办法》第三十六条　输入地省、自治区、直辖市动物卫生监督机构应当自受理申请之日起 10 个工作日内，做出是否同意引进的决定。符合下列条件的，签发《跨省引进乳用种用动物检疫审批表》；不符合下列条件的，书面告知申请人，并说明理由。

（一）输出和输入饲养场、养殖小区取得《动物防疫条件合格证》；

（二）输入饲养场、养殖小区存栏的动物符合动物健康标准；

（三）输出的乳用、种用动物养殖档案相关记录符合农业部规定；

（四）输出的精液、胚胎、种蛋的供体符合动物健康标准。

4.2.2 罚则

4.2.2.1 《动物检疫管理办法》第四十八条　违反本办法第十九条、第三十一条规定，跨省、自治区、直辖市引进用于饲养的非乳用、非种用动物和水产苗种到达目的地后，未向所在地动物卫生监督机构报告的，由动物卫生监督机构处 500 元以上 2 千元以下罚款。

4.2.2.2 《动物检疫管理办法》第四十九条　违反本办法第二十条规定，跨省、自治区、直辖市引进的乳用、种用动物到达输入地后，未按规定进行隔离观察的，由动物卫生监督机构责令改正，处 2 千元以上 1 万元以下罚款。

4.3 其他法律法规规定

4.3.1 《中华人民共和国大气污染防治法》第七十五条

畜禽养殖场、养殖小区应当及时对污水、畜禽粪便和尸体进行收集、储存、清运和无害化处理，防治排放恶臭气体。

4.3.2 《中华人民共和国食品安全法》第八十五条

经营病死、毒死或者死因不明的禽、畜、兽、水产动物肉类，或者生产经营病死、毒死或者死因不明的禽、畜、兽、水产动物肉类的制品，由有关主管部门按照各自职责分工，没收违法所得、违法生产经营的食品和用于违法生产经营的工具、设备、原料等物品；违法生产经营的食品货值金额不足 1 万元的，并处 2 千元以上 5 万元以下罚款；货值金额 1 万元以上的，并处货值金额五倍以上十倍以下罚款；情节严重的，吊销许可证。如果造成人员致病或或致死的按《刑法》中的故意伤害罪或故意致人死亡罪量刑并附带民事赔偿。致病人员较多或致死最高可判死刑。

4.3.3 《刑法》第一百四十三条

生产、销售不符合食品安全标准的食品，足以造成严重食物中毒事故或者其他严重食源性疾病的，处三年以下有期徒刑或者拘役，并处罚金；对人体健康造成严重危害或者有其他严重情节的，处三年以上七年以下有期徒刑，并处罚金；后果特别严重的，处七年以上有期徒刑或者无期徒刑，并处罚金或者没收财产。

4.3.4 《最高法、最高检关于办理危害食品安全刑事案件适用法律若干问题的解释》(2013 年 5 月 4 日起施行)

第一条第二款规定：生产销售属于病死、死因不明或者检验检疫不合格的畜、禽、兽、水产动物及其肉类、肉类制品的，应当认定为刑法第一百四十三条规定的“足以造成严重食物中毒事故或者其他严重食源性疾病”。

对整县推进畜禽废弃物资源化利用的研究

袁仁豪[1]　肖和良[2]　贺文俊[2]　尹邦江[2]　孙萍[3]

(1.湖南省洞口县高沙镇动物防疫站,湖南洞口　422300;2.湖南省洞口县畜牧水产局;
3.湖南省洞口县岩山镇动物防疫站,湖南洞口　422300)

摘要:洞口县畜禽年排粪量85.6万t,排尿量83.5万t,排氨氮7 286 t,排COD 138 822 t。猪粪尿占总排粪污的53.9%。农业用有机肥29.4万t,为有机肥需求的46.7%。其中用猪粪21.3万t,占产粪量的43.3%,猪粪利用率43.3%。病死猪6万头。本文对畜禽废弃物资源化利用量、现状、模式、方法、措施、资金筹积、建设项目等进行研究,以洞口县为例,对整县推进畜禽废弃物资源化利用,达到农业部农业废弃物资源化利用试点县畜禽粪污减排85%、病死畜禽处理100%的目标,供同行参考。

关键词:畜禽废弃物资源化利用;现状;模式;方法、目标

1　洞口县畜牧业基本情况

洞口县是全国瘦肉型猪生产基地县,同时是全国生猪出口奖励大县和畜牧业发展大县。年出栏200万头以上,出栏牛4.85万头,出栏羊9.67万头,出笼家禽650万羽。畜牧业年产值9.97亿万元(不变价),占农业总产值的48.3%。县内有有8个定点屠宰场和肉食品(冷)加工厂4家,县内屠宰生猪120万头,占出栏猪的60%,对外(出县)销售80万头,占40%。洞口县有规模养殖场(户)7 869个,其中养猪规模场(户)6 358个,养牛规模场(户)198个,养羊规模场(户)788个,养禽规模场(户)525个,规模养殖场饲养量占全县畜禽量的63.8%。由于畜牧业快速发展,养殖的畜禽粪污、病死动物等处理方式和设施以及投入资金不够,畜禽废弃物资源化利用不够,造成畜禽废弃物对环境严重污染。

2　洞口县畜禽废弃物测算和分析

畜禽废弃物分为畜禽粪尿和病死畜禽两个方面。

2.1　畜禽粪尿排量测算和分析

2.1.1　生猪

1头活大猪(以120 kg为计算单位),7月龄左右出栏,排大便230 kg,排尿167 kg,粪尿中排放氨氮为1.8 kg,COD为36 kg,其中排出有害气体含有硫化氢、吲哚、二氧化碳等。1头种猪年排大便360 kg,排尿265 kg,粪尿中排放氨氮为6 kg,COD为110 kg。洞口县年出栏200

万头，加上种猪 9 万多头，全县年产生猪粪便 49.2 万 t，排尿 35.8 万 t，排放氨氮为 4 140 t，COD 为 81 900 t。

2.1.2　牛

按饲养量计算，1 头成年牛日喂青饲料 20～25 kg 或干草饲料 10～12.5 kg，日排粪便 8～9 kg，则日平均 8.5 kg，则年排粪便 3 102.5 kg，日排尿平均 10.2 kg，年排 4 818 kg，洞口县饲养量 8.27 万头年排粪便 25.7 万 t，排尿 30.8 万 t，按生猪 230 kg 粪排氨氮 1.8 kg，COD 为 36 kg 计算，牛年排氨氮为 2 011 t，COD 为 40 226 t。

2.1.3　羊

6 头羊排粪尿相当于 1 头牛排量，洞口县年饲养量 10.36 万头，相当于 1.73 万头牛，则年排粪便 5.4 万 t，排尿 6.4 万 t，排氨氮为 720 t，COD 为 8 400 t。

2.1.4　家禽

鸡、鸭、鹅平均 2.43 kg 计重，料肉比 2.3∶1，1 只吃料 5.589 kg，每只排粪 3.4 kg，排尿为粪便 2 倍则每只排尿 6.8 kg，按 4 个月平均出笼，存笼家禽排量相当出笼家禽 3 倍，出笼 650 万羽，存笼 300 万羽年总排粪便 5.3 万 t，排尿 10.5 万 t，排氨氮为 415 t，COD 为 8 296 t。

经以上计算，洞口县畜禽年排粪量 85.6 万 t，排尿量 83.5 万 t，排氨氮 7 286 t，COD 138 822 t。猪粪尿量占总排粪污量的 53.9%。

2.2　病死动物量调查

生猪年出栏 200 万头，洞口县正常病死率（无重大动物疫情年份）3%左右，则 6 万头左右，其中 2 月龄以内（含 2 月龄）的病死仔猪 3.9 万头占 65%，2 月龄以上 2.1 万头占 35%。牛羊由于流通少，相对较生猪病死率低，在 0.5%左右，牛饲养量 13.27 万头，则病死牛为 664 头，羊饲养量 18.36 万头，病死羊为 918 头，家禽病死率 1%，饲养量 1 250 万只，病死 12.5 万只。

3　畜禽废弃物资源化利用现状

3.1　畜禽粪尿资源化利用现状

一方面是部分规模化养殖场畜禽粪尿对环境的污染，特别是猪场对环境的严重污染，每年因猪场粪污污染纠纷到县环保局、县畜牧水产局告状 30 起之多；另一方面是农业生产对有机肥需要达不到需求。洞口县有旱土面积 73 万亩，其中橘园 7 万亩，有水田面积 58 万亩，林地 3 072 万亩。农业用年需有机肥 63 万 t 以上。现农业实际用有机肥 29.4 万 t，为有机肥需求的 46.7%。其中用猪粪 21.3 万 t，占产粪量的 43.3%，则猪粪利用率 43.3%。

年畜禽粪便总量 85.6 万 t，排尿 83.5 万 t，合计粪污量 169.1 万 t。处理方式：沼气化利用 73.73 万 t，占粪污总量的 43.6%，堆肥处理 24.35 t，占粪便总量的 28.4%，占粪污总量的 14.4%，其他 12.85 万 t，占粪污总量的 7.6%。没有处理的 58.17 万 t，占粪污总量的 34.4%，则各种处理方式利用 110.93 万 t，占粪污总量的 65.6%，则减排 65.6%，与减排 85%目标相差 19.4%。

3.2　畜禽粪尿资源化利用模式

洞口县有三级化粪池、三级化粪池＋沼气池、三级化粪池＋沼气池＋氧化塘、沼气发电、微生物发酵床、雨污分离、家庭农场、养殖蚯蚓等猪粪尿减排与资源化利用模式，对猪粪尿都有减排作用，减排效果不一而同。

3.2.1 猪粪尿的沼气化利用模式

洞口县结合农村环境卫生整治项目，五年来在山外 15 个乡镇以 26 个养猪专业村为主的部分农村区域建设农村沼气工程。共建 30、50 立方的沼气池 4 852 个计 166 600 m^3，投入 9 790 万元。沼气池清洁能源，沼液作渔果林菜基地有机肥，猪场周围空气得到净化，附近居民生活环境得到明显改善，同时少部分猪场污水排放基本达标，大部分猪场减排 60%以上，大大降低了养殖业对环境的影响。

3.2.2 生猪规模场粪污治理项目模式

洞口县从 2013 年开始，每年从生猪奖励资金切块资金，对洞口县排位前 63 名生猪场施行规模养殖场粪污治理项目建设，四年来共投入中央资金 1 889 万元，养殖户自筹资金 1 711 万元，共建排污沟 49 800 m，新建沼气发电项目 4 个 3 800 m^3，新建沼气池 3 200 m^3，沼液贮存池 1 600 m^3，铺设沼液输送管道 3 500 m，三级净化池 8 400 m^3，干粪堆积棚 5 900 m^2，新建氧化塘 19 口，加深加固氧化塘 230 亩，新建生猪发酵床 5 000 m^2，安装干湿分离机 17 台套。经环保和畜牧部门验收，这 63 个猪场达到了粪污减排 85%标准。

3.2.3 微生物发酵床模式

洞口县从 2009 年推广微生物发酵床养猪技术，在洞口镇、高沙镇、又兰镇、竹市镇、醪田镇、黄桥镇等 9 个乡镇推广，到 2013 年推广了 128 户，推广发酵床面积 63 500 m^2，填充发酵床垫料 50 450 m^3，推广发酵床养猪 28 万头。

3.2.4 养殖蚯蚓模式

利用发酵的鸡粪、猪粪、牛羊粪和生活垃圾饲养蚯蚓，然后用蚯蚓养殖畜禽鱼，既能废物利用，减少环境污染，又能作为畜禽动物蛋白性饲料，大幅度降低养殖饲料成本。在田间、工厂化都可以进行，是今后猪粪尿资源化利用主要模式，可以加大推广力度。

3.2.5 干粪堆积、雨污分离模式

干粪堆积就是对养殖场设计 2 个干粪堆积池，每天对养殖场收集粪便，并输送到干粪堆积池，半个月发酵后再做有机肥。雨污分离就是对养殖场设计，分为污水管道和雨水管道系统，这样污水和雨水分离，减少污水收集、排量、处理量，从而减少了对污水治理难度，经测算，这种模式污水排放减量 25%～30%。

3.3 病死畜禽处理现状

3.3.1 原来对动物疫情处理方式

几次大的疫情对病死猪处理全部采取深埋方法，深埋方法：①选好掩埋点：离村庄、道路 1 000 m 以上；②挖池：用挖掘机在掩埋点上挖一个深池，根据处理猪的数量、大少确定深池的体积，以 100 头大猪为例，需挖 30 m^3 左右（深 4 m 以上，掩埋物要离地面要 1.5 m，实际只 2.5 m 掩埋层）；③底层处理：铺洒一定量的生石灰、烧碱等药品；④掩埋：对病死猪进行掩埋，掩埋物离地面 1.5 m 时，表层放石油（或柴油）燃烧，燃烧停止后铺洒一定量的生石灰、烧碱等药品，然后封土，封土层高出原地面 0.5 m；⑤设立疫点掩埋地封锁线和警示牌。

3.3.2　无害化处理池(化尸窖)模式

洞口县畜牧主管部门严厉打击病死动物加工和乱丢乱抛违法活动，同时加大对无害化处理设施的建设，从 2014 年开始，县财政拿出 200 万元对无害化处理池建设进行补助，利用两年时间对我县生猪规模养殖场进行病死动物无害化处理池的建设，制订了病死动物无害化处理池(化尸窖)规范，要求水泥硬化，深度在地表 4 m 以下，池口半径在 1.5 m 以上。养殖场按标准建设好通过县畜牧水产局验收达标后，每个处理池可获得财政补贴 3 000 元，每场暂限建一个。至 2014 年底，已经有 286 个生猪规模养殖场建好的无害化处理池(化尸窖)通过了县里的验收并投入使用。2015 年验收 96 个标准化化尸窖，合计 372 个无害化处理池(化尸窖)，投入使用。经过检查，无害化处理池(化尸窖)投入使用率 100%，规模养殖户反映，若没有大的动物疫情情况下，存栏在 500～1 000 头猪场这样标准的化尸窖(30 m^3)可使用 5 年左右。

4　2017—2018 年畜禽废弃物资源化利用工作重点实施内容

4.1　关闭禁养区猪场，减少部分粪污污染源

2016 年 6 月，《洞口县畜禽养殖区域划分方案》正式颁布实施，明确将我县行政辖区内畜禽养殖区域划分为禁养区、限养区、适养区三类，将我县生活饮用水水源保护区和重要地表水体功能区、风景名胜区、自然保护区核心区、县城建成区，县工业园区等区域都划为禁养区，禁养区内的畜禽养殖场要逐步退出和关闭，有效地减少了养殖粪污对自然环境的影响。2016 年 9 月份关闭了黄桥镇炭山水库边的一个处于禁养区内的生猪规模养殖场。计划 2017 年 4 月底完成石江镇八〇四工业园区的 23 个畜禽养殖户退养工作，2017 年 12 月底完成县城建成区的 8 个猪场以及洞口县中学、高中的校园内 38 个猪场退养工作，2017 年共计清退 69 个猪场。2018 年关闭禁养区内 95 个猪场。2 年内共要关闭清退禁养区规模猪场 164 个。

4.2　建立科学的畜禽粪污处理模式

4.2.1　建立洞口县畜禽粪便有机肥工厂

在洞口县雪峰山农业发展有限公司集团，建设 1 个大型洞口县畜禽粪便有机肥工厂。对全县 500 头以上的猪场实施干粪收集以及粪污固液分离干粪，予以收集统一运送到洞口县畜禽粪便有机肥工厂，通过发酵工艺做成复合有机肥，商品化销售给农户，做为橘果园、菜地、玉米地、水田肥料。洞口县雪峰山农业发展有限公司集团自己消纳 30%以上复合有机肥。

4.2.2　继续进行畜禽粪尿资源化利用模式项目建设

加大对成熟的粪尿减排与资源化利用模式项目建设，要求每个规模养殖场在 2017—2018 年按养殖场规模配套达标建设。

如洞口县畜牧水产局设计了猪畜禽粪尿资源化利用模式评估指标：以年出栏 100 头大猪为计算单位，其计算公式：

化粪池单项计分＝[实际完成化粪池÷(年出栏÷100×10)]×40

沼气池单项计分＝[实际完成沼气池÷(年出栏÷100×10)]×40

氧化塘单项计分＝[实际氧化塘÷(年出栏÷100×3)]×30

家庭农场单项计分＝[实际家庭农场÷(年出栏÷100×30)]×30

$$粪污减排指数=(化粪池分数+沼气池分数+氧化塘分数+家庭农场分数+雨污分离+群众评议)\times 90\div 105$$

见表1。

表1 粪污减排指数计分(各项最高权重分)设计表

总分	化粪池（m^3）		沼气池（m^3）		氧化塘（亩）		家庭农场（亩）		雨污分离(排污沟)（m）	
	达标	计分	达标	计分	达标	计分	达标	计分	达标	计分
160	10	40	10	40	3	30	30	30	30	20

并对全县1 892个规模猪场进行了调查统计，粪污减排评估结果：减排(90％以上)达标猪场114个，占调查猪场总数的6.0％，减排60％以上猪场计809个，占42.8％，减排50％以上猪场计1 233个，占65.2％，减排49％以下猪场计659个，占34.8％。

各猪场对号入座，不达标的建到达标为止，并要通过县环保和畜牧部门验收合格，2018年年底达到粪尿减排85％标准，不然予以关闭。

4.3 建立洞口县病死动物收集贮存转运中心

按照邵阳市畜牧部门规划，2017年上半年邵阳市在新邵县建立一个大型病死动物无害化处理中心，邵阳市其他9县郊建立病死动物收集贮存转运中心，负责对本辖区病死动物进行收集保存(冷库)，用冷藏车统一送新邵县病死动物无害化处理中心，进行焚烧处理，病死畜禽提炼成工业用油或生物柴油，加以利用。这种方式的运行，将有效杜绝病死猪深埋、焚烧，甚至随处丢弃的处理方式造成的水源、土壤、空气等环境污染问题。病死动物由村转运到乡，由乡转运到县收集贮存转运中心，然后送新邵县病死动物无害化处理中心。洞口县收集贮存转运中心已经完成选址工作，定在竹市镇金寨村，距村庄、公路2 km以上，并建1个80 t的贮存冷库，2017年6月完成；山外16个生猪养殖区的乡镇各建1个收集贮存点，并各建1个10～20 t贮存冷库。

4.4 多方筹积资金，发挥养殖场粪污治理主力军的作用

争取国家财政支持，洞口县申报湖南省农业废弃物资源化利用试点县(每个地级市1个县)项目，争取国家资金2 000万元，从洞口县农村卫生综合整治项目切块资金1 000万元，从国家生猪大县奖励资金项目切块资金1 000万元，利用亚行货款长江绿色生态廊道项目资金3 000万元，合计7 000万元，并按1∶2比例从养殖场、社会筹积14 000万元进行畜禽废弃物资源化利用项目建设。谁污染谁治理，调动养殖场对粪污治理的积极性，发挥养殖场粪污治理主力军的作用。

其中洞口县农村卫生综合整治项目和亚行长江绿色生态廊道项目，2017年1月已经启行，先行在高沙、雪峰、文昌、竹市、石江、黄桥、又兰、岩山等8个乡镇，对113个规模养殖场以三级化粪池＋沼气池＋氧化塘、干清粪、雨污分离等畜禽废弃物资源化利用模式进行项目建设。

4.5 进行科技攻关和科技推广工作，提高项目科技含量

大、中型沼气工程的设计、发酵工艺等方面技术模式日趋成熟，如发酵工艺主要有：上流式

厌氧污泥床、全混合厌氧工艺、厌氧颗粒污泥膨胀床、厌氧内循环反应器、厌氧过滤器和厌氧复合床。2016 年 10～12 月我们在洞口县大胜林伍猪场和洞口县振荣养殖专业合作社猪场建设了 2 个大型移位厌氧复合床(UFB),将猪粪尿移位到微生物发酵床处理,生态效益明显。2017 年 2 月引进湖南农业大学立页增氧发酵污水处理系统技术,引入洞口湘绿源生态猪场建设项目,猪粪机械化清扫(干清粪模式)进行微生物发酵池发酵后做成有机肥,猪尿经立页增氧发酵污水处理系统蒸发到空气中,相比微生物发酵床模式猪尿进入地里要污染地表水源,真正做到粪污零排放。

5　总结

据统计,全国有 1 亿多个畜禽养殖场(户),每年生产 8 625 万 t 肉类、2 999 万 t 禽蛋、3 870万 t 奶类,同时产生了 38 亿 t 畜禽粪污,对生态环境特别是农村居民的生产生活环境造成了巨大影响。因此进行畜禽废弃物资源化利用试点县项目建设,并对整县推进畜禽养殖废弃物资源化利用的研究,探索整县成功的经验,加以推广,具有重要意义。

参考文献

[1] 肖岳兵,肖和良.关于节能减排、粪污处理地方政府应做哪些工作——以湖南省洞口县为例[J].猪业科学,2016(06):46-47.

[2] 许志军.对洞口县病死动物无害化处理工作的探讨[J].饲料与畜牧·规模养猪,2016(06):58-60.

[3] 尹邦才,肖和良,等.对目前猪粪尿减排与资源化利用模式评估报告[J].中国猪业,2016(11):36-39.

[4] 畜禽养殖废弃物处理和资源化利用调查[J].2017-01-26 03:44:00　来源:中国经济网(北京).

做好玉树草场生态环境保护工作的发展建议

英丁文毛

（青海省玉树市草原工作站，青海玉树　815099）

摘要：玉树草原系统是本地畜牧业发展的基础，是三江源经济社会发展的重要组成部分。为保护草原生态系统，玉树各部门做出不懈努力，在取得成绩的同时，仍然存在草场退化、生物多样性减少、土地沙漠化严重、水土流失严重等问题。针对这些问题，笔者结合日常工作实践，提出了尊重地方风俗习惯，制定最为合适的草原恢复法；建立健全生态补偿机制，做好生态补偿立法工作；广泛听取地方民众意见，提升民众保护生态的积极性；逐步拓宽牧民就业渠道，逐步解决收入来源问题等一系列的发展措施和建议，以供同仁参考和借鉴。

关键词：生态保护；就业；保护措施

1　玉树草原生态环境现状

玉树地处高原，海拔较高，气候严寒，生态环境脆弱。草原系统是本地畜牧业发展的基础，是三江源经济社会发展的重要组成部分。注意保护好草原生态系统，对整个青海省的经济社会发展有着极为重要的现实意义。

近年来，为保护玉树草原生态系统，玉树严格执行《草原法》《环境保护法》《环境影响评价法》等法律法规，落实实施三江源保护与建设一期工程，做好黑土滩治理、荒漠化治理、退耕还草、游牧民族定居、鼠虫害防治等工作，确保局部生态环境逐渐好转。但是，仍然存在草场退化、生物多样性减少、土地沙漠化严重、水土流失严重等问题。

2　玉树草原生态环境保护发展建议

2.1　尊重地方风俗习惯，制定最为合适的草原恢复法

任何法律的形成，都源自地方风俗及信仰。就玉树本地而言，以游牧形态存在的社会，决定着本地极强的风俗。而社会民众行为准则的形成，同样源自习惯或风俗，而不是取决于法律。譬如青海果洛莫坝部法规定："引起草山失火者，罚全部财产的1/2；超过草山界限放牧者，罚牛一头。"诸如此类，被民众接受的风俗，遵守的行为准则，形成的社会秩序，就像法律形成的规则那样约束着民众的行为。这种行为的自我约束，同样对青海草原的保护和社会秩序的稳定，有着极为重要的现实意义。

而现在的法治社会，强调的是法与权的统一。就草原立法而言，初衷在于国家通过立法替代延续玉树几千年的习惯法。为恢复草地资源，国家提出的“禁牧休牧”“游牧民定居”“草原补偿”等政策，就此，引导民众配合政府保护草原生态，以实现草场修养生息的目的。

2.2 建立健全生态补偿机制，做好生态补偿立法工作

我国《环境保护法》规定了环境影响评价、“三同时”等制度规范，但是偏重于污染治理，规定了排污者对其排污行为所产生的损害后果进行补偿，并未考虑到对生态保护行为所产生的利益进行奖励。由此，制定单行法宜细不宜粗，可以按照生态系统的组成要素分别建立森林、草原、矿产资源补偿机制，规定生态补偿方式、经费来源、法律责任、补偿标准等内容。

2.3 广泛听取地方民众意见，提升民众保护生态的积极性

在遵守法律的基础上，宪法同样赋予农牧民有私权利对抗公权力的干预。而且，不受公权力主体的侵犯。但是，为维护公共利益，提升资源利用率。同样，设置限制权利条款——在特定条件下，政府有权干预民众私权利。无论自何角度考虑，草原立法的制定，务必引进立法听证制，在广泛听取基层意见的基础上，融合部门、法人、组织等的建议，达到提升民众保护草原的积极性，增强民众草原保护的认同感。

2.4 逐步拓宽牧民就业渠道，逐步解决收入来源问题

三江源的生态问题，归根结底，是贫穷的问题。尤其在玉树，民众多数信教，在就业选择上往往有更多的压力和限制。同时，普遍文化水平不高，综合素质能力欠缺，限制其对新知识和技术的接受能力。此外，因长期从事畜牧业生产，多数在离开草场后，再无其他的社会生存技能，仅仅能从事些简单的体力劳动或打打短工，在社会谋生找出路的主动性较差。因此在草场生态保护问题上，仅靠奖补机制去达到禁牧限牧的目的是很难的，要不断提高牧民的“造血”能力，例如可以加大对牧民的厨师、缝纫、电焊、粉刷、装潢等技能培训，并且指导有一定技能的青年自主创业，积极发展和完善职业培训体系，增加落实项目培训，引导社会人力资本投资，为藏区人才培养提供足够的经费保证。示范带动牧民从事非牧业生产，不断拓宽就业渠道，增加收入，间接达到禁牧、限牧的目的。

3 体会总结

玉树草场地理环境特殊，因地处高海拔地带，气候较为严寒，而导致本地生态系统极为薄弱。但是，本地草原系统，对三江源经济社会的发展有着极为重要的促进价值，是本地畜牧业发展的基础环节。由此，注意保护好草原生态系统，对整个青海省的经济社会发展有着极为重要的现实意义。

玉树本地居民以游牧为主，在草原保护工作的开展中，要有着不同其他地区的探索和实践。就此，需要尊重地方风俗习惯，制定最为合适的草原恢复法；引导民众配合政府保护草原生态，以实现草场修养生息的目的；建立健全生态补偿机制，做好生态补偿立法工作；广泛听取地方民众意见，尊重地方社会风俗，提升民众保护草原积极性，增强民众草原保护的认同感。同时，还应逐步拓宽牧民就业渠道，逐步解决收入来源问题，以解决后续的问题。

参考文献

[1] 刘建宇,鲍青龙.天然草场退化原因及治理对策[J].当代畜牧,2001(2):6-7.
[2] 周兴民,赵新全,王启基.中国蒿草草甸[M].北京:科学出版社,2001.
[3] 周华坤,周立,赵新全,等.放牧干扰对高寒草场的影响[J].中国草地,2002(5):54-62.
[4] 孙祥.草原沙漠化与防治措施[J].农业经济问题,1980(3):38-40.
[5] 春雨.玉树种植业结构调整探讨[J].青海农林科技,2004(4):44-46.

我国农村畜牧兽医公共服务体系研究

陈相辉

（山东省昌邑市奎聚街道畜牧兽医管理站，山东昌邑　261300）

摘要：畜牧兽医服务业在农业经济中起着举足轻重的重要地位，但无论是理论建设还是具体实践中，都存在着些许的不完善之处。兽医服务业不仅仅局限于动物疾病的防治方面，还影响到全社会的健康发展。由此，对于农村畜牧兽医服务体系的研究迫在眉睫。

关键词：农业经济；动物疾病；健康发展

作为农业大国，农业经济在国民经济中一直占据着较大比重，成为国民经济的基础和命脉。今年以来，我国的农业经济取得了长足的进步和发展，与之相配套的公共服务体系也要逐步跟上。但是由于农村先天性落后、政府职能有限等特点，农村基层的建设情况并没有达到预期的效果，农村之间在公共服务的质量、进度等指标上存在较大的差异，这无疑影响了农村致富的进程与速度，增加了农民的负担，导致社会的不和谐因素持续存在。针对以上情况，国家出台了很多扶植政策，但是落实在基层的村落时就变了质，改革的道路任重道远。

公共服务是具有公益性和非营利性的社会服务，这是政府的基本职能之一。农村畜牧兽医公共服务体系是针对农村中养殖业开展的服务，内容涉及疾病的防疫、治疗、品种推广、宣传等方方面面，是对整个农村畜牧养殖业都有利的大事业。这种服务体系是区别于私人服务的公共产品服务，是由官方制定的人人都可享受的兽医公共产品，其配套的研发设备、网络建设、无公害化处理都是重要的板块和组成部分。

目前，我国的畜牧兽医服务体系整体出现生产水平较低、生产规模小、从业者素质不高、公益性差等特点。由于其商业性无法保证，所以其职能是别的组织和机构无法替代的，这也是全世界的通行惯例。这是由于动物疾病的防控在养殖业中起着先导作用，其质量的好坏直接决定着养殖业的成败与否，还是保证农民创收的砝码，是连接市场和生产业的桥梁所在。但是其在农业经济与生态健康中占有如此重要的地位，其服务体系仍没有受到应有的重视。

农村畜牧兽医体系从建立至今一直在实践中进行摸索，20 世纪末发生了一些积极的发展势头，首先是兽医从业者责任感、紧迫感的加强，不再将其简单地认为只是对动物进行服务的工作，再次出现了一批专门培养兽医人才的高等院校，每年向社会输送大量的人才，再次是出现了新的技术和组织模式，开始了多元化的宣传模式。但是问题也随之产生，一是部分从业者缺乏经验、技术不过关，容易出现大量动物死亡的严重后果，其次是防疫和推广工作展开流于形式。针对以上问题，我国在乡镇改革后将乡镇畜牧兽医站的部分人员下放到乡镇和村，希望去培养带动基层的服务质量的改善，但是问题又出现了：乡镇出于自己的利益和地方兽医站的人员争抢利益，人员管理的局限太大，很多人上岗不上工，给管理带来了很大的麻烦，协调性差，各自为政，相互扯皮的现象时有发生。

2005年，我国为了更大限度地预防重大动物疫情的发生、维护人民的生命安全，保证畜牧业健康有序可持续发展，各地建立了“四个一”的工作方式，即“建立一个畜牧兽医行政管理机构，即畜牧兽医局；建立一个兽医行政执法机构，即动物卫生监督所；建立一个动物疫病预防控制机构，即动物疫病预防控制中心；建立一个畜牧技术推广机构，即畜牧技术推广总站。”这种工作方式建立了乡镇兽医管理体系，承担全市动物防疫、检测和公益事业的推广工作，建立一套市畜牧事业局统一管理的人事制度，建立统一的经费调配、监督机制，保证了从业者生活条件的改善。改革收到了很好的效果，比较符合畜牧兽医体系发展的规律。但是问题也确实存在：集体性质的事业单位在没有经费的情况下就不得不注意自身的经济效益，出现了以病养医、经营不明的不作为现象；管理上出现盲区，缺乏有效的监管，工作没有积极性；设备陈旧老化，人员素质差等问题，给整个服务体系带来沉重的负担。

2009年大部制改革如火如荼展开，农村工作、工业信息化、城乡建设等作为改革的重点。畜牧兽医合并到农业委员会中去，兽医执法队伍有了执法权。这次改革是在比较成功的畜牧兽医行业领域内进行的，顺应了大部制的改革潮流，但是改革并没有解决实际问题，反而将畜牧兽医体系复杂化，出现了多头管理的后果，因此，改革并没有成功。

从以上改革的进程和结局来看，畜牧兽医服务体系是个长期存在且比较棘手的问题，出现这些结局并不是单方面的原因，主要是以下因素共同作用的结果。一是公共服务的供给主体较单一，众所周知，我国一直沿用政府把控的供给模式，但是政府财力的有限性使其容易将问题转嫁到农民头上，单一的市场供给使得政府大包大揽，因此其在为农民服务的同时不可避免地出现垄断现象，政府人员会出现执法难的问题，造成其效率不高的后果。二是资金投入不足，县乡两级是国家财政管理的神经末端，上级利用权力下压支出，乡镇就会无法安排足够的服务产品，使得基层的公共服务体制自己维系自己的运营，用非规范的手段去筹集资金，这些资金无疑还是来自农民。三是监管不力，乡镇兽医服务体系属于双重管制，业务由市里统一调配，人、物由乡镇管理，这种管理模式比较混乱，很难做到步调一致，甚至经常有盲区出现。部分人员没有相应的从业资格甚至人员较少，年龄偏大，知识老化，基础设施不健全，设备简陋，心有余而力不足，严重影响了工作的进程和服务质量。四是服务模式落后，乡镇畜牧兽医站承担着宣传、示范、控制等重要职能，产品的检验必须在政府的监督管理下统一进行。但实际执行过程中，政府并没有实时跟踪其进度，对重大疫情也没有预防在前，出现了花钱买服务的做法。

针对国情和各种不合理的现象，我们需要具体问题具体分析，构建多元化的供给体系，打破政府垄断的格局，协调各方面的利益分配，发挥市场机制的主动性和积极性，逐步转变为多种类的供给模式，调动农村生产的积极性；建立规范化的财政管理制度，加强监管力度，财权与事权结合起来，建立完善的税收体制，并给予畜牧兽医服务业相应的财政扶持；推进综合执法队伍建设，根据国内外的先进经验，将监督所和执法队伍合并，对执法人员统一管理，培训上岗，适当提高执法人员的责任感和地位，使群众能听从他们的指挥；对从业人员进行业务培训，增强他们的技术水平和理论修养；加强信息技术等高科技技术在实际进程中的运用，提高服务水平，推进信息化、集约化的运营模式，这是政府部门和畜牧兽医服务体系从业人员所共同思考的大问题。

转变畜牧业生产方式的对策与措施

冀永华

（山西省忻州市畜牧兽医局，山西忻州　034000）

摘要：近年来，我市针对畜牧业发展中存在的诸多问题，以良种繁育、养殖小区、合作经济组织和龙头企业建设为重点，以发展优质畜产品生产基地为基础，以提高规模养殖水平为支撑，以培育壮大畜牧养殖龙头企业为重点，优化品质结构，转变畜牧业生产方式，拉长产业链条，强力推进畜牧产业化进程，努力实现畜牧业数量、质量和效益同步快速增长，全面提升我市畜牧业发展水平，为实现我市畜牧业转型发展、赶超发展、跨越发展的战略目标而努力奋斗。

关键词：畜牧业；方式；转变

忻州市基本情况

忻州市地处中纬度大陆性气候区。除忻定盆地和黄河沿岸海拔 1 000 m 以下的地方属暖温带气候外，大部分地区为温带季风气候。地形以山地、丘陵居多，山地面积占 53.5%，丘陵 35.9%、平川 10.5%。由于地形复杂，各地温差悬殊大，气候垂直变化明显。全区年平均气温在 4.3～9.2℃之间，1 月份最冷，平均气温为－14～－9℃，7 月份最热，平均气温为 20～24℃. 历年平均降水量为 373～560 mm，无霜期为 110～178 天。全年日照时数在 2 600 h 以上，风向以西北风为主。

忻州资源丰富，发展潜力巨大。国土面积占全省的 1/6，是全省面积最大的地市。林地和宜林宜草地分别有上千万亩，天然草坡 1 048 万亩，四边草地 178 万亩，人工草地 282 万亩。全市耕地面积 680 万亩，占全省的近 1/7，主要种植小麦、水稻、玉米、高粱、谷子、莜麦、薯类等；经济作物主要有：油料、麻类、棉花、烤烟、蔬菜；境内矿产资源丰富，有煤、铁、铝、钛、钒、金等 60 余种，煤炭地质储量 1 100 多亿 t，占全省 9.4%；铁储量 18 亿 t，占全省 48.19%；铝钒土储量 1.4 亿 t，占全省 17.72%；钛矿储量 159 万 t，占全省 54.1%，居全国第二；金矿储量 18 508 kg，占全省 73.87%，居全省第一，忻州还是汾河、滹沱河、桑干河的发源地和黄河的流经地，全市水资源总量达 21.5 亿 m^3，人均水资源占有量达 750 m^3，高出全省平均水平 250 m^3。生物的多样性为全市农牧业生产的发展提供了丰富的资源，农牧业生产近年来发展较快。

1　我市畜牧业发展现状及存在的问题

1.1　认识不到位　发展不平衡

个别县认识有偏差，没有把发展生态畜牧作为加快脱贫、稳定增加农民收入的关键措施来抓。不论是饲草种植、草业，还是规模养殖、畜种选育，都没有一个明确的规划，思路旧，起点低，发展慢；措施不得力。

1.2 产业化不突出 加工与市场建设滞后

一是加工企业少，缺乏龙头带动，畜产品加工企业少而不强，二是缺乏名牌产品，产品科技含量低，品牌意识差、特色精品少。

1.3 资金投入少 发展困难大

一是项目所在县均为国家贫困县，地方财力非常困难。二是各级项目管理部门由于没有专门的经费，难以维持正常的管理监督工作。

1.4 服务体系建设有待继续加强

由于品种改良跟不上发展要求，畜牧业生产表现为“四低一慢”即良种率低、出栏率低、个体产量低、畜牧业效益低、发展缓慢。畜禽防检、改良工作的滞后严重地影响了全市畜牧经济全面发展。

2 转变畜牧业生产方式的重要性和必要性

2.1 转变畜牧业生产方式是解决动物卫生问题的重要条件

动物卫生和畜牧业生产相辅相成，加入 WTO 后我国畜产品出口频频遭遇绿色堡垒，很大一部分原因是我们没有很好地解决动物卫生问题。总结多年来动物卫生工作的实践，消除动物卫生安全的隐患，让消费者都买得放心、吃得健康，必须从生产的源头规范，通过生产方式转变，实行规模化养殖、标准化生产和产业化经营。

2.2 转变畜牧业生产方式是推进畜牧业现代化的必然要求

现代畜牧业是用现代科学技术和现代代工业设施装备的畜牧业，用现代经济管理方法来管理畜牧业。因此，建设现代畜牧业，既涉及生产力的提高，也涉及组织形式的创新，转变畜牧业生产方式是畜牧业现代化的题中之意。我们不能不承认，在畜牧业产业化链条中，畜牧业生产方式的落后，已成为畜牧业现代化的最大障碍。

2.3 转变畜牧业生产方式是维护生态安全的需要

我国是草地资源比较丰富的国家，但由于超载、放牧等问题，草地沙化、退化和盐碱化趋势日益严重。转变畜牧业生产方式，大力发展舍饲圈养、推行休牧轮牧制度和秸秆养畜，对于加强草地建设与保护，维护生态安全具有极为重要的意义，也是实现畜牧业经济与环境资源协调发展的必然选择。

3 我市加快畜牧业生产方式转变的实践

3.1 以标准化养殖小区为载体，推进饲养方式转变

3.1.1 小区建设标准化

我市畜牧兽医局先后出台了生猪、蛋鸡、肉鸡、肉牛、奶牛、肉羊和绒山羊小区建设标准，要

求养殖小区建设做到“两分、三通、五有、六统”。两分，即人畜分离、净道与污道分离；三通，即水通、路通、电通；五有，即有合作经济组织、有粪污处理设施、有防疫设施、有病死畜禽无害化处理设施、有管理制度；六统，即小区要统一管理、统一建设、统一品种、统一供料、统一防疫、统一销售。

3.1.2 小区形式多样化

多数地区标准化养殖小区建设，坚持以民营为主体，通过民办公助、龙头带动、能人推动等形式，重点支持股份型和入托型。

3.1.3 粪污处理无害化

近年来我市把粪污治理作为规范畜牧小区建设，发展生态性畜牧业的重要内容。第一是除味。各级畜牧技术推广机构重点推广在饲料中添加 EM 生物药剂等除味剂，消除粪污异味，减轻对空气的污染。第二是生态净化。主要是通过建立粪污净化池，实行粪污净化、循环利用。第三是开发沼气。第四是制造有机肥。主要采用粪污发酵、烘干、制粒等工艺处理粪污。

3.2 以合作经济组织为纽带，提高畜牧业产业化水平

3.2.1 大力发展加工型龙头企业

2010 年我们在生态畜牧建设中把龙头企业建设放在市场经济的制高点作为突破口来抓，一是对原有畜产品加工企业进行扩建改造。二是积极制定优惠政策，加快农民奔小康步伐。三是积极招商引资，加速畜牧企业的发展。

3.2.2 创新产业化运行机制

合作经济组织的形成发展使生产集中化和农民组织化有机结合，种、养、加有机结合，不仅延长了产业链，而且产业化运行机制也因此由“公司＋农户”的松散型初级阶段上升为“龙头＋合作经济组织＋基地＋农户”的紧密型高级阶段，对提高农民自我服务和利益保护能力，规避产业化链条中“公司＋农户”问题起到了重要作用。

3.3 以科技为支撑，着力转变畜牧业增长方式

3.3.1 提高畜禽良种率

截至 2010 年底，全市共引进良种猪 16 324 头，良种牛 4 860 头，种羊 62 898 只，良种兔 7 920 只，引进种鸡 6 万套。全市良种牛改良配种 9.6 万头，羊改良配种 132.5 万只，猪改良配种 8.61 万头，优种鸡推广 461.36 万只，分别超额完成任务的 52％、66％、56％和 119％。全市良种牛存栏 28 万头，良种羊存栏 230 万只，良种猪存栏 52 万头，优种鸡存栏 510 万只，分别较去年同期增长 21％、34％、30％、4％。牛羊猪鸡良种覆盖率分别达到 72％、65％、66％和 98％。

3.3.2 提高饲料开发率

在饲料开发中我们引进优良饲料品种，科学加工利用秸秆资源，大力扶持牧草、饲料加工企业，全面推进退耕种草建设，饲料开发工作取得令人满意的成绩。截至目前全市人工种草 21.87 万亩，饲料作物种植 55.3 万亩，推广配合饲料 22.6 万 t，秸秆加工利用 231.44 万 t。

4 我市转变畜牧业生产方式的成功经验

4.1 调整农牧业结构,加强林草植被建设,全面实现由粮经二元结构向粮经饲三元结构的转变

一是实行植树与种草相结合,改善生态环境,促进畜牧业的发展,实现保护生态与发展经济、长远利益和近期利益的有机结合。二是不断调整和优化农业种植结构,推行粮食作物、经济作物和饲料作物的三元种植结构,大力发展优质饲料粮生产。

4.2 通过良种引进和改良,加速良种化进程,实现由过去的数量增长型向质量效益型的现代畜牧业转变

近年来畜禽品种在我市逐步得到引进和推广,但总体水平上与先进发达地区相比依然落后。下一步要加大品种结构调整,积极推广人工授精、冷配等现代生物技术,加大畜种改良力度,加快地方品种提纯复壮步伐,强制淘汰劣质品种,尽快形成品种优势,促进畜牧产业的优化升级,促进畜牧业生产方式的转变。

4.3 通过发展规模养殖户、规模养殖场、大力构建标准化养殖小区(园区)

继续做好标准化养殖场的建设工作,积极引导农民发展规模化、标准化和生态化养殖,改变传统养殖模式,提高畜禽养殖管理水平,扩大养殖总量,增加养殖收入。

总之,畜牧养殖业是承农启工的中间产业,也是振兴农村经济、增加农民收入的重要途径。近年来,国家相继出台了一系列稳定和扶持畜牧业发展的政策措施,我市畜牧业发展迎来了难得的机遇。我们要抓住当前畜产品价格持续回升和国家政策扶持力度加大的有利机遇,以发展优质畜产品生产基地为基础,以提高规模养殖水平为支撑,以培育壮大畜牧养殖龙头企业为重点,以健全完善服务体系为保障,扩大养殖总量,优化品质结构,转变畜牧业生产方式,拉长产业链条,强力推进畜牧产业化进程,努力实现畜牧业数量、质量和效益同步快速增长,全面提升我市畜牧业发展水平,为实现我市畜牧业转型发展、赶超发展、跨越发展的战略目标而努力奋斗。

参考文献

[1] 宋巨才.论加快推进畜牧业生产方式转变.辽宁沈阳,110001.

[2] 孙连珠.山西省畜禽标准化养殖小区建设.太原:山西科学技术出版社,2008.

浅议关于解决乡村两级动物防疫人员感染布氏菌病的救助办法

贾凤菊[1]　刘院平[2]

（1. 靖边县张家畔镇畜牧兽医站，陕西靖边　718500；
2. 靖边县动物疫病预防控制中心，陕西靖边　718500）

乡村两级动物防疫人员（乡级防疫员是指原公社社办人员）是从事动物防疫、检疫、疫情监测、疫病临床防治的一线工作人员，感染布氏菌病（以下简称布病）的概率较大，属于职业病范畴。近10年来，我国畜牧业呈突飞猛进的发展势头，乡村两级防疫人员的工作任务与日俱增，感染后到处寻求救助办法，最终得不到解决，给兽医这个长期处于弱势群体的行业带来一层阴影。

1　布病及对人体的危害

布病是由布氏菌引起的一种广泛分布于世界各地的人畜共患传染病，严重危害畜牧业生产和人类健康。人类感染布病后，出现长期发热、多汗、乏力、关节肌肉疼痛、睾丸肿大、关节肿大畸形等多种症状，病程长，反复发作，长期不愈。老百姓称之为"懒汉病"，是《中华人民共和国传染病防治法》规定的乙类传染病，《中华人民共和国动物防疫法》规定的二类传染病。

2　乡村两级防疫人员职责与任务

2.1　乡村两级防疫人员职责

乡镇畜牧兽医站是2007年全国畜牧兽医体制改革时县区畜牧兽医局设立的全额事业单位，为该局派出驻乡镇机构。乡村两级防疫人员是在计划经济框架下建立和发展起来的，是乡镇具体业务承办运行的发动机。承担动物疫病的预防、控制、疫病检测、疫情监测、乡村两级畜产品安全信息员等社会公益性任务，是保障畜牧业健康发展的前沿阵地。

2.2　乡村两级防疫人员疫病防控任务重

近年来，我国畜牧业的快速发展，畜禽饲养量成倍的增长造成动物疫病风险越来越大，疫病防控工作量随之成倍增加，以榆林市某县区为例，2016年羊、生猪、家禽饲养量分别是1999年的6倍、5倍、12倍。国家法定的免疫病种不断增加，由1999年的4种增至目前2016年的7种，分别是口蹄疫、猪瘟、高致病性猪蓝耳病、布氏菌病、羊小反刍兽疫、高致病性禽流感、新城疫。

3 乡村两级防疫人员防疫补助情况

以榆林市某县区为例，1999 年县政府将乡村两级防疫人员工作补助列入县财政预算，分别为乡级 3 600 元/(人·年)，村级 2 000 元/(人·年)；2004 年调整为乡级 7 200 元/(人·年)，村级 3 600 元/(人·年)；2011 年调整为乡级 10 200 元/(人·年)[防疫补助 9 000 元/(人·年)，畜产品安全信息员补助 1 200 元/(人·年)]，村级 6 000 元/(人·年)[防疫补助 4 800 元/(人·年)，畜产品安全信息员补助 1 200 元/(人·年)]。根据近两年来社会工资[150 元(人·天)]和陕西省工勤岗位工资标准[1 550 元/(月·人)]，已经严重低于社会工资，正是这部分镇村两级防疫人员，迅速成为近年来我国乡镇畜牧兽医站业务运作的主力军，极大地缓解了由于乡镇畜牧兽医站人员不足导致的业务开展困难。

4 建议筛检程序

首先组织对感觉身体不适人员到县级疾病预防控制中心进行登记检测检验；其次对检测出确诊的阳性布病患者到县级医院进行肝功能、肾功能等常规化验；再到县疾病预防控制中心进行登记并录入到全国布病管理系统；最后由县级政府卫生或畜牧兽医部门进行救助和治疗。

5 建议救助方案

5.1 可借鉴榆林市某县区救助办法

由县区畜牧兽医局将县疾病预防控制中心检测确诊为阳性的布病患者，进行统一登记，根据我国目前出台的相关法律法规与患者进行座谈，达成初步解决方案并呈报县区党委政府，由县区党委政府根据情况召开党委常委会研究确定，同意县区财政按照每人 5 万元的标准，对乡村两级感染布氏菌动物防疫员进行一次性救助。

5.2 建议从卫生医疗渠道救助

对化验结果显示阳性的患者，由卫生部门组织相关部门人员，将防疫员的布病录入居民健康档案数据库，定期或不定期组织防疫员进行身体健康检查，根据检查情况，建议转入市级医疗机构就诊。或借鉴内蒙古自治区呼和浩特市等地乡村两级防疫人员感染布病救助办法。据介绍，该市参加合疗布病患者经市卫生部门确诊后，只需填写定点救治申请表，即可在内蒙古自治区卫生厅指定布病定点医疗机构进行免费治疗，减轻农牧民的经济负担，接受规范化治疗。

5.3 建议从人社养老渠道救助

对检验结果显示阳性的患者，由县区人社养老部门组织相关部门人员，将感染布病后的防疫人员，统一审核登记建档，将符合条件的全部纳入到养老统筹保险中来，由县区养老统筹部门在本人养老金基础上增加一定的比例，发放到该人员的养老金账户中。

5.4 建议从民政渠道救助

对化验结果显示阳性的患者，由县区民政部门组织相关部门人员，进行进村入户调查，根据其身体健康和家庭收入等方面综合考虑，将感染布病后的防疫人员，统一审核登记建档，纳入到低保户、特困户档案中来，由乡镇政府民政站每年发放一定的低保救助金，确保其生活和养老问题。

5.5 建议从保险渠道救助

可学习借鉴山东省阜阳市、湖南省湘乡市先进经验，由劳动和社会保障局、民政局、畜牧局联合制定参保条件、办理程序、补缴费条件、参保年龄、享受待遇的制度。又如重庆市奉节县为兽医人员买保险，集体投《禽流感防治意外伤害险》，每人保险金额 20 万元，投保经费由县财政统一解决。

通过一定的办法，希望能够帮助感染布病的乡村两级防疫人员，同时解决他们感染布病后给身体健康和生活各方面带来的各种困难，使他们能够及时得到合理有效的治疗和保护。

浅议金碧镇畜禽防疫工作

陈亚萍

（云南省楚雄州大姚县金碧镇畜牧兽医站，云南大姚　675400）

近年来，畜牧业已成为农村经济发展的主导产业，成为农民增收的重要途径，这引起了各级党委、政府的高度重视，但由于基层的动物防疫体系建设滞后，口蹄疫、猪瘟、猪蓝耳病、禽流感及最近发生的小反刍兽疫等重大动物疫病，严重威胁着畜牧业的健康、快速、持续的发展，为进一步了解我镇畜禽防疫现状，促进畜牧业良性发展，维护人民群众的切身利益，现将有关情况报告如下：

1　我镇畜禽防疫工作基本情况

金碧镇是大姚的政治文化中心，辖区内有27个村（居）委会，387个村民小组，22 648户农户，拥有人口98 047人，地理环境比较特殊，有山区、半山区、坝区，气候因海拔不同差异很大，交通比较便宜，畜禽的流通量大，人民群众生活上的需求量也相当大，近年来，政府高度重视，密切关注畜禽防疫工作，做到动物防疫有机构、有人员、有措施，促进了畜牧业的健康发展。在动物防疫中虽然做了大量的工作，但随着畜牧业的发展，情况不断地变化，防疫工作还存在一些困难和问题，主要表现在：

（1）动物疫病防疫体系不健全，面广工作量大，工作开展难度大，村级防疫员待遇过低，村级防疫工作条件差是一个普遍性的问题。

（2）群众的动物防疫意识淡薄，主动配合性差，存在认识不足的问题，有相当一部分农户不积极配合动物防疫工作，不按免疫程序进行科学免疫，对规模养殖户的畜禽防疫监管不到位，不按要求填写免疫档案。

（3）镇畜牧兽医防疫、检疫、诊断等设施简陋，缺乏必要的器械设备，工作手段普遍落后，制约着动物防疫工作的正常开展。

（4）动物防疫监管难以到位，综合防治程度相对较低，对分散的饲养户缺乏有效的约束力，平时补针工作难度大，个别边远地区甚至出现免疫死角，成为动物疫病发生的潜在隐患。

（5）检疫执法不到位，不够规范，检疫行为就凭肉眼、凭感觉，靠经验的情况，执法依据说服力不强，执法程序缺失，个体商贩故意刁难、威胁检疫人员的现象时有发生。

2　对策和建议

为了切实做好畜禽防疫工作，确保畜牧业的快速健康发展，目前防疫工作重点抓好以下几方面的工作：

(1)各级党委政府要高度重视、充分认识防疫工作的严峻性、重要性和紧迫性。动物疫病严重威胁到人类的生命安全和社会稳定,做好重大动物疫病防疫工作不仅是保障畜牧业生产,农民增收,帮助贫困户畜牧产业发展和新农村建设的需要,也是维护人民生命安全和社会稳定的需要,不仅是经济问题,也是政治问题。因此要充分认识做好动物防疫工作的重大意义,树立危机感、责任感、紧迫感,做到常抓动物防疫不放松。加强对边远山区,还有防疫死角的畜禽防疫监管。

(2)建立健全完善的畜禽防疫机制,加强基层动物防疫队伍建设,完善动物防疫监测预警体系,动物疫病防控体系,动物防疫监管监督体系,动物防疫物资保障体系,强化镇村级动物防疫员的专业技术培训,提高动物防疫员的专业技能,要加强现有的动物防疫机构建设,牢固树立以人为本的工作理念,逐步健全完善县、乡、村三级动物防疫网络,切实解决基层动物防疫工作中的困难和问题,积极提升镇村动物防疫注射免疫业务能力。

(3)广泛宣传发动。动物防疫必须依靠广大人民群众,要充分调动群众的积极性,实行“群防群控”“联防联控”。要进一步深入学习,宣传《中华人民共和国动物防疫法》和《云南省动物防疫条例》等相关的法律法规,做到家喻户晓,人人皆知,提高人民群众的动物防疫法律意识,这样才能充分地调动全社会的力量,完善疫情监测网络体系,提高疫情快速反应和处置能力。

(4)搞好畜禽的防疫监管,切实加强禽流感,小反刍兽疫等重大动物疫病的防治工作,要健全完善疫情监测报告网络,加强动物疫情调查和监测工作,进一步完善工作手段,做到及时准确地报告疫情,建立一支反应迅速的动物应急队伍,一旦发生重大疫情,立即按照《重大动物疫情应急预案》采取早、快、严、小的措施,把疫情控制在最小范围内,把损失降到最低程度。

(5)坚持依法防疫。动物防疫工作应坚持“预防为主”的方针,要依照《中华人民共和国动物防疫法》和《云南省动物防疫条例》等国家的有关规定,做好动物疫病的免疫、预防、控制和扑灭工作。

(6)做好畜禽免疫和耳标识的佩戴工作。春、秋两防工作结束后,应加强督促检查,查漏补缺,对免疫指标达不到要求的要限期整改,力争重大动物疫病免疫密度达100%,耳标佩戴率达到100%,对新补栏的、漏免、因病缓免的要及时补针,以全面提高畜禽抗疫病风险的能力。

(7)加大检疫执法力度,从事动物检疫工作的人员,必须经过认证,进一步加强对动物检疫执法人员的培训教育,使执法人员树立服务意识、责任意识和法律意识,推动畜禽检疫工作健康、规范地开展。

(8)动物防疫工作是一项重要的公共事业。要建立完善公共事业,要根据畜牧业发展情况,消费水平物价上涨指数,政府对畜牧业发展的重视程度,对镇畜牧兽医站动物防疫工作经费的投入,同时增加村级防疫员的待遇,提高其积极性,有条件的配备必要的常规检测设备。

通发畜禽养殖场防疫规范化管理措施

管菊

（云南省红河州个旧市大屯镇农业综合服务中心，云南红河　661017）

摘要：个旧市大屯镇通发畜禽养殖场，建场10多年来，坚持“预防为主、防重于治、防控结合”的方针，严格科学地饲养管理，建立良好的生物安全体系，实现猪场科学化规范生产管理，有效地控制了疫病的流入和发生，大大提高了仔猪的育成率和繁殖母猪产仔率。有力地推动了红河州养殖业的健康发展，保障了广大人民群众身体健康和公共卫生安全，取得了显著的社会效益、经济效益和生态效益。

关键词：猪场；规范管理；技术措施；取得成效；通发养殖场

个旧市大屯镇汗泥村通发畜禽养殖场，是集中养产供销为一体的现代农业企业。该场是于2004年5月建成并投入使用，有齐全的母猪合群饲养舍、产仔舍、仔猪保育舍以及育肥猪舍，同时建有饲料仓库、饲料加工房、兽医室、办公室、会议室、职工宿舍等，设计生产规模为年饲养母猪群300头，年育成和向社会提供商品仔猪和育肥猪9 000头；重点生产业务范围是纯繁、扩展种猪兼带育肥，实行产销分离模式，产仔与保育、育肥等项目。各项工作得到了各级各部门的一致认可，并在2008年1月通过了省、州、市、有关技术专家考核验收，分别取得了《种畜禽生产经营许可证》和《动物防疫合格证》，目前猪场已经建成规模饲养200头母猪扩繁生产线，种公猪6头，存栏生猪约11 200头，根据当地的需要，生产的主要品种为约克、长白、杜洛克。年培育9 000头以上优质商品仔猪、二元杂种用母猪和育肥猪，肥猪加工制成油炸肉销往全州各地，优质商品仔猪提供给全州各乡（镇）、村养殖大户及合作社社员，年产值500余万元，实现利税80万元。管理上实行“公司＋种猪场＋农户”的模式，以种猪场为基地，带动养殖户1 500户，参与了个旧市新农村建设、扶贫以及农业产业化经营等项目的实施，加大了个旧市畜牧业生产开发、农业农村经济结构调整和农村增收致富的力度，有效地促进个旧市生猪标准化生产发展工作，推动产业做大、做强和促进农村经济发展的理念。

1　防控的主要措施

1.1　注重环境控制，减少应激

为实施健康养殖，公司在建场时就充分考虑到养殖场排污可能产生的危害。按照国家《畜禽养殖业污染物排放标准》的要求，对废弃物及污染物从管理、技术、资金上采取了相应的科学防治方法和资源化利用技术，做到了废弃物及污染物处理的无害化。

1.2　制定和完善规章制度

该猪场严格制定和完善规章制度，包括管理人员工作制度和工作职责和普通猪场卫生防疫制度、门卫制度、仓库管理员岗位责任制度、财务制度、药物管理及使用制度、消毒更衣房管理制度、生物安全及消毒制度、监测检疫疫情报告制度、厩舍管理制度、饲料车间管理制度、兽医室管理制度及包括不同年龄阶段疫苗的使用方法、种类、剂量、免疫程序、操作方法以及食堂管理制度。

1.3　提高饲养管理水平，增强猪群体抗病力及免疫力

针对州内外主要能量饲料霉变较为突出，不仅导致繁殖障碍、脱肛、脱宫、拉痢等疾病的问题，也导致免疫抑制造成免疫失败的问题，制定了严格的饲料原料采购、加工质量控制和饲喂卫生制度，饲料原料及水源都通过检测达到饲料及饮用水标准，确保了生猪的健康生长发育。

1.4　环境控制与消毒

加强饲养管理，建立和完善以消毒卫生工作为核心的猪场生物安全体系，将消毒卫生工作贯穿于整个养殖生产各个环节；提供猪群不同时期的营养需要求，严格控制饲料质量，降低饲养密度，减少各种应激，提高猪群对其他病的生物的抵抗力，降低继发感染的发生风险。

1.5　环境控制与消毒

该猪场在引种时十分注意检疫，所引的种猪都必须经过采血化验，确认无病毒性疫病带毒或感染。猪引进后至少隔离 45 d，无异常后才并群；做到“全进全出制度”和严格空舍产等消毒措施；每个季度或至少每半年对全群猪抽样进行猪瘟、猪口蹄疫等重大动物疫病的免疫抗体检测和病原检测；根据疫情动态和免疫抗体，结合环境污染状态等因素即时调整免疫程序，免疫所用的疫苗一是保证质量，安全有效；对猪群中隐性携带有强毒的病猪及时淘汰，病死猪进行无害化处理，剖检不能确诊采取病料送检化验并进行药敏试验，根据药敏结果科学合理用药，避免了因盲目用药造成的经济损失和因滥用药品所造成的细菌耐药性这一严重危害。

1.6　加强监督检查和考核，认真做好档案痕迹化管理

实行绩效考核办法，落实绩效工资制，猪场领导每半月对全场检查 1 次，兽医技术员每天对生产厩舍检查 2 次，车间班组每天检查 1 次，检查中边监督检查边考核，发现问题及时纠正、及时整改。严格要求猪场实行数据化生产管理，如工作中严格要求班组做好生产、免疫，管理部做好统计，实行痕迹化管理。

1.7　加强培训，总结经验，完善工作制度

为了提高饲养人员、管理人员的技术素质及安全生产管理水平，特制定生产例会和技术培训制度，场每月举办一次培训，车间班组每天组织一次班前会，提高职工素质和工作效率，按照周、月、季、半年、年终分别召开总结会，总结经验教训，找准问题，完善工作制度，采取措施，推进猪场工作，提高管理效益，使生产有条不紊地进行。此外还安排领导及主要技术骨干到省内外先进猪场考察学习，参加业务会议交流，邀请有关专家到猪场指导，掌握疫情动态，保持技术的更新，以适应现代养猪业发展的需要。

2　防疫工作取得的成效

近几年来，在州、市、镇党委、政府的领导和各有关部门的关心、重视、支持和帮助下，该猪

场实行严格科学化规范化生产管理，使各项工作有条不紊、有力、有序地顺利进行，经过全场职工的辛勤努力，各项工作得到了各级各部门的一致认可。

参考文献

[1] 张琦，李书华，王淑杰，等. 猪圆环病毒感染诊断方法研究进展[J]. 动物医学进展，2008(06)：90-93.
[2] 孙伟，杨瑛，王平荣，等. 猪瘟免疫程序及其免疫效果研究[J]. 畜牧与兽医，2003(06)：28-30.

畜牧业转型升级之美丽生态牧场建设

程灵豪　焦永亮

（浙江省江山市畜牧兽医局，浙江江山　324100）

摘要：为加快美丽畜牧业建设，推进畜牧业转型升级，江山市全面开展美丽生态牧场创建工作。通过减控数量、减控排污、完善制度、拉高标杆等做法积极打造"江山版"美丽生态牧场。

关键词：养殖污染；美丽牧场；生态；零排放

我市在坚持"有保有压、减量提质"的原则下，通过生猪整规三年行动，现已基本拆除低、小、散养殖场并完成保留场的验收整改任务。养殖污染在很大程度上得到控制，养殖环境明显好转。但是，目前保留的规模生猪养殖场在布局、设施、制度、生产、绿化、畜产品安全以及养殖业主的思想观念、养殖方式与现代畜牧业发展要求还存在一定的差距。为此，我市按照"场区布局合理、设施制度完善、环境整洁、生产全程清洁、产出安全高效、资源循环利用、整体绿化美化"的总体要求，全面开展美丽生态牧场创建工作，进一步加快建设新型畜牧产业体系和运行管理机制。

1　畜禽养殖污染整治成效显著，美丽牧场建设基础扎实

截至 2016 年 11 月，自生猪养殖整规开展以来累计关停退养"低小散"养殖场（包括养殖生猪 1～4 头的散养户）9 166 个，拆除退养面积 280 万 m^2，减少生猪饲养量近 140 万头，生猪饲养量控制在 60 万头以内；保留的 184 个生猪养殖场全部安装在线监控监测设备，接入智慧环保平台；保留的 184 个生猪养殖场全部完成生猪发酵床处理改造，建成发酵床 11.4 万 m^3。目前，江山市畜禽养殖场脏乱差现象明显改善，臭气明显减少，水质明显变清，畜禽养殖的整体面貌发生了巨大的变化，为后期美丽生态牧场建设打下了扎实的基础。

2　我市推进美丽牧场建设的主要做法

2.1　定点定位、合理布局、减控数量、拓展空间

首先在去年生猪整规"百日攻坚"保留场的基础上，整场关停部分去年遗留的村中场、路边场、水边场以及布局不够合理场等，目前已关停 13 家。围绕衢州市提出的减量目标，逐场重新核定生猪养殖量，并采取无补偿拆除相应面积猪舍的措施，确保减量任务落到实处。目前，全市已经减量 23 万头，拆除猪舍面积 15 万 m^2。拆除的猪舍也为全面推广生物

发酵床“零排放”模式腾出了建设空间。其次要求创建美丽生态牧场的布局，要符合动物防疫合格的条件，生产区、办公区、生活区布局科学合理并相对隔离，各功能区块之间划分明显，栏舍排列有序，密度适中。鼓励有条件的牧场引入文化元素或配套休闲观光设施，起到点缀美丽乡村的作用。

2.2 减控排污，实现零排放，绿化美化，夯实基础

强制要求通过本次整规行动后保留的生猪养殖场，全面推广零排放养殖模式。对零排放养殖模式所需的设施用地，要求各养殖场采取拆除、改造猪舍的方法自行解决，不得在场内外重新建设。目前全市 184 个生猪养殖场均已完成生猪发酵床处理改造，建成发酵床 8.9 万 m^3。全市还建立到乡、到村、到户的网格化监管队伍，配备乡镇巡查员 253 人、村级巡查员 285 人，严防发生偷排漏排、生猪复养和超量养殖等行为。各乡镇行政村强化村民自治，以村规民约的形式，加强监督管理。全面封堵生猪养殖场的排污口，对采取不同治污模式的养殖场均要求配套相匹配的消纳土地面积。同时要求必须通过铺设管道或者槽罐车输送至消纳地，杜绝设立排污口产生的污染隐患。

当然，在美丽生态牧场建设中，也要根据实际情况进行绿化美化，场区四周、道路两侧要有绿化带，栏舍之间要种有不影响通风和采光的植物，总体绿化覆盖率不能低于 20%。

2.3 完善制度，产出安全，守住底线，美在心中

生态美是美丽牧场的内在美，是美丽牧场建设的必然要求，有良好的排污设施是美的基础，完善的管理制度才是美的动力。美丽生态牧场建设还要建立完善的管理制度，包括生产管理、动物防疫、卫生消毒、投入品使用、安全生产、病死动物无害化处理和粪污处理设施运行等制度。落实制度要靠人，养殖业主要守住法律法规底线、守住保护生态底线、守住良心底线，树立第一责任人的意识，落实各项制度，产出优质安全的畜产品，让消费者吃得放心。

2.4 拉高标杆，打造“江山版”美丽生态牧场

在严格执行“浙江省美丽生态牧场创建标准”的基础上，结合我市实际，突出实施“84331”工程为重点的五项具体建设标准，形成有特色的“江山版”美丽生态牧场建设特征，具体为：①八项承诺。即“猪八戒”承诺，要求所有生猪养殖场全部建立承诺制，承诺的八项内容是：“污染治理责任我承担，污染防治义务我履行，偷排漏排行为我杜绝，生猪超量养殖我抵制，猪场生产安全我负责，死猪规范处理我落实，运维制度台账我健全，内外环境卫生我保持。”②四牌公开。在养殖场的显著位置一律配备：a. 养殖场场监督公示牌，标明养殖场核定的养殖规模和监督监管责任人等信息；b. 猪场简介布局牌，说明该猪场的具体位置、规模、猪舍面积等具体信息；c. 猪场治污工艺流程说明牌，介绍该猪场的治污措施、工艺流程、技术标准等；d. 各项管理制度牌，重点要求每个养殖场都要配备污染防治管理员和食品安全管理。③三区分离。要求养殖场的生产区、生活区、治污区三区布局合理，分区明显，相对隔离。养殖场突出防疫管理为重点；生活区突出环境美化、绿化为重点；治污区突出环境洁化和达标排放为重点。④三化配套。要求养殖场必须达到“绿化、洁化、美化”的三化要求。⑤一个标识。被评为美丽生态牧场的，养殖场悬挂统一设计的江山市美丽生态牧场徽标、旗帜、牌匾等。

3 结语

美丽生态牧场建设改善了养殖生态环境、规范了饲养管理、降低了生产成本，不但能产生较高的经济效益，使养殖业主获得丰厚的回报，而且还能获得较好生态效益和社会效益。目前我市已建成20个美丽生态牧场，其中市绿业有限公司柴村猪场已被评为省级美丽牧场，计划五年内实现规模猪场美丽生态牧场建设全覆盖。

第二部分 畜牧业情况调查

浅谈电子出具动物检疫合格证明的相关注意事项

侯桂芳[1] 王岩[2] 金鑫[3] 刘义广[4]

（1.衡水市动物卫生监督所，河北衡水 053000；2.冀州区畜牧水产局，河北衡水 053200；3.桃城区动物卫生监督所，河北衡水 053000；4.安平县农林局，河北衡水 053600）

电子出证具有检疫信息快速查询、方便动物及动物产品追溯管理等特点，是提高动物检疫工作效率、提升动物产品安全监管水平的重要措施。在动物检疫电子出证工作不断推进的过程中，我们也不断发现问题，总结经验。为进一步规范电子出证工作，笔者就电子出证系统使用过程中的部分注意事项进行了简要梳理归纳，以方便广大官方兽医在出证过程中参考借鉴。

1 电子出具动物检疫合格证明规范性填写相关注意事项

1.1 电子出具检疫申报单注意事项

（1）适用范围。动物、动物产品的产地和屠宰检疫申报使用的是一种检疫申报单，即农业部统一制式的检疫申报单。屠宰检疫申报中注意，“货主”为屠宰企业名称，“货主签字（盖章）”为屠宰企业法人代表。

（2）申报时限。申报时限是指“申报处理结果”中受理实施检疫时间和申报时间的时间差。《动物检疫管理办法》中明确规定出售、运输动物产品和供屠宰、继续饲养的动物，提前3天；出售、运输乳用、种用动物及其精液、卵、胚胎、种蛋，以及参加展览、演出和比赛的动物，提前15天；屠宰动物的，提前6 h；急宰的，随时申报。

（3）受理与不受理。官方兽医接到报检后，决定受理的检疫申报，在“申报处理结果”一项勾选“受理”，并派官方兽医到场或指定地点实施检疫。不予受理的，应说明理由，笔者认为不受理的理由可以是动物不在管辖区域、超出规定检疫范围、发生疫情或处于封锁区等。

（4）保存及打印。检疫申报信息填写完毕，保存后可进入打印预览页面再次核对，确认无误后点击打印，即可打印检疫申报单。若需修改，可在保存前点击重置，重新填写。一旦保存则不可更改。保存后在相应模块的维护项下打印。

1.2 电子出具动物检疫合格证明注意事项

（1）适用范围。动物检疫合格证明（动物A）适用于跨省境出售或者运输动物；动物检疫合格证明（动物B）适用于省境内出售或者运输动物；动物检疫合格证明（产品A）适用于跨省境出售或者运输动物产品；动物检疫合格证明（产品B）适用于省境内出售或者运输动物产品。

(2)“编号”项填写：填写待使用的动物检疫合格证明上印刷的10位阿拉伯数字编号。若系统录入编号与打印的纸质证明编号不一致，将直接导致两份动物检疫合格证明作废或成为“死票”。

(3)“货主”项填写：货主为个人的，填写个人姓名；货主为单位的，填写单位全称。使用“小明”“石头”等小名、外号；使用错别字；单位名称使用不一致等都是不规范的填写方法。

(4)“动物种类（产品名称）”和“数量”项填写：动物检疫合格证明中“动物种类（产品名称）”的填写可以在选择项中选择，选择项中没有的也可以手工输入，但所填写内容必须是农业部14部检疫规程中有明确规定的。运输动物或动物产品“数量”项原则上一车一证，超大数量运输，如运输工具为拖挂车或其他情况的，要在“备注”栏说明。

(5)“运载工具”和“运载工具牌号”项填写：根据不同的运载方式，勾选“公路”“铁路”“水路”“航空”四种运载方式之一。公路运输的，填写具体车辆牌照号；铁路运输的填写铁路车次；水路运输的填写船舶编号；航空运输的填写航班号。若勾选“铁路”运载工具，而相应铁路车次为空白，是不规范的填写方式。

(6)“牲畜耳标号”项：耳标号前1位表示动物种类（猪、牛、羊的畜禽种类代码分别为1、2、3)，中6位表示行政区划。建议使用“耳标号格式化录入”，以避免出错。若耳标号码数量过多，可另附纸张填写，但应注明相关检疫证明编号，加盖动物卫生监督所检疫专用章。

1.3 电子出具检疫记录表注意事项

检疫申报单打印完成后，可在“检疫申报维护”中点击检疫记录单，也可在“检疫记录表”项下，手工输入，或输入检疫申报单编号，提取信息可快速完成。电子出证系统中涵盖了中国动物疫病预防控制中心《动物检疫工作记录规范》（疫控（督）[2013]135号）涉及的所有检疫记录表。建议使用电子版检疫记录表，便于保存、查阅，同时减少工作量。

2 电子出具动物检疫合格证明系统使用过程中注意事项

(1)有效期和保存期限。动物检疫合格证明（动物A）到达时效：最长不得超过5日。如果是蜜蜂检疫，最长不得超过6个月；动物检疫合格证明（产品A）到达时效：最长不得超过7日；动物检疫合格证明（动物B、产品B）到达时效为当日（按24 h计）。动物检疫合格证明保存期限为12个月。

(2)顺序用票问题。在动物检疫合格证明使用过程中，不建议随机抽取检疫合格证明，按照一定顺序使用票证，便于统计、汇总，以及时发现问题。

(3)无法打印的原因。遇到动物检疫检疫合格证明打印不了的情况，首先检查硬件（计算机、打印机）连接情况，其次查看浏览器情况，核对出票权限，非法用户是无法打印的。

(4)客户端的使用。建议务必安装客户端，并保证在需要使用的时候能正常使用，目的是防止由于系统或者网络出现故障，影响官方兽医的正常出证工作。及时上传出证数据，若存在无法上传的情况，及时联系相关人员并做好记录。

(5)及时作废。在整个电子出具动物检疫合格证明系统中，无论是申报检疫还是出证，或者是检疫记录表部分，存在错误的记录条目都要及时作废或删除记录，也是为了便于统计、查询。

3 小结

总之，电子出具动物检疫合格证明需要注意的细节繁杂，在“互联网＋”时代，熟练使用电子出证系统是每一名官方兽医的必备技能。网络的公开性，使得以前存在的“内部数据”成为了“公开的秘密”，这就要求官方兽医不仅要从出证的规范性上严格要求自己，而且要提高对整个系统的使用熟练程度，提高工作效率，加强溯源管理，最大限度地减少失误，树立动物卫生监督系统的良好形象。

国内外保障肉类产品质量安全的法律比较

赵兴鑫

（河北省石家庄市农业畜牧局，河北石家庄　050041）

摘要：我国现阶段食品安全事件层出不穷的原因在于我国现阶段食品安全法律法规不健全，食品安全犯罪违法成本低，生产加工人员法律意识淡薄等多方面因素。通过与国外发达国家在肉类产品领域的立法研究比较，提出我国肉类产品质量安全的监管方案。

关键词：肉类产品质量安全；法律比较

1　美国对肉类产品质量安全的法律监管

美国的肉类产品质量安全监管注重法律制度建设，对市场运行中的生产者、监管者、消费者等各种组织、团体和个体的权利与责任进行了明确而全面的规定，保障了肉类产品安全监管有法可依、有法必依，为实现食品安全提供了可操作性的法律监管机制和体制。其中，《美国联邦食品安全现代化法案》是美国食品安全法律的核心和食品安全管理的基本框架，另外《联邦肉类检查法》《禽类食品检验法》《联邦杀虫剂、杀真菌剂和灭鼠剂法》与《食品、药品和化妆品法》《产品责任法》和《美国法典》的相关章节等，共同构成了一个完整统一的食品安全法律监管体系，为美国食品安全监管提供了健全的法律依据。

2011 年颁布实施的《美国联邦食品安全现代化法案》是在《美国联邦食品、药品和化妆品法》的基础上进行重大修改而产生的。该法明确规定了企业所有者、经营者或代理人要按照法律规定进行食品安全危害评估分析，并制定和实施有效措施，使危害最小化的主体责任。同时，该法案也对加强美国食品安全监管部门与其他政府部门之间的信息交流、磋商和协作等作出了规定，促进了食品安全监管的合作性和有效性。

2　日本对肉类产品质量安全的法律监管

日本也建立了相对完善的肉类产品质量安全法律保障体系，作为食品安全监管的制度保障。这一法律体系由基本法律和一系列专业、专门法律法规组成。日本食品安全监管的两大基本法律分别是《食品卫生法》和《食品安全基本法》，确立了食品安全法律监管的基本框架。此外，在日本还有很多涉及食品安全的专业、专门法律法规，比如《农药取缔法》《肥料取缔法》《家禽传染病预防法》《牧场法》《农林产品品质规格和正确标识法》《家畜传染病防治法》《饲料添加剂安全管理法》等。这些法律文件分别对食品质量卫生、农产品质量、投入品的质量、动物防疫、植物保护 5 个方面进行了详细而明确的规定。

日本的食品安全法律保障体系，为充分发挥政府的角色作用和职能，建立以食品安全委员会为最高决策机构，厚生劳动省和农林水产省为执行部门政府监管体系打下基础。这种“三位一体”的政府监管体系为日本食品安全法律监管的落实提供了快速有效的机制保障。

3 我国对肉类产品质量安全的法律监管

20 世纪 50 年代初以来，中央和地方各级政府及畜牧行业行政管理部门，先后颁布了一系列畜牧兽医和饲料方面的法律法规。如 1978 年农林部发布《供应港澳畜禽口岸检疫暂行规定》，1980 年国务院批转《兽医管理暂行条例》，经过多年实践修订，国务院于 1987 年正式颁发《兽医管理条例实施细则》；1985 年国务院发布了《家畜家禽防疫条例》；同年，经全国人民代表大会常务委员会通过，颁布了《中华人民共和国进出境动植物检疫法》；1994 年，国务院发布《种畜禽管理条例》，并授权农业部制订了《种畜禽管理条例实施细则》；1997 年经全国人民代表大会常务委员会通过，颁布了《中华人民共和国动物防疫法》；同年，国务院发布《生猪屠宰管理条例》；1999 年，国务院发布《饲料和饲料添加剂管理条例》；2004 年国务院发布《兽药管理条例》；2006 年经第十届全国人民代表大会常务委员会通过，颁布实施《中华人民共和国农产品质量安全法》；这一系列的法律法规为 2009 年《中华人民共和国食品安全法》的出台打下了基础。这些法规的颁布和实施，标志着畜牧行业管理工作逐步走上法制管理的轨道。

但是，中国畜产品质量安全的相关立法还存在以下问题：

(1)畜产品质量安全的法规不完善，不能适应新形势的要求。中国虽然有关于食品质量的总体性法规《食品安全法》和《农产品质量安全法》，但这些法律仅对食品质量做了一些概要性规定，法律条款较多地侧重于一般性卫生问题，对产品质量安全本身关注较少，没能充分反映新形势下消费者对无公害、绿色食品的要求。缺少能够在畜产品生产加工和流通各个环节都有效发挥作用的食品安全基本法律。

(2)畜产品质量安全标准落后。目前，国际通行的食品安全标准是 CAC，它是联合国粮农组织 237 种食品的检测标准和 41 个卫生安全标准，对 158 种农药、54 种兽药、1 005 种添加剂和 25 种食品污染物进行了评估，一共有 8 000 个左右标准与食品相关，其中大部分涉及畜产品质量安全。包括农药、兽药残留物限量标准、添加剂标准、各种污染物限量标准、辐照污染标准、感官、品质检验标准、检测分析方法标准、取制样技术设备标准以及检验数据的处理准则等。与发达国家相比，我国国家标准中只有 40%左右等同采用或等效采用国际标准。

(3)质量标准法律效力不够。中国近年来加大了技术性法规的制定，如无公害农产品标准的出台等，但是其立法层次较低，大多数属于推荐性标准，影响力有限。一些涉及畜产品质量安全的法规，对生产保护较多，惩罚一般以罚款、没收非法所得为主，至多取消营业执照，只对极个别社会危害极大的案犯实施刑罚。国外一般对畜产品质量安全事故采取重罚，特别是对蓄意破坏食品质量安全者，轻则终身不允许再从事相关行业，重则刑罚，即使罚款，也要让违者得不偿失，甚至倾家荡产。

(4)法律法规的系统性和协调性较差。中国在畜产品质量安全方面的法律、法规多数属于部门性法规，经常产生同类案例有不同处罚结果的情况。如对市场上发现没有经过检疫的猪肉，按《动物防疫法》第三十八条规定：“已出售的没收违法所得；未出售的，首先依法补检”，合格后可继续销售；不合格的，予以销毁。而在《食品卫生法》第四十二条规定，对未经检疫的畜产品，已出售的立即公告收回。公告已回收和未出售的猪肉，应责令停止销售并销毁；还应没收违法所得并处以违法所得1倍以上5倍以下罚款；没有违法所得的，处以1千元以上5万元以下罚款。与《动物防疫法》规定的处罚标准和力度截然不同。再看国务院《生猪屠宰管理条例》第十五条规定"未经定点、擅自屠宰生猪的，由市、县人民政府商品流通行政主管部门予以取缔，并由市、县人民政府商品流通主管部门会同其他有关部门没收非法屠宰的生猪产品和违法所得。可以并处违法经营额3倍以下罚款。三个法律文本，三种规定，三种力度不同的惩罚措施，必然给执法带来困难。

参考文献

[1] 李克强.浅谈美国食品安全监管体系[J].淮海工学院学报，2011(12)：77-78.
[2] 涂永前.美国食品安全法的制度创新[N].法制日报，2011-03-02.

对目前猪粪尿减排与资源化利用模式评估报告

尹帮才[1]　肖和良[2]　肖建龙[3]　陈远清[4]

(1. 湖南省洞口县水东镇动物防疫站,湖南洞口　422300;2. 湖南省洞口县畜牧水产局,湖南洞口　422300;3. 湖南省洞口县黄桥镇动物防疫站,湖南洞口　422300;4. 湖南洞口县农产品质量安全检测站,湖南洞口　422300)

摘要:目前规模化猪场猪粪尿排放污染严重。通过对湖南洞口县三级化粪池、三级化粪池+沼气池、三级化粪池+沼气池+氧化塘、沼气发电、微生物发酵床、雨污分离、家庭农场、养殖蚯蚓、有机肥加工厂等猪粪尿减排与资源化利用模式研究,科学设计猪粪尿减排与资源化利用效果评估指标,针对性提出改进措施,达到粪污达标排放的目的,为县级畜牧主管部门和规模化猪场粪污治理工作提供参考。

关键词:猪粪尿资源化利用;模式;评估;效果

1　目前规模化猪场猪粪尿排放污染严重

1 头活大猪(以 120 kg 为计算单位),7 月龄左右出栏,排大便 230 kg,排尿 167 kg,粪尿中排放氨氮为 1.8 kg,COD 为 36 kg,其中排出有害气体还有硫化氢、吲哚、二氧化碳等。1 头种猪年排大便 360 kg,排尿 265 kg,粪尿中排放氨氮为 6 kg,COD 为 110 kg。

一方面是部分规模化猪场对环境的严重污染,另一方面是农业生产对有机肥需要达不到需求。据调查,洞口县年出栏 200 万头,加上种猪 9 万多头,按计算全县年产生猪粪便 49.2 万 t,排尿 35.8 万 t,排放氨氮为 3 960 t,COD 为 79 200 t。每年因猪场粪污污染纠纷到县环保局、县畜牧水产局告状 30 起之多,有些问题久而不决。如养猪专业村洞口镇德巷村有养猪规模户 148 户,最多年份出栏 3.6 万头猪,因污染地下水源问题,反映到省、市、县;处在人员住居区的山门镇里仁猪场和洞口县城佳和住宅小区旁的肖相俊猪场污水排放不畅,臭气冲天、苍蝇满天飞,成为县人大、政协代表要求解决其污染的提案。洞口县有旱土面积 73 万亩,其中橘园 7 万亩,有水田面积 58 万亩,林地 3 072 万亩。旱土年需有机肥 32.3 万 t,7 万亩橘园年需有机肥 4 万 t,58 万亩水田年需有机肥 26.4 万 t,农业年需用有机肥 63 万 t 以上。现农业实际用有机肥 29.4 万 t,为有机肥需求的 46.7%。其中用猪粪 21.3 万 t,占产粪量的 43.3%,猪粪利用率 43.3%,不到 50%。农业用化肥 95 633 t,其中氮肥 42 546 t,占化肥 44.5%,磷肥 31 988 t, 占 33.4%,钾肥 12 611 t,占 13.2%。有机肥的利用率提高,可以大大减少化肥的用量,节约资金和利用资源。

2 目前猪粪尿减排与资源化利用模式

三级化粪池、三级化粪池＋沼气池、三级化粪池＋沼气池＋氧化塘、沼气发电、微生物发酵床、雨污分离、家庭农场、养殖蚯蚓、有机肥加工厂等猪粪尿减排与资源化利用模式，对猪粪尿都有减排作用，减排效果不一而同，正确评估各种模式减排效果，显得更加重要。雷小文，苏州，钟云平等对我国沼气、发酵床养猪法、养殖蚯蚓、养殖蝇蛆四种我国现有猪粪资源化处理利用技术方法进行了研究，指出养殖蚯蚓、养殖蝇蛆这两种方法更加符合生态循环农业的发展要求，可更好地延伸养猪产业链和发展生态循环农业。

洞口县养殖业节能减排工作总结为"二个项目建设五个技术推广"（规模猪场粪污治理项目建设、生猪标准化规模养殖场项目建设，微生物发酵床养猪技术、沼气工程技术、粪污综合利用新技术、生态养殖技术、蚯蚓养殖技术的推广），全县共建立沼气池 7 341 个 308 930 m^3，干粪堆积池 99 360 m^3，三级净化池（或三级沉淀池）209 390 m^3，氧化塘 31 口 529 亩，建设生猪发酵床 67 200 m^2，建立 372 个无害化处理池（化尸窖），整合国家财政资金投入 1.97 亿元，粪污减排 56.8%。这里所指的是得到国家奖励资金的 898 个规模化猪场粪污减排情况。

2.1 猪粪尿的沼气化利用和沼气发电模式

汪嘉燮在《猪粪尿的沼气化利用》论文中指出：经过 100 多年实践证明，将猪粪尿通过氧发酵而产生沼气，作为农村燃料能源，沼气发酵可除去猪粪尿中大部分臭味，并将猪粪尿中的寄生虫和病原微生物通过 氧发酵而杀灭，对改善农村生活环境条件极为有利。

洞口县结合农村环境卫生整治项目，五年来在山外 15 个乡镇以 26 个养猪专业村为主的部分农村区域建设农村沼气工程。共建 30、50 立方的沼气池 4 852 个计 166 600 m^3，投入 9 790 万元。沼气池清洁能源，沼液作渔果林菜基地有机肥，猪场周围空气得到净化，附近居民生活环境得到明显改善，同时少部分猪场污水排放基本达标，大部分猪场减排 50%以上，大大降低了养殖业对环境的影响。

洞口县 4 个大型猪场：邵阳天然生态农场、洞口天井种猪扩繁场、洞口大胜猪场、熙麟种猪扩繁场，都建有 1 000 m^3 沼气池，安装日发电 500 度 50 kW 的沼气发电机组，所发电并入洞口电网，国家规定对沼气新能源每度电成本价 1 元（发电厂每度成本价 0.36 元，国家补贴每度 0.64 元）。调查洞口天井种猪扩繁场，没有并入电网，保自已用电，从 2013 年 2 月建成以来，到 2016 年 7 月共 41 个月发电 45.84 万度（日平均发电 373 度，日发电 8～9 h），按居民用电每度计价 0.6 元，计收入 27.5 万元，1 个发电工人工资（月工资 3 000 元）12.3 万元，营运维修费 3 500 元，计成本 12.65 万元，纯收入 14.85 万元。年均纯收入 4.35 万元。建设 1 个 1 000 m^3 沼气发电工程投入 230 万元，其中国家财政投入 150 万元，占 65.2%，自筹 80 万元，占 34.8%。为了提高冬天沼气池的温度多产沼气，安装了太阳能提温装置。可见沼气发电工程投入大，收益少，在国家资金投入不足情况下，不可能大范围推广。

2.2 微生物发酵床模式

洞口县从 2009 年推广微生物发酵床养猪技术，在洞口镇、高沙镇、又兰镇、竹市镇、醪田镇、黄桥镇、山门镇、岩山乡、水东乡 9 个乡镇推广，到 2013 年推广了 128 户，推广发酵床面积 63 500 m^2，填充发酵床垫料 50 450 m^3。推广发酵床养猪 267 046 头，增加的直接经济效益为

图 1　太阳能提温装置的大型沼气工程

2 259 万元。

2.3　家庭农场养殖模式

湖南佳和农牧有限公司 2014 年开始创建家庭农场养殖模式:25 头母猪,500 头猪,250 亩旱土或 125 亩果园,把猪粪尿容纳利用在自家农场内。在邵阳市创建了 310 家,其中洞口县为 59 家。

2.4　养殖蚯蚓模式

利用发酵的鸡粪、猪粪、牛、羊粪和生活垃圾饲养蚯蚓,然后用蚯蚓养殖畜禽鱼,既能废物利用,减少环境污染,又能作为畜禽动物蛋白性饲料,大幅度降低养殖饲料成本。养殖蚯蚓模式,田间、工厂化都可以进行,是今后猪粪尿资源化利用主要模式,可以加大推广力度。

洞口县畜牧水产局 2015 年 10 月组织洞口县天兴牧业公司肖和忠、士山农业公司罗丽芳、马口坪猪场王恒万、兴发猪场唐前展、风林特种养殖场肖劲风等到津市蚯蚓企业学习取经,引进日本太平二号蚯蚓(红虫)。主要学习怎样做蚯蚓床,粪便发酵及放养蚯蚓,防逃,收集和加工等技术。设计养殖蚯蚓配方:猪牛粪 60%、杂草 30%、垃圾 10%(烂水果);或猪粪、牛粪、鸡粪各 20%,稻草 40%。经过 3 个多月实践,基本掌握了蚯蚓养殖技术。

郭添福对蚯蚓资源化处理猪粪技术进行了研究,表明:蚯蚓是一种多功能生物资源,以畜禽粪便和有机垃圾为食。利用蚯蚓资源化处理猪粪,既净化环境、改善土壤,又能作高蛋白饲料,同时又是一味传统中药。

3 科学设计粪污减排评估指标

笔者通过百度检索，粪污减排评估国家还没有统一标准，也就无法确定各种排污模式排污效果，因此科学设计粪污减排评估指标，指导粪污减排工作，显得非常重要。

笔者设计（并报县畜牧水产局）：以年出栏 100 头大猪为计算单位，需三级化粪池 10 m^3 达标，最高权重计 40 分；沼气池 10 m^3 达标，最高权重计 40 分；氧化塘 3 亩达标，最高权重计 30 分；家庭农场 30 亩达标，最高权重计 30 分；雨污分离排污沟 30 m 达标，最高权重计 20 分；群众评议：排污满意加 5 分，排污不满意减 5 分。

计算公式：

化粪池单项计分＝［实际完成化粪池÷（年出栏÷100×10）］×40

沼气池单项计分＝［实际完成沼气池÷（年出栏÷100×10）］×40

氧化塘单项计分＝［实际氧化塘÷（年出栏÷100×3）］×30

家庭农场单项计分＝［实际家庭农场÷（年出栏÷100×30）］×30

粪污减排指数％＝（化粪池分数＋沼气池分数＋氧化塘分数＋家庭农场分数＋雨污分离＋群众评议）×90÷105

表 1 为粪污减排指数计分（各项最高权重分）设计表。

表 1 粪污减排指数计分（各项最高权重分）设计表

项目	化粪池（m^3）		沼气池（m^3）		氧化塘（亩）		家庭农场（亩）		雨污分离（排污沟）（m）	
	达标	计分	达标	计分	达标	计分	达标	计分	达标	计分
160 分	10	40	10	40	3	30	30	30	30	20

注：以上为 100 头出栏猪达标指数。

群众评议分最高 5 分，猪场周围群众评议满意为 5 分，不满意减 5 分，特别是农户到村、乡、县反映或告状污染严重的猪场，都为不满意之例。

今年 8 月 16～22 日洞口县畜牧水产局组织各乡镇动物防疫站对其管辖的存栏 50 头以上（年出栏 100 头以上）猪场，按照县局统一粪污减排评估指标，进行粪污减排调查，并进行统计工作。表 2 举例了部分猪场粪污减排计分评估情况。

表 2 2016 年洞口县部分猪场粪污减排计分评估表（举例）

项目	三级化粪池		沼气池		氧化塘		家庭农场		雨污分离（排污沟）		群众评议	合计	减排估算
	m^3	计分	m^3	计分	亩	计分	亩	计分	m	计分	计分	分	%
a 猪场年出栏 10 200 头	400	15.7	1 000	39.2	450	30			3 350	20	5	110	94.3
b 猪场年出栏 4 200 头	250	23.6	1 000	40	80	19			1 900	20	5	108	92.6

注：出栏大猪以每头 120 kg 为计算单位，中猪 3 头算 1 头大猪。

表3　2016年8月洞口县规模化猪场粪污减排调查统计汇总表

项目	减排 90%以上		减排 80%～89%		减排 70%～79%		减排 60%～69%		减排 50%～59%		减排 40%～49%		减排 39%以下	
	个	%	个	%	个	%	个	%	个	%	个	%	个	%
1 789	11	0.6	43	2.4	309	17.3	354	19.8	413	23.1	436	24.4	223	12.5

从表3可见:2016年8月共调查1 789个规模化猪场(不含微生物发酵床猪场),粪污减排90%以上11个,占0.6%;减排80%～90%的43个,占2.4%;减排70%～79%的309个,占17.3%;减排60%～69%的354个占19.8%;减排50%～59%的413个,占23.1%;则减排50%以上猪场计1 130个,占63.2%,减排49%以下659个,占36.8%。这次调查微生物发酵床猪场103个全部算减排(90%以上)达标,较原来128个减少25个发酵床猪场。因此此次共调查规模化猪场1 892个,减排(90%以上)达标猪场114个,占调查猪场总数的(下同)6.0%,减排60%以上猪场计809个,占42.8%,减排50%以上猪场计1 233个,占65.2%,减排49%以下659个,占34.8%。

4　结论

经以上粪污减排评估,减排(90%以上)达标猪场114个,占调查猪场总数1 892个的6.0%,减排60%以上猪场计809个,占42.8%,减排50%以上猪场计1 233个,占65.2%,减排49%以下659个,占34.8%。因此洞口县与国家环保部粪污减排90%任务,相差很远,工作量还很大,粪污减排工作任重道远。

参考文献

[1] 肖岳兵,肖和良.关于节能减排、粪污处理地方政府应做哪些工作——以湖南省洞口县为例[J].猪业科学,2016(06):46-47.

[2] 雷小文,苏州,钟云平,等.我国猪粪资源化处理利用技术的现状及展望[C].生态环境与畜牧业可持续发展学术研讨会暨中国畜牧兽医学会2012年学术年会和第七届全国畜牧兽医青年科技工作者学术研讨会会议——T05畜牧业减排与废弃物资源化利用专题,2012:56-59.

[3] 蒲宏石,徐向荣,许志军,等.微生物发酵床养猪技术研究与创新[J].中国畜牧兽医文摘,2015,31(05):87-89.

[4] 汪嘉燮.猪粪尿的沼气化利用[J].猪业科学,2007,159(11):67-68.

[5] 刘红军,尹文生.蚯蚓养殖技术的研究与应用[J].现代农业科技,2016,663(01):296-297.

[6] 郭添福,苏州,郭礼荣,等.蚯蚓资源化处理猪粪技术[J].中国动物保健,2010,(07):74-75.

重大动物疫病免疫注意事项及发生副反应后的处置措施

郭枫梅

（辽宁省朝阳市喀左县动物疫病预防控制中心，辽宁喀左　122300）

1　疫苗的保存、运输和使用

1.1　疫苗的保存

不同类型的疫苗，要求的保存条件也不同。必须按说明书规定的条件进行保存，才能保证疫苗质量不会显著下降。一般来说：油佐剂灭活疫苗保存温度为2～8℃，冷冻则失效。活疫苗通常要求－18～－15℃保存，反复冰冻与融化对任何微生物都具有很大的破坏力。活疫苗和诊断液尽量避免反复冻融。

1.2　疫苗的运输

疫苗运输时，应包装完善，尽快运送，运送途中避免日光直射和高温。运输时间越长，疫苗中的病毒（或细菌）死亡越多，如果中途转运多次，影响就更大。因此，小批量运输疫（菌）苗应使用加冰块的保温箱，应尽量缩短运输时间，并尽快将疫苗放入冰柜（冰箱）中，以免影响疫苗质量。

1.3　疫苗的使用

1.3.1　仔细阅读说明书

使用疫苗时应严格按照说明书及瓶签上的各项规定进行使用，不得任意改变。并应进行详细的登记，注明疫苗制品的名称、批号、畜主、畜别、年龄、使用方法和剂量及使用人等。

1.3.2　用前检查

在使用疫苗前，需详细检查，如有下列情况之一者不得使用：没有瓶签或者瓶签模糊不清，没有经过合格检查的；过期失效的；制品的质量与说明不符，如色泽、沉淀有变化，制品内有异物、发霉和臭味的；瓶塞松动或玻璃破裂的；没有按规定方法保存的。

1.3.3　疫苗预温

气温高时进行免疫接种应在早晚进行，喂饲应在半饱状态，这样可减轻疫苗反应；冬季使用油佐剂疫苗进行免疫接种之前应将疫苗预温至常温15～25℃，然后再给动物进行免疫接种，这样可减少刺激，便于推注、吸收。

1.3.4　疫苗的稀释

各种疫苗所用的稀释剂、稀释倍数及稀释方法都有一定的规定，必须严格按使用说明书进行。否则，疫苗的滴度会下降，影响免疫效果。冻干苗稀释后严禁冻结，应尽快使用(一般 2 h 内用完，最好 1 h 内用完，最迟在 4 h 内用完)。

1.3.5 油佐剂灭活疫苗的使用

油佐剂灭活疫苗使用前应充分振荡，使沉淀物混合均匀，否则容易造成免疫注射相同剂量的疫苗却未达到有效的免疫效果。

1.3.6 各种疫苗的免疫间隔时间

各种疫苗不能同时注射，猪的强制免疫应先免口蹄疫，再免猪瘟，最后免蓝耳病，其间隔时间为 7～14 d，否则影响免疫效果，还有可能产生强烈的疫苗反应。

2 免疫接种的途径和方法

对家畜(禽)进行免疫接种的常用方法有：注射免疫法、经口免疫法、气雾免疫法、滴鼻、滴口、点眼、翼下刺种免疫法等。

2.1 注射免疫法

可分为皮下接种、皮内接种、肌肉接种和静脉接种 4 种。灭活苗必须采用注射法免疫，不能口服，也不能用于滴眼、滴鼻。

2.1.1 皮下接种法

对马、牛等大家畜皮下接种时，一律采用颈侧部位，猪耳根后方，家禽在胸部或大腿内侧。

2.1.2 皮内接种法

马的皮内接种采用颈侧、眼睑部位，牛、羊除颈侧外，可在尾根或肩胛中央部位，猪大多在耳根后，鸡在肉髯部位。皮内接种的疫苗较少，仅有羊痘弱毒疫苗，猪瘟结晶紫疫苗等少量制品，其他均属诊断液方面。

2.1.3 肌肉接种法

将疫苗直接注射于肌肉内，此法作用迅速，剂量准确，效果确实。马、牛、羊、猪的肌肉接种采用臀部和颈部肌肉接种，鸡在胸部或腿部肌肉接种。

2.1.4 静脉接种法

马、牛、羊的静脉接种，在颈静脉部位，猪在耳静脉部位，鸡在翼下静脉部位(主要指免疫血清)。

2.2 其他免疫法不常用(略)。

3 免疫接种的一般注意事项

(1)接种前对畜(禽)群进行详细了解和检查，注意营养状况和有无疫病。一般畜群健康，可以保证接种安全，而对体弱、有慢性病、临产、仔猪、犊牛、羔羊、病畜等可能出现明显的疫苗反应，甚至发病，而且产生免疫效果差的这类畜群，可在以后的补免时再进行免疫接种，以确保畜体的安全，并起到良好的免疫效果。

(2)接种前应考虑畜(禽)母源抗体水平，决定首次免疫接种时间。母源抗体一方面可以抵抗病原的传染，另一方面又能妨碍疫苗接种后的免疫反应。母源抗体受母畜(禽)抗体的影响。

(3)接种弱毒活菌苗前后 10 d，畜(禽)群应停止使用对疫苗菌株敏感的药物，以免影响免疫效果。也就是不得使用含抗生素成分的饲料和添加剂及抗菌素和磺胺类等抗菌、抑菌药物。否则降低免疫效果。

(4)使用各种疫苗一定要按说明书的要求去做，才能确保免疫效果。要做好免疫接种的详细记录。为了确保免疫效果，疫苗的剂量应严格控制，过多(可能产生免疫麻痹)或过少都不能使动物机体获得保护。

(5)免疫接种后，要注意观察畜(禽)群接种疫苗后的反应。如有不良反应或发病等情况，应采取适当的措施，并向有关部门报告。对有免疫副反应病史的动物进行免疫时，可先皮下注射 0.1%盐酸肾上腺素，然后再进行免疫。

4　免疫副反应处置措施

4.2　动物强制免疫副反应的鉴定程序

乡镇动物卫生监督所接到强制免疫动物出现副反应的报告后，属一般副反应的，应及时指导畜主自行处理；出现严重副反应的要立即派人赶赴现场救治；出现副反应死亡的，应立即上报县(区)动物疫病预防控制中心，县(区)动物疫病预防控制中心接到报告后应及时指派技术人员到现场核查鉴定，建立鉴定档案，同时向市疫控中心报告。

对同一地区同一时段集中出现严重副反应(10 头以上)或副反应死亡(5 头以上)情况的，市疫控中心应及时上报省应急中心。省应急中心指派专业技术人员进行现场检查鉴定处理。

4.2　动物免疫副反应处理措施

4.2.1　一般副反应处理措施

此阶段不宜使用抗生素或退热药物，应供给电解质多维自由饮水，以缓解反应症状。

4.2.2　严重副反应的处理措施

(1)皮下注射 0.1%盐酸肾上腺素(牛 5 mL，猪、羊 1～2 mL)，视病情缓解程度，20 min 后可重复注射一次。

(2)肌肉注射盐酸异丙嗪，牛 500 mg，猪、羊 100 mg。

(3)肌肉注射地塞米松磷酸钠，牛 30 mg，猪、羊 10 mg(孕畜不用)。

4.2.3　对已休克家畜的救治

除按最急性型的救治方法，实施救治以外还可采取以下措施。

(1)迅速针刺耳尖，尾根，蹄头，大脉穴等部位，放血少许。

(2)迅速输液建立静脉通道，将去甲肾上腺素，牛 10 mg，猪、羊 2 mg，加入 10%葡萄糖注射液(牛 1 500 mL，猪、羊 500 mL)静滴，待动物苏醒，脉率恢复正常后，撤去此组药物，换成 5%葡萄糖注射(牛 2 000 mL，猪、羊 500 mL)或葡萄糖生理盐水注射液，加入维生素 C(牛 5 g，猪、羊 1 g)，维生素 B_6(牛 3 000 mg，猪、羊 500 mg)，静脉滴注，之后再用 5%碳酸氢钠液(牛 500 mL，猪、羊 100 mL)，静滴。

5 体会

（1）按要求做好疫苗的保存及运输；

（2）适时免疫、及时免疫、按操作规程进行免疫极其重要；

（3）发生免疫副反应后除及时用脱敏药物进行救治外，对发生严重副反应的牲畜的对症治疗也非常重要。

畜牧业持续健康发展的“安全卫士”——动物防疫

韩瑜

（辽宁省凌海市金城动物卫生监督所，辽宁凌海　121200）

摘要：本文从保障畜牧业健康发展的动物防疫工作重要地位着手，明确防疫目标，顺应时代转变观念，总结实际工作经验，不断创新进取。

关键字：畜牧业；动物防疫

近年来，我国畜牧业发展迅猛，尤其“十二五”之后，温总理在政府工作报告中，提出大力发展畜牧业，可见其持续健康发展至关重要。动物防疫工作就是要防患于未然、预防疫病，是确保畜牧业稳步发展的重要措施。

1　动物防疫工作的重要地位

动物防疫工作是畜牧业的基础性工作，与畜牧业健康发展、自然生态环境保护、人类身体健康关系十分密切。目前，动物疫病对畜牧业的危害最为严重，它可能造成大批畜禽死亡和畜产品的损失，影响人们的生产生活和对外贸易，而且人畜共患性传染病还可能给人类的健康带来潜在威胁。

畜禽传染病的控制和消灭程度，是衡量一个国家动保事业发展水平的重要标志，甚至代表了一个国家的文明程度和经济发展实力，因此，开展动物防疫工作在畜禽饲养或者其他各种动物的饲养中占有极其重要的地位。从战略眼光的角度看，动物防疫仍然是需要长期坚持、走可持续发展道路的一项重要工作，应受到长期的重视。

2　明确防疫目标，凸显免疫实效

2.1　防疫目标转变

动物防疫工作从定位于促进畜牧业发展和保护动物健康，现已转变为保护人类健康与安全为主。树立以人为本的防疫观念以此为准则重塑动物防疫工作的目标，实现动物防疫工作由以保护动物健康为核心向以保护人类健康与安全为核心的转变，使畜牧业发展迈上一个新台阶，实现畜牧业健康、稳定的可持续发展。

2.2 加强动物防疫工作的指导和培训

在全面提高基层防疫工作人员专业知识的同时，定期不定期对村级防疫员和规模场（大户）进行技术指导，举办动物防疫、推进畜产品安全生产讲座，用专业技术武器保卫经济效益。

2.3 总结经验，不断创新

基层防疫工作应重视村级防疫员间工作经验交流，总结来自工作基层第一线的工作经验，灵活变换工作方法，因地制宜，不断创新，找出一条更适合本地区的防检疫的工作方法。

2.4 防疫全程监管，实行量化考核

危害分析和关键控制点简称 HACCP 中，畜产品生产就是从饲养畜禽开始监管的，只有健康的加工材料可以进入下一步骤，完成全部生产流程。有效地动物防疫是确保畜产品安全生产的重要保障。对防疫全程监管意义重大，为了体现工时绩效制，更好地调动村级动物防疫管理员的工作积极性，实行量化考核，真正把基层动物免疫提高到新的水平上来。

总之，当前形势下要保持畜牧业健康、稳定、可持续发展，有效的动物防疫工作至关重要。

参考文献

[1] 温家宝总理政府工作报告摘编[J]. 现代畜牧兽医，2011(3)：9-10.

[2] 曾宪春. 动物防疫工作的重要性及加强措施[J]. 四川畜牧兽医，2009(1)：8-9.

[3] 马丽卿，王云善. 付丽. 食品安全法规与标准[M]. 北京：化学工业出版社，2009：147-148.

[4] 李明柱，陈继娥. 推进现代畜牧规模养殖 抓好基层动物防疫是关键 [J]. 安徽农学通报，2009，15(2)：34.

动物免疫失败的原因与对策

宁天辉

（四川省江油市大堰畜牧兽医站，四川江油　621707）

在动物免疫工作中，我们时常会遇到动物养殖场免疫失败的情况。为了规避养殖动物免疫失败后发生疫病的风险，我们将容易发生动物免疫失败的原因进行了分析，并提出如下对策，供读者参考。

1　动物免疫失败的主要临床表现

（1）动物接种疫苗后仍发生相应的传染性疾病。在免疫有效期内检测动物免疫抗体低或无免疫抗体。

（2）部分动物接种疫苗后虽不发生相应的疾病，但动物机体抵抗力减弱，发生混合感染的疾病明显增多。

（3）部分养殖场接种疫苗后出现动物过敏反应、死亡或群体生产性能降低等现象。

2　免疫失败的主要原因

2.1　动物疫苗的因素

主要检查疫苗质量是否合格，是否使用过期失效疫苗。在疫苗运输保存过程是否符合规定要求。使用疫苗的方法是否正确，疫苗稀释后是否在规定的时间内使用。部分动物病原体有多种血清型，是否选择当地流行的疫苗血清型进行免疫接种等，否则会引起动物免疫失败。

2.2　免疫程序的因素

养殖场应根据本场的实际情况以及当地疫病流行的规律特点，制定出科学、合理的动物免疫程序。若接种过早，当疫苗病毒注入动物体内时，会被母源抗体进行中和，导致动物免疫失败。过迟接种疫苗，会出现免疫空白期，易造成动物发病。若同时进行多种疫苗免疫接种，有时会出现疫苗间相互抑制的情况，从而导致疫苗的免疫失败。

2.3　操作不当的因素

部分养殖场在免疫时不严格器械消毒，注射针头过短或过长，过细或过粗，都会影响免疫效果。有的养殖场免疫时随意减少或加大疫苗使用剂量，若剂量过少不能刺激机体产生足够的抗体；剂量过大会使动物机体产生免疫抑制反应。部分养殖户饮水免疫的，饮水器未清洗、消毒，或饮水器中含消毒药等都会造成动物免疫不理想或免疫失败。

2.4　动物产生免疫抑制的因素

许多病原菌既可以造成动物机体器官组织发生病变，又可使机体产生明显的免疫抑制性反应或免疫应答不完全。若动物已经潜伏病毒感染及某些寄生虫感染等情况，就会导致免疫抑制。通过实践证明，许多药物也可以导致免疫抑制性反应，如链霉素、卡那霉素、皮质激素等药物。苯酚类与甲醛类消毒剂、少部分中草药物也会造成动物免疫抑制，如五常黄芪、桂枝、苦参等有抑制免疫作用，从而影响免疫效果或免疫失败。

2.5 饲养管理不当的因素

为了保证免疫接种动物安全及接种效果，接种前应观察了解免疫接种动物的健康状况。检查动物的精神、食欲、体温是否正常。在养殖生产过程中，严禁给动物饲喂发霉、变质的饲料，否则会导致免疫失败或发病。

3 免疫失败的主要对策

3.1 制定科学的免疫程序

在选择疫苗前，首先应检测当地流行的病原体血清型，根据本地区或本场动物疫病流行情况和病原体血清型，严格按照动物疫苗使用说明书的具体要求操作。并根据饲养动物的品种、日龄、母源抗体水平和饲养管理条件，以及疫苗在体内会相互干扰等因素制定出科学合理的免疫程序。

3.2 合理正确地使用疫苗

使用的动物疫苗必须符合国家生物制品生产标准要求。疫苗从合法渠道购进，并采取正确的运输途径和贮藏措施，疫苗在有效期内方可使用。根据免疫动物数量和疫苗剂量，计算出所需疫苗使用量，同时注意疫苗稀释剂量要准确。使用前器械要严格消毒，注射疫苗时严格针头更换消毒，避免动物病菌交叉感染。疫苗解冻稀释后，达到常温方可使用。并注意疫苗的使用剂量一定要足，但不可过大，要避免重复、多次给动物注射疫苗。疫苗一旦启封要在 3 h 内尽快用完。

3.3 加强饲养与免疫档案管理

接种疫苗前，避免人为和环境条件给动物造成应激反应，必要时给动物投喂抗应激反应药物，如电解多维。要给动物提供舒适的生产环境，饲喂优质全价的配合饲料，不能饲喂发霉、变质的饲料。对不同种类的动物应根据动物疫苗使用说明书进行免疫接种，对已经免疫的动物做好登记管理；对不能免疫的动物及时进行隔离登记，待健康后再进行补免。

3.4 避免造成免疫抑制

免疫前要检查动物的精神、食欲、体温状况，只有动物处于健康状态，接种的动物疫苗才能真正起作用。如动物在接种弱毒或活菌苗前后 5 天，不能使用对菌苗敏感的药物和消毒剂等。

3.5 因地制宜地开展免疫计划

对难以控制的传染病，养殖场应根据本场实际情况调整动物免疫疫苗的种类和程序，重点考虑动物灭活苗与活疫苗的科学搭配使用，从而有效地防控动物疫病的发生与流行。

2018

第二篇　基础研究

动物医院院内感染管理

杨荣* 李宗英

(北京市朝阳区动物疫病预防控制中心,北京 100016)

摘要:只要管理严格,预防措施到位,院内感染发生概率就小,为此,我们必须采取综合性措施,确保每次消毒、灭菌、隔离达到预定的要求,以预防和控制院内感染的发生。

关键词:院内感染;传染;预防

近些年动物医院发展迅猛,规模也不断扩大,能够提供医疗、免疫、住院、美容、寄养等综合性服务的医院越来越多,随之而来的就是宠物进入动物医院后感染新的病原微生物逐渐增加,临床医务工作者感染病原微生物也逐渐增加。为此,医院要加强预防管理,每一位医务工作者要充分利用专业知识,将医院内感染降至最低限度。

1 医院内感染的定义

医院内感染是指动物在动物医院就诊或者住院时,在医院内获得的感染,包括在诊疗、住院期间发生的感染和在医院内获得、出院后发生的感染,但不包括入院前已经处于潜伏期的感染。医护人员在医院内获得的感染也属于院内感染。其中,院内感染大多发生在住院动物。

2 医院内感染的种类

2.1 外源性感染

又称交叉感染,指病原体来源于人体、动物体外,如其他动物、被污染的医疗器械、医院环境等。一些诊疗技术,如注射、外伤处理、输液、手术等,由于医护人员不能严格执行无菌操作规程或药械消毒不彻底,也可造成交叉感染。

2.2 内源性感染

又称自身的感染,指病原体来自人体、动物自身体内或体表。动物体是病原携带者,治疗期间长期使用抗生素、免疫抑制剂、激素等,或者由于动物在医院就诊期间发生了严重应激反应,致使机体抵抗力下降而造成自身感染。

---

* 作者简介:杨荣(1974—),女,北京人,大学本科,研究方向:动物疫病诊断、治疗与医院管理.

通讯作者:杨荣,(1974—),女,北京人,大学本科,从事动物疫病诊断、治疗与医院管理工作.

3 医院内感染的原因

3.1 医院领导重视不够，监管不得力

医院内尤其是有美容、住院和寄养的医院发生院内感染更为普遍，医院内感染的宣传教育不深入；预防医院内感染的意识淡漠；监控、监测不到位；缺失院内感染相关制度；相关制度不落实。

3.2 医务人员责任心和技术水平因素

影响医院感染发生的一个重要因素是医务人员责任心不强、诊断水平不高，如不认真执行消毒、隔离制度和无菌操作规程，对患有传染病的动物没有及时明确诊断和采取隔离措施等。

3.3 医院布局不合理

医院在布局时，未区分诊疗区、免疫区，输液室也未区分传染区与非传染区；住院处将不同传染病收容在同一病区，如果消毒隔离措施不到位，则容易发生交叉传染。另外，猫属于性格内向，喜欢安静的动物，嘈杂的外部环境会导致一部分猫产生应激反应，不利于疾病的恢复，甚至会导致其感染新的病原微生物，在医院设计时，没有考虑到猫的特性，往往猫、犬同诊室、同输液室诊断治疗，甚至是同一个住院部住院，这是猫院内感染的一个重要因素。

3.4 医院内消毒隔离制度不严格

每个病例治疗后没有做到及时消毒诊疗台；动物一些分泌物没能及时擦洗消毒；医疗器械消毒不彻底并交叉使用；医生、护士接触疑似传染性的动物后，被污染的双手未消毒又去处理其他动物，都容易造成院内感染。

3.5 抗生素的不合理应用

动物医院临床对感染动物一般采取药物诊断的方式比较多，症状不见好转未做药敏检测即更换另一种抗生素，对于顽固病例一些医院甚至同时使用三种抗生素，这种不合理地使用抗生素，严重破坏了微生态平衡，容易使微生物变异，形成耐药菌株而导致机体抵抗力下降，而感染其他微生物。

4 医院内感染的途径

4.1 空气传播

空气传播在医院内感染占有很大比重，如猫鼻气管炎、犬副流感等病主要是通过空气进行传播，另外绿脓杆菌也可通过尘埃或空气污染创口。

4.2 接触传播

接触传播也是医院内常见的传播途径，在处理外伤时，如果器械消毒不当，存有病原微生物，就容易交叉传染；医务人员直接接触患病动物，如果在短时间内接触数个病患，很可能通过手，将致病菌从一个动物传染给另一个动物或者导致自身的感染。

4.3 媒介物传播

媒介昆虫传播在特殊条件下也可以是一种传播途径，例如医院内虱子、跳蚤、蜱虫等都可

以从一个动物传染给另一个动物，医院环境内存留的这些昆虫也会使得动物感染。

5 医院内感染的预防

发生医院感染的原因虽然多种多样，但只要加强管理，采取行之有效的措施，大多医院内感染是可预防的。

5.1 强化预防医院内感染意识

医院要经常加强对医院工作人员进行预防医院感染意义的教育，明确积极预防医院内感染是每个医务人员的职责，只有医院全体人员积极参与预防医院内感染工作，才能真正做到全方位的预防医院内感染工作。

5.2 提高医务人员预防医院感染的素质

应有计划地对医务人员进行预防医院内感染知识、方法和技术的培训，提高其思想素质和业务素质。

5.3 改进医院建筑与布局

医院建筑布局合理与否对医院内感染的预防至关重要。对美容室、诊室、寄养室、住院处、输液室、手术室等，从预防感染角度来看，为防止细菌的扩散和疾病的蔓延，在设备与布局上都应有特殊的要求。猫病多的医院可以设置专门的猫科诊室，住院部需猫、犬分开。

5.4 严格执行规章制度

制度是人们长期工作实践中的经验总结和处理、检查各项工作的依据。包括消毒隔离制度、无菌技术操作规程等。隔离旨在将污染局限在最小范围内，是预防医院内感染最重要的措施之一。无菌操作规程是医务人员必须遵守的医疗法规，贯穿在各项诊疗护理过程中。每一个医务人员都应从保护患病动物健康出发，严格执行制度、规程及实施细则，并适时、适当教育主人共同遵守。

5.5 加强清洁卫生工作

清洁卫生工作包括灰尘、污垢的擦拭和清除，也包括对蚊虫、苍蝇、蟑螂、鼠类等的防制。进行清洁卫生工作时，必须注意不要扬起灰尘，避免播散污染。医院内不应使用扫帚与掸子，拖布的头最好能卸下以便消毒。住院处的清洁卫生工作，宜在污染后立即进行。

5.6 采取合理的诊断治疗方法

使用抗菌药要有的放矢，应用抑制免疫疗法要采取相应的保护措施，如先治疗慢性病灶防止自身感染，定期检查白细胞动态与其他监测，提供药物预防等。对易于将微生物引入体内的诊断治疗要切实做好及时控制感染的流行，及时采取相应的隔离与消毒、灭菌工作。

5.7 开展医院感染的监测工作

医院感染监测的目的是通过监测取得第一手资料，分析医院内感染的原因，发现薄弱环节，为采取有效措施提供依据并通过监测来评价各种措施的效果。监测的主要内容包括：环境污染监测、灭菌效果监测、消毒污染监测、住院处监测、菌株抗药性监测、清洁卫生工作监测、传染源监测、规章制度执行监测等。监测工作应作为常规，定期、定点、定项目地进行。对感染的记录要求详细具体，并定期统计分析，对于涉及到国家传染性疾病名录的疾病，按照相关法律、法规及时上报上一级监管部门。

5.8 改善工作人员的卫生与健康条件

所有医院工作人员均应定期进行健康检查,还应做好个人防护,一是防止将病菌传给自身;二是防止将病菌传给易感者。个人防护中主要是根据实际需要穿戴个人防护装备(衣、帽、鞋套、手套、口罩)以及勤洗手消毒,工作服要定期清洗、消毒、更换,若不慎被动物致伤,立刻按照狂犬病处置流程进行处置,并及时去定点医院注射狂犬疫苗。

6 讨论

据有关资料统计,目前全世界已证实的200余种动物传染病中,与宠物犬、猫有直接和间接关系的有70余种,其中常见且对人类危害较为严重的有10余种,包括:狂犬病、布氏菌病、弓形体病、钩端螺旋体病等,这几种人畜共患病对人类威胁较大。

另外如果预防措施不到位,动物医院内医务工作者被感染的机会就会增大,宠物感染微生物的机会也会增大,随着动物医院的增多,为了医疗工作者与动物的健康,更为了社会的安定,政府监管部门也应该重视院内感染问题,出台相关政策来监控院内感染,避免传染性疾病大面积流行而引起社会恐慌。

参考文献

[1] 武广华,苏宝利,刘典恩.医院管理学[M].济南:山东人民出版社,2010,114-123.

动物疫苗的合理应用

林琳

（信宜市动物疫病预防控制中心，广东信宜　525300）

近年来，随着畜牧业的快速发展，动物疫情有上升的趋势。究其原因，主要是易感动物没有获得坚强的免疫力，抗体没达到应有的水平，抵御病原体的侵袭能力大大降低。所以对动物接种疫苗是预防动物传染病最经济、最方便、最有效的方法之一，也是最关键的环节。从笔者多年的基层工作经验中发现，许多养殖户对疫苗知识了解不多，往往不能正确选用和使用疫苗，影响了养殖业的健康、稳定发展。疫苗的合理正确使用，关系到养殖的成败，为了使养殖户尽快了解和掌握疫苗相关知识，现就疫苗的有关知识简单介绍如下。

1　动物疫苗的种类

1.1　活疫苗

又称弱毒苗，该类疫苗给动物免疫后可以在动物体内繁殖；能刺激机体产生全面系统的免疫反应和局部免疫反应；免疫力持久，有利于清除局部野毒；产量高、生产成本低。但是，该类疫苗残毒在动物群体内持续传递后潜在有毒力增强和返祖危险；此外，多种弱毒疫苗同时应用，可能存在弱毒之间的相互干扰；这类疫苗一般要求低温、冷暗条件运输和储存。

1.2　死疫苗

又称灭活苗，该类疫苗免疫剂量大，生产成本高，需多次免疫。该类疫苗一般只能诱导机体产生体液免疫和免疫记忆，故常与佐剂同时使用，以增强免疫效果。灭活疫苗不能在动物体内繁殖，比较安全，不发生全身性副作用，无毒力返祖现象；有利于制备多价或多联等混合疫苗；制品稳定，受外界环境影响小，有利于保存运输。

1.3　基因工程疫苗

又称核酸疫苗，它可被细胞吸纳，并在细胞内表达生成疫苗抗原。它既可以诱导机体产生保护性抗体，同时也可以产生细胞免疫反应，特别是细胞毒 T 淋巴细胞（CTL）反应。

1.4　其他新型疫苗

2　疫苗使用中常见存在问题

2.1　混合使用疫苗

部分养殖场为了方便、省力，将多种疫苗混合注射，如将猪瘟、丹毒、肺疫、链球菌四种疫苗混合一针注射。

2.2 超量使用疫苗

部分养殖场怕疫苗效价不足，人为地随意增大疫苗剂量，如将猪瘟疫苗加大到10头份/头，甚至更高。

2.3 稀释疫苗不当

乱用稀释水的现象时有发生，如用黄芪多糖稀释猪瘟，或用冷冻自来水（带消毒剂）稀释疫苗。

2.4 注射部位错误

各种疫苗的注射方法不同，有肌注、皮注、胸注、腹注、穴位注射等，各种注射方法其吸收效果不同。如将猪流行性腹泻与传染性胃肠炎二联苗肌注就是一个错误。

2.5 注射疫苗期间乱投药

部分养殖场为了防止疫苗应激，在打疫苗前后在饲料或饮水中添加抗生素或抗病毒药物，严重影响了免疫效果。

2.6 带病注射疫苗

部分养殖场认为疫苗是万能的，当出现疫病或用药无效时，紧急接种疫苗，如出现死亡，就怀疑疫苗出现问题。

3 免疫失败原因分析

3.1 影响疫苗效价的因素

3.1.1 疫苗质量问题

疫苗不合格，疫苗运输、保存不当，疫苗受日光照射或温度过高，或取出时间过长，或疫苗稀释后未能在规定时间内用完，都会影响疫苗的效价甚至导致失败。

3.1.2 免疫程序不合理，疫苗间相互干扰

制定的免疫程序不合理，或同时接种两种或两种以上有干扰反应的活疫苗，以致机体对各种疫苗的抗体应答显著降低，从而影响这些疫苗的免疫接种效果。

3.1.3 血清型差异

许多病原都存在多个血清型或血清亚型，而不同的血清型又不能交叉保护，没有选用相对应的血清型，免疫就会失败。

3.1.4 稀释液选择不当

不按规定选用稀释液，就会降低疫苗的效价和免疫原性，导致免疫失败。

3.1.5 免疫剂量和途径不当

免疫接种剂量过大或过小，接种途径不当，都会影响到免疫效果。

3.1.6 免疫操作失误

免疫操作不当或失误，造成疫苗注射量不足，也会使免疫效果受到影响。

3.2 动物机体状况

3.2.1 遗传因素

动物机体对接种抗原有免疫应答，但免疫应答各有差异，在一定程度上是受遗传因素影响。

3.2.2 免疫日龄过早，母源抗体干扰

刚出生的动物在哺乳期间都有一定的母源抗体，会干扰首免效果；且免疫器官尚未成熟，产生免疫应答能力差。所以需待母源抗体水平降至一定程度时，方可进行免疫，否则，不能产生预期的免疫效果。

3.2.3 营养因素

饲料中蛋白质、维生素和微量元素的缺乏，可影响免疫球蛋白的产生，从而影响免疫力。

3.2.4 应激因素

如环境过冷过热、舍内湿度过大、通风不良、氨气浓度过高、饲料突然改变、长途运输、转群等，都会影响免疫抗体的产生。

3.2.5 免疫抑制性疾病

圆环病毒、蓝耳病毒、传染性法氏囊病病毒等能损害法氏囊、胸腺、脾脏等免疫器官，导致免疫抑制。

3.3 潜伏期接种或免疫空白期感染

在接种时动物已经感染病原，正处于潜伏期，此时接种容易发生免疫反应，甚至导致疫病暴发。免疫空白期感染强毒，也会导致疾病的发生，造成免疫失败。

3.4 饲养管理

3.4.1 化学物质的影响

某些化学物质可抑制免疫应答或引起免疫系统活性细胞的破坏，进而引起免疫失败。在免疫接种前后使用抗菌药物或药物性饲料添加剂，可导致机体免疫细胞减少，影响机体的免疫应答。

3.4.2 免疫器械消毒不严

免疫接种时不按要求消毒注射器、针头、刺种针及饮水器等，使免疫接种成了带毒传播，反而引起疫病流行。

4 正确使用疫苗

(1)注意疫苗的联合应用：病毒性活疫苗和灭活疫苗可同时使用，分别肌注；两种病毒性活疫苗一般不要同时接种，应间隔 7～10 d，以免产生相互干扰；两种细菌性活疫苗可同时使用，分别肌注；尽可能使用单独的疫苗，少用联合疫苗与多联苗。

(2)注射活菌疫苗前后 7 d 不要使用抗生素；抗生素对细菌性灭活疫苗一般没有影响，可以同时使用，分别肌注；注射病毒性活疫苗的前后各 4 d 内不准使用抗病毒药物和干扰素等，以免疫苗失效。

(3)高烧、老弱、病残猪只不宜接种疫苗;正在潜伏期的猪接种弱毒活疫苗后,可能会激发疫情,甚至引起猪只发病死亡;妊娠母猪尽可能不要接种弱毒活疫苗,特别是病毒性活疫苗,避免经胎盘传播,造成仔猪带毒。

(4)严格按接种部位注射疫苗,以免影响疫苗的吸收,降低免疫效价。各种疫苗免疫后,间隔一定时间都要加强二次免疫,以巩固免疫效果。

(5)部分疫苗配有专用稀释水,应用专用稀释水稀释;无配水的疫苗最好用生理盐水或铝胶水稀释,禁用自来水或矿泉水,以确保免疫效果。

(6)疫苗稀释后效价会随着时间的延长而不断下降,因此,稀释后的疫苗要在规定的时间内用完,不能过夜,否则废弃。

(7)免疫接种时一定要按规定的免疫剂量注射,超大剂量接种疫苗会导致免疫麻痹,使免疫细胞不产生免疫应答;当抗体水平高时接种疫苗会发生中和反应,反而导致免疫力下降。

5 疫苗免疫注意事项

(1)根据本场、本地区动物疫病发生特点合理地制订免疫种类和程序,不要照抄照搬别人的免疫程序;当疫情发生时,不宜注射疫苗。

(2)免疫前,应了解被免疫动物的品种及健康状态。瘦弱、有病、怀孕后期、饲养管理不良的动物不宜接种。不同种属的动物疫苗不宜交叉使用,因起不到免疫效果甚至会造成动物的死亡。每种生物药品只产生相应疫病的有效抗体,对其他疫病无效。

(3)疫苗使用前,应仔细查阅使用说明书,明确装量、稀释液、稀释度、每头剂量、使用方法及注意事项,应了解疫苗的有效期,储运方法及时间,检查玻瓶是否有裂纹,瓶塞是否松动,药品色泽、物理性状是否有变等,发现异常的药品不得使用,以免影响效果,防止动物死亡。

(4)注意各种疫苗的储运温度,严防日晒及高温,疫苗稀释后使用前应充分摇匀,以免影响效力或发生不安全事故。

(5)注射器械、注射部位应严格消毒,最好一畜一针头或一栏一针头,防止动物间的相互感染。

(6)疫苗注射后,应详细观察有否过敏反应,特别是血清疫苗使用前应先做过敏试验,发生严重过敏反应时,应立即注射肾上腺素等药物脱敏,以免导致死亡。

(7)疫苗只能防病,不能治病,所以发生动物疫病时应用药物治疗,或用抗病血清紧急预防,严禁接种疫苗,以免加速死亡。

(8)及时做好免疫档案,注射疫苗后应认真做好免疫登记,包括疫苗名称、类型、规格、生产厂家、批号和有效期,接种途径、剂量和接种日期及接种人员姓名,免疫动物的种类、数量、日龄、状态等。

过瘤胃脂肪提高娟姗奶牛日粮能量水平效果试验*

黄香　李绍波　文信旺　彭夏云　黄明光　潘锐　李国秋　黄遒　方治山

（广西壮族自治区畜牧研究所，广西南宁　530001）

摘要：试验设计为单因子三水平，采用经产泌乳盛期娟姗奶牛 24 头，随机分成三组，分别饲喂 3 个水平的过瘤胃脂肪粉日粮：A（基础日粮）、B（日粮添加 150 g 过瘤胃脂肪）、C（日粮添加 200 g 过瘤胃脂肪），观测奶牛体重、日均乳量、乳脂率。结果：A 组试验前后体重差异不显著（$P>0.05$），B 组、C 组试验前后差异极显著（$P<0.01$），试后 A 组与 C 组差异极显著（$P<0.01$）、B 组与 A 组差异显著（$P<0.05$），C 组和 B 组差异不显著（$P>0.05$））；A、B、C 三组的日泌乳量差异不显著（$P>0.05$），添加组乳量有上升的趋势；日粮添加过瘤胃脂肪，乳脂率均有所提高，C 组与 A 组乳脂差异显著（$P<0.05$），C 组与 B 组、A 组与 B 组差异不显著（$P>0.05$）。

关键词：过瘤胃脂肪；娟姗奶牛；日粮；能量；效果

娟姗奶牛属中小型外来奶牛品种，其具有体型小、采食量低，性格温驯、耐粗饲及乳成分含量丰富、乳品风味独特等优良特点。广西夏季气候炎热潮湿，持续时间长，对娟姗牛的饲养极其不利，主要的影响是热应激引起娟姗奶牛采食量的下降，日粮能量摄入不足，体能损耗，生产水平降低，甚或发生代谢病。过瘤胃脂肪也叫瘤胃保护脂肪，是将脂肪（脂肪酸）以某种方式保护起来，使其在瘤胃中不易降解，而直接进入瘤胃后消化系统进行消化、吸收和利用的一类脂肪。本次试验采用过瘤胃脂肪粉提高娟姗奶牛日粮能量水平，观测其饲养效果。

1　试验材料和方法

1.1　试验材料

试验牛：2015 年 5 月至 2015 年 7 月，在广西南宁某奶牛场挑选 24 头健康经产泌乳盛期娟姗奶牛，泌乳月 3～4 个月，日均乳量（21±2.1）kg，体重随机分成三组（组 1、组 2、组 3），每组 8 头。

过瘤胃脂肪粉：马来西亚 IOI 集团生产的帕美克过瘤胃脂肪粉（包装 25 kg/袋）。粗脂肪约 100%，C16 脂肪酸 85%，溶点 55℃以上，稳定性好，泌乳净能 6.214 Mcal/kg。

* 项目：广西水产畜牧科技推广应用项目“娟姗牛高效饲养技术研发与示范”，合同编号：桂渔牧科 201528018

1.2 试验时间

2015.5.14—2015.7.2。试验期总共 50 d,预试期 10 d,正式期 40 d。

1.3 试验方法

采用完全随机单因子三个水平(处理 A、处理 B、处理 C)。处理 A 为基础日粮,基础日粮由玉米秸秆、苜蓿干草、大豆皮颗粒、啤酒渣、混合精饲料组成(营养水平见表 1)。处理 B 为基础日粮添加 150 g 过瘤胃脂肪粉,处理 C 为基础日粮添加 200 g 过瘤胃脂肪粉。组 1 试验牛饲喂 A,组 2 试验牛饲喂 B,组 3 试验牛饲喂 C。见表 1。

表 1 试验奶牛基础日粮结构及营养

项目	处理 A 日粮(基础日粮)	处理 B 日粮	处理 C 日粮
日粮结构	玉米秸秆青贮 20 kg;苜蓿干草 4 kg;大豆皮颗粒 3 kg;湿啤酒渣 6 kg;混合精饲料 9.5 kg	基础日粮添加 150 g 过瘤胃脂肪	基础日粮添加 200 g 过瘤胃脂肪
营养水平	干物质:20.58 kg,精粗比 4.6∶5.4,粗蛋白 16.28%,粗纤维 19.62%,产奶净能:1.58 Mcal/kg(干基),钙:1.14%,磷:0.73%	干物质:20.58 kg,精粗比 4.6∶5.4,粗蛋白:16.28%,粗纤维:19.62%,产奶净能:1.62 Mcal/kg(干基),钙:1.14%,总磷:0.73%	干物质:20.58 kg,精粗比 4.6∶5.4,粗蛋白:16.28%,粗纤维:19.62%,产奶净能:1.64 Mcal/kg,钙:1.14%,总磷:0.73%

1.4 测定指标

a:试验前后奶牛称重,计算前后体重差;b:试验最后 3 d 测定日泌乳量,计算每头日均乳量;c:试验最后一天测定乳脂率。

2 试验结果

试验期间,娟姗奶牛采食量无明显变化,粪便无异常,组内试验前后体重数据采用配对试验差异性显著性检验 t 检验。组间体重数据差采用单因素方差分析 F 检验及 LSD 法进行多重比较。日泌乳量和乳脂率分别采用单因素方差分析和 LSD 法多重比较。结果:A 组试验前后体重差异不显著($P>0.05$),B 组、C 组试验前后差异极显著($P<0.01$),试验后 A 组与 C 组差异极显著($P<0.01$)、B 组与 A 组差异显著($P<0.05$),C 组和 B 组差异不显著($P>0.05$);A、B、C 三组的日泌乳量差异不显著($P>0.05$),添加组乳量有上升的趋势;日粮添加过瘤胃脂肪,乳脂率均有所提高,C 组与 A 组乳脂差异显著($P<0.05$),C 组与 B 组、A 组与 B 组差异不显著($P>0.05$)。见表 2、表 3。

表 2 不同日粮能量水平对体重试验结果

处理	A								B								C							
编号	1	2	3	4	5	6	7	8	1	2	3	4	5	6	7	8	1	2	3	4	5	6	7	8
试验前	364	345	416	428	381	387	352	334	336	387	326	418	409	440	392	368	328	355	429	374	381	364	395	386
试验后	369	350	414	408	388	394	355	331	343	396	337	425	421	452	406	372	342	367	435	393	397	383	422	401

续表 2

处理	A								B								C							
编号	1	2	3	4	5	6	7	8	1	2	3	4	5	6	7	8	1	2	3	4	5	6	7	8
d	5	5	−2	−20	7	7	3	−3	7	9	11	7	12	12	14	4	14	12	6	19	16	19	27	15
d^2	25	25	4	4	49	49	9	9	49	81	121	49	144	144	196	16	196	144	36	361	256	361	729	225
试验前总和	3 007								3 076								3 012							
试验前平均	375.9±33.6								384.5±39.5								376.5±29.7							
试验后总和	3 009								3 152								3 140							
试验后平均	376.1±29.6								394±40.6								392.5±29.4							

表 3 不同日粮能量水平对娟姗奶牛体重、乳量及乳脂影响结果

处理	观察值		总和	平均
A(基础日粮)	日均乳量	18.6,21.8,19.4,21.7,24.2,21.4,19.0,21.5	167.6	21.0±1.9
	乳脂率	4.19,4.54,4.16,4.25,3.90,3.88,4.41,4.67	34.0	4.25±0.28
B(基础日粮+150 g 过瘤胃脂肪粉)	日泌乳量	19.8,19.7,21.9,21.0,21.4,22.8,24.5,22.0	173.1	21.6±1.6
	乳脂率	4.22,4.36,4.47,5.80,5.64,5.31,4.01,4.12	37.9	4.74±0.72
C(基础日粮+200 g 过瘤胃脂肪粉)	日泌乳量	24.6,23.8,19.2,20.4,19.5,22.8,22.6,25.9	178.8	22.4±2.4
	乳脂率	5.62,5.28,5.03,4.24,4.24,4.67,4.75,5.26	39.09	4.89±0.50

3 分析和讨论

泌乳高峰期奶牛容易发生能量负平衡，日粮添加脂肪可提高能量水平、降低奶牛能量负平衡带来的诸多影响。例如：可使奶牛分娩后产奶高峰期延长，增加单产，对奶牛体重的恢复有很大帮助，还可减少低乳脂综合征(milk fat depression)的发生。但添加未经包被处理的脂肪存在诸多不足，可能带来的不利影响有：降低纤维素的消化率；包裹饲料颗粒，抑制微生物与纤维素的接触，降低消化酶的活力；液体油对部分微生物的毒害作用；与钙、镁结合，阻止瘤胃内的正常吸收。使用过瘤胃脂肪，可有效保护瘤胃机能不被损害，提高使用效率。试验采用的过瘤胃脂肪粉为分馏脂肪，熔点高，不参加瘤胃内反应，不影响瘤胃的正常消化活动，保护瘤胃微生物平衡，当安全通过前胃而到达皱胃后，能迅速分解成可直接吸收利用的脂肪酸，从而为奶牛机体代谢提供高能量。本次试验在两组试验牛日粮中添加过瘤胃脂肪粉，提高了奶牛的日粮能量水平，维持代谢平衡，恢复体能。另外，合理的日粮结构及营养水平对奶牛消化代谢及乳的合成和分泌起着积极作用，从而改善了泌乳性能。

本次试验结果表明，日粮分别添加 150 g、200 g 过瘤胃脂肪粉提高日粮能量水平对维持泌乳盛期娟姗奶牛的体重平稳、乳量分泌及乳脂成分含量有积极作用。添加 200 g 过瘤胃脂肪粉与另外两组体重差异显著($P<0.05$)，另外两组之间差异不显著($P>0.05$)。添加过瘤胃脂肪粉可使娟姗奶牛乳量有上升的趋势，但差异不显著($P>0.05$)。添加 200 g

的C组与不添加的A组乳脂含量差异显著，C组与B组、A组与B组之间乳脂含量差异不显著（$P>0.05$）。

参考文献

[1] 李树聪，唐文花，等. 过瘤胃脂肪在奶牛日粮中的应用[J]. 中国畜牧兽医，2000，03(14-15).

[2] 袁廷杰，周凌云，卜登攀，等. 过瘤胃脂肪在奶牛生产中应用的研究进展[J]. 中国畜牧兽医，2011，5(5-9).

[3] 黄锋，陈良，陆庆，等. 不同过瘤胃脂肪产品在奶牛生产中的应用[J]. 广东奶业，2007，04(13-14).

黄曲霉毒素 M_1 及其常见检测方法

宋瑞

（石家庄市畜产品质量监测中心，河北石家庄　050041）

摘要：黄曲霉毒素 M_1 主要是由于奶牛饲入被黄曲霉毒素污染的饲料，经过羟基化作用而产生的。是目前发现的毒性、致癌性较强的天然有毒物。本文主要从黄曲霉毒素 M_1 的化学性质、对人体的危害以及常见检测方法进行了阐述。

牛奶中的黄曲霉毒素 M_1 主要是由于奶牛饲入被黄曲霉毒素污染的饲料，经过羟基化作用而产生的。黄曲霉毒素 M_1 的理化性质非常稳定，不会因为加热、消毒等因素消除。黄曲霉毒素 M_1 是目前发现的毒性、致癌性较强的天然有毒物，它能够破坏人及动物的肝脏组织，严重时可导致肝癌甚至死亡。随着人们生活水平的提高，黄曲霉毒素 M_1 的危害也逐渐引起老百姓的关注。相关专家、学者对黄曲霉毒素 M_1 的研究也越来越深入，本文从黄曲霉毒素的来源、化学性质、对人体的危害以及检测方法四方面进行了阐述。

1　黄曲霉毒素 M_1 的理化性质

黄曲霉毒素 M_1 的分子式为 $C_{17}H_{12}O_7$，分子量为 328，是一类毒性非常强的二氢呋喃香豆素衍生物，熔点 299℃，形状为长方形片状、无色结晶，365 nm 紫外光下照射呈蓝紫色荧光。黄曲霉毒素 M_1 可以溶于多种有机极性溶剂，如氯仿、乙腈、甲醇。黄曲霉毒素 M_1 具有较为稳定的化学结构，对光、热、酸都较为稳定，不易发生分子结构的变化，因此牛奶常见的消煮方式都不易使之消除。

2　黄曲霉毒素 M_1 的来源

黄曲霉毒素是黄曲霉、寄生曲霉等霉菌产生的代谢产物。主要产生原因是粮食未及时晾干或存储不当，极易被黄曲霉污染，产生黄曲霉毒素。有学者研究较易被黄曲霉污染的粮食，首先是玉米、花生及其制品，其次是小麦、高粱，豆粕等。牛奶中出现黄曲霉毒素 M_1，主要是把发霉的粮食作为饲料饲喂奶牛，其中的黄曲霉毒素会转变为黄曲霉毒素 M_1 并于 24 h 内进入到牛奶中；其次是牛奶在储存环节，存储方法不当也会造成牛奶中出现黄曲霉毒素 M_1。

3　牛奶中黄曲霉毒素 M_1 的限制标准

欧盟牛奶中黄曲霉毒素 M_1 的含量≤0.05 mg/L 或 50 ppm。我国牛奶中黄曲霉毒素 M_1

的国家规定为≤0.5 μg/kg。由此可见，我国牛奶中普遍含有黄曲霉毒素 M_1 的数值较大，这需要我们兽医工作者进一步研究适当的方法降低我国牛奶中黄曲霉毒素 M_1 的含量。

4 黄曲霉毒素 M_1 的检测方法

黄曲霉毒素 M_1 的检测方法有很多种，有薄层色谱法、高效液相色谱法、酶联免疫法、荧光光度法等。

4.1 酶联免疫法

酶联免疫法测定黄曲霉毒素 M_1 的基础是抗原抗体反应。首先微孔板包被具有特异性的单克隆抗体。加入黄曲霉毒素标准、样品溶液，加入酶标记物，加入显色剂，加入反应停止液后使颜色由蓝转变为黄色。在 450 nm 处读取数据。酶联免疫法是检测黄曲霉毒素 M_1 最常用的方法，该法具有实际操作较为简单、整体实验耗时较短、测定结果较为准确的优点，经常作为半定量实验使用，需要准确的数据则需要进一步使用更精密的仪器。

4.2 薄层色谱法

本方法常用于半定量测定黄曲霉毒素 M_1 实验。黄曲霉毒素 M_1 具有荧光性，可将牛奶样品提取浓缩后，通过点板、溶剂展开，使黄曲霉毒素 M_1 在薄层板上分离，设置薄层色谱扫描仪波长为 365 nm 的，会产生蓝紫色荧光，据此来进行结果的定性定量。薄层色谱法操作较为简单易行且所用试剂为常用试剂，但是由于牛奶中可能会有其他荧光物质，从而产生干扰，造成测定误差。

4.3 免疫亲和层析净化高效液相色谱法

该方法是将亲和柱内含有的黄曲霉毒素 M_1 抗体交联在固体支持物上，与黄曲霉毒素 M_1 发生键合，形成较为稳定的复合体。用水除去杂质，然后洗脱吸附的黄曲霉毒素 M_1，收集洗脱液。用带有荧光检测器的高效液相色谱仪测定洗脱液中黄曲霉毒素 M_1 含量。该方法采用：25%乙腈水溶液为流动相，流速为 1 mL/min，采用高压输液系统，将流动相泵入色谱柱，在柱内分离后，进入检测器读取数据。该此方法具有较好的灵敏度、特异性，测定结果准确可靠等优点。目前已较为广泛地应用于黄曲霉毒素 M_1 的测定。该方法具有快速、灵敏度高、准确、自动化程度高等优点，但高效液相色谱仪价格较贵且具体操作较为烦琐。

4.4 液相色谱-质谱联法

液相色谱-质谱联用技术是在液相色谱的基础上加入了质谱系统，将牛奶中的黄曲霉毒素 M_1 经过浓缩提取后，在液相色谱串联质谱仪上分离、离子化，从而得到质谱图。液质联用是将色谱与质谱优势合二为一，将色谱的高分离能力和质谱的高选择性相结合，该方法所采用的母离子为 329.0，定量子离子 273.5，定性子离子 259.5，离子化方式 ESI+。流动相为流动相：0.1%甲酸溶液，乙腈-甲醇溶液。流动相流动速度：0.3 mL/min。本方法具有高灵敏度、基质效应低、响应值较高，检测结果准确等优点。

5 小结

综上所述，伴随着人们对食品安全的认识逐渐提高，人们已广泛了解牛奶中黄曲霉毒素M_1的危害。牛奶一旦含有黄曲霉毒素 M_1，会严重影响百姓的身体健康。因此，检测牛奶中黄曲霉毒素 M_1非常重要，在常见的几种方法中，初筛可以使用酶联免疫法，需要精确定量的可以使用高效液相色谱法、液相色谱质谱串联法等。同时，在牛奶安全生产中黄曲霉毒素 M_1所带来的危害、消除黄曲霉毒素 M_1的方法、精确检测其的方法都应引起我们兽医工作者严密的关注。

中外"瘦肉精"残留限量比较及检测方法浅析

杨洁

（石家庄市畜产品质量监测中心，河北石家庄　050000）

1　中外"瘦肉精"残留限量

"瘦肉精"是一个统称，是能够抑制动物脂肪生成、促进瘦肉生长的物质。主要是肾上腺类、β-激动剂、β-兴奋剂（β-agonist）类的药物，用于治疗支气管哮喘、慢性支气管炎和肺气肿等疾病。它们能够刺激心脏、扩张血管，成为增强运动能力的"兴奋剂"。大剂量用在饲料中可以促进猪、牛、羊体重增长，减少脂肪量，提高瘦肉率。已知的多数"瘦肉精"对人体有害，所以在世界上几乎所有国家都被禁止使用，我国在 1997 年就已禁止在动物饲料中添加"瘦肉精"，比如曾在上海造成过中毒事件的克伦特罗（clenbuterol）。但在美国，一种名为雷托巴胺（actopamine）的瘦肉精是合法的饲料添加剂。2007 年，就出现过从美国进口的猪肉中检出雷托巴胺的风波了。

美国 FDA 规定人体每天可承受的雷托巴胺摄入量是每千克体重 1.25 μg。据此，FDA 规定牛肉和猪肉中允许的雷托巴胺残留量分别是 30 和 50 ppb（ppb 是十亿分之一）。也就是说，在这个残留量下，一个体重为 50 kg 的人每天吃上两斤半猪肉或者四斤牛肉是很安全的。而世界卫生组织（WHO）和加拿大的标准稍高一些，猪肉中的允许残留量是 40 ppb，而联合国粮农组织则是10 ppb。新西兰和日本则规定，本国生产的肉品不许使用，而进口猪肉允许 10 ppb 的残留。总的来说，只有少数国家允许使用雷托巴胺，中国也已禁用。

我国通常所说的"瘦肉精"是指盐酸克伦特罗（简称 CLB），分子式是 $C_{12}H_{19}Cl_3N_2O$，为白色或类白色的结晶粉末，无臭、味苦。动物食入"瘦肉精"时会出现呼吸加剧、体温升高、内脏负担加重、食量下降、身体平衡失调等一系列症状。"瘦肉精"进入人体，一方面它能促进体内脂肪分解，使大量游离脂肪酸进入血液，使血管壁弹性变弱，血压升高，血管发生膨胀，压迫周围的神经末梢；另一方面它能降低 Mg^{2+} 浓度，导致肌肉过度兴奋，发生震颤，同时它还可以改变 K^+、Ca^{2+}、Na^+ 的浓度。

综上所述，瘦肉精虽然有药理作用，但对人体危害也极大。人食用含有"瘦肉精"的猪肉后，会出现急、慢性中毒现象，心悸，肌肉颤动，头晕乏力，手抖甚至不能站立。因此，加强对肉品中瘦肉精的检测工作十分重要。

2　"瘦肉精"检测方法

2.1　胶体金免疫法

罗奕铭研制出一种速测卡，能检测莱克多巴胺和盐酸克伦特罗，使用胶体金免疫层析技术,标记单克隆抗体莱克多巴胺和盐酸克伦特罗。灵敏度分别为 5 ng/mL(莱克多巴胺)、3 ng/mL(盐酸克伦特罗),检测时间在 3 min 内便可完成。此方法检测时间短,对检测环境要求较低,操作简便,目前在我国家禽生产场、动物性食品加工厂、国家和地方的检验和监督部门等行业领域推广应用。

2.2 酶联免疫吸附测定法

酶联免疫吸附测定法,简称酶联免疫法(ELISA 法)。酶联免疫法检测"瘦肉精"是目前国内普遍使用的检测方法之一。其原理是利用抗原抗体反应:加入特定的"瘦肉精"抗体之后,它会与抗体结合,如果样品中有"瘦肉精",将与特定"瘦肉精"的酶连接物相互竞争捕获抗体的连接位点,在洗板过程中,没有连接的酶连接物会被除去,加入标准品、样品溶液、酶连接物之后,经过孵育、洗板,将底物转变为蓝色产物,加入终止液完成反应,颜色从蓝色变为黄色。显示的颜色越浅,"瘦肉精"含量越高,测量吸光度在 450 nm 处进行,"瘦肉精"浓度与吸光度成反比。国内外生产很多基于酶联免疫法检测"瘦肉精"的试剂盒,一盒最多能同时检测 42 个样品,适用于大批量样品的快速初筛,不适于定量分析。如需定量检测,需用高效液相色谱法进行测定。

2.3 高效液相色谱法

高效液相色谱法(HPLC)可对"瘦肉精"进行定量分析,适合测定热不稳定和强极性的 β-激动剂及其代谢产物。我国已将 HPLC 法作为检测 CLB 残留的半确证性方法,此法选择性强、检测精确度较高,假阳性率低;缺点是样品处理时间长,对检测人员和环境要求较高,检测过程烦琐、难于操作,需用高效液相色谱仪,所以实际应用中受到一定的限制。

参考文献

[1] 农业部. 动物性食品中兽药最高残留限量[Z]. 农牧发[1997]7 号. 北京:农业部,1997-09-04.

[2] 农业部. 中华人民共和国动物及动物源食品中残留物质监控计划[Z]. 农牧发[1998]8 号. 北京:农业部,1998-05-11.

[3] 罗奕铭. 盐酸克伦特罗与莱克多巴胺联检速测卡的研制[J]. 现代食品科技,2013,29(1):197-200.

[4] 中华人民共和国卫生部. GB/T 5009. 192—2003 动物性食品中克伦特罗残留量的测定[S]. 北京:中国标准出版社,2003.

巴克夏猪与湘村黑猪正反交后代胴体、肉质性状对比分析

刘建[1 *]　杨文莲[1]　刘国荣[1]　谭建坤[1]　彭英林[2]　谢菊兰[2]　雷明刚[3]　朱吉[2 **]

（1.湘村高科农业股份有限公司，湖南，娄底　417000；2.湖南省畜牧兽医研究所，湖南，长沙　410131；3.华中农业大学动物科学技术学院，湖北，武汉　430070）

摘要：研究旨在分析巴克夏猪和湘村黑猪正反交后代的胴体及肉质性状特性，为探索以湘村黑猪新品种为母本开展杂交利用，以及能否开展巴克夏猪和湘村黑猪杂交系持续选育提供依据。试验通过正交试验（巴克夏♂×湘村黑猪♀）和反交试验（湘村黑猪♂×巴克夏♀）分别获得巴湘猪和湘巴猪群体。在此基础上，按照一致的饲养条件，饲养到95 kg，屠宰湘村黑猪、湘巴猪和巴湘猪各6头，测定胴体和肉质性状共计21个指标。结果表明，正反交组合巴湘猪和湘巴猪均表现出了良好的胴体品质和优良的肉质特性，所测各类指标均与湘村黑猪没有显著差异。

关键词：巴克夏；湘村黑猪；正反交；胴体性状；肉质性状

湘村黑猪是选择桃源黑猪母猪和美系杜洛克为亲本，采用杂交育种方法，历经5个世代选育而成，2012年8月获得国家新品种证书。自2013年开始，已连续4年被农业部列为全国农业主导品种，是内地唯一活猪供港的黑猪新品种，经农业部种猪质量监督检验测试中心（武汉）抽检和测定，平均体重90.12 kg体重的屠宰率74.62%，瘦肉率58.76%，肌内脂肪含量3.78%，肉质良好，无PSE和DFD肉。

巴克夏猪原产于英国，是我国引进的优良猪种之一。随着人们对猪肉产品要求的改变，巴克夏从最开始引入的“偏肥的脂肉兼用型猪”逐渐向“肉脂兼用型”发展，近年来，新引进的巴克夏猪体躯稍长，体型几近肉用型。

为进一步筛选优质高效瘦肉型猪杂交组合，本研究开展了以湘村黑猪和巴克夏作为亲本的杂交系选育工作，系统比较正反交组合的胴体及肉质性状表现，为后续的杂交系培育提供依据。

1　材料与方法

1.1　样品来源与处理

通过对巴克夏猪和湘村黑猪进行正反杂交试验，获得正交组合巴湘猪和反交组合湘巴猪；随

---

* 作者简介：刘建（1987—），男，湖南南县人，硕士，主攻猪育种与饲养。E-mail：1140187163@qq.com

** 通讯作者：朱吉（1981—），女，湖南省望城县人，硕士，副研究员，主攻猪育种与饲养。E-mail：24625546@qq.com

机选取体重在95 kg左右的湘村黑猪、巴湘猪和湘巴猪各6头进行屠宰测定，其中湘村黑猪、巴湘猪公母比例为1∶1，湘巴猪公母比例为2∶1，所有猪健康无病，发育整齐，公猪均已去势。

1.2 测定项目及时间

屠宰测定于2016年1月8日在湘村高科农业股份有限公司湘村黑猪原种猪场进行。所有猪只空腹24 h，宰前称重，进行胴体及肉质性状测定，主要测定胴体重、屠宰率、瘦肉率等胴体性状指标以及肉色、pH、失水率等肉质性能指标。屠宰分割、胴体性能以及肉质性状测定均委托农业部种猪质量监督检验测试中心(武汉)进行。

1.3 统计方法

对测定数据通过SPSS17.0软件进行单因素方差分析。

2 结果与分析

2.1 胴体性状

胴体性状见表1。均重为94.17～97.13 kg的湘村黑猪、巴湘猪、湘巴猪进行屠宰，胴体重、屠宰率、瘦肉率分别为71.93 kg、72.78 kg、74.63 kg，75.98%、77.28%、76.81%和56.78%、58.58%、58.95%，差异不显著($P>0.05$)。肋骨数和后腿比分别为14.33、15.33、14.17和30.8%、32.95%、32.38%，巴湘猪的肋骨数显著高于湘村黑猪和湘巴猪，后腿比显著高于湘村黑猪($P<0.05$)；均膘厚和眼肌面积分别为30.68 mm、29.77 mm、27.08 mm和35.29 cm^2、38.8 cm^2、39.73 cm^2，湘巴猪的平均背膘厚最低，显著低于湘村黑猪和巴湘猪13.29%和9.93%，湘村黑猪的眼肌面积最小，显著低于巴湘猪和湘巴猪9.95%和12.58%($P<0.05$)，其他指标组间无显著差异($P>0.05$)。

表1 湘村黑猪、巴湘猪、湘巴猪部分胴体性状

项目	湘村黑猪	巴湘猪	湘巴猪
样本数/头	6	6	6
宰前重/kg	94.67±1.27	94.17±3.68	97.13±5.26
胴体重/kg	71.93±2.05	72.78±3.16	74.63±4.67
屠宰率/%	75.98±1.22	77.28±0.62	76.81±1.43
胴体长/cm	90.80±2.71	89.32±1.39	90.38±3.89
肋骨数/根	14.33±0.52^b	15.33±0.82^a	14.17±0.41^b
后腿比/%	30.80±1.89^b	32.95±1.23^a	32.38±1.77^{ab}
皮厚/mm	2.80±0.32	3.08±0.61	2.73±0.69
3点平均背膘厚/mm	30.68±1.67^a	29.77±1.00^a	27.08±2.58^b
眼肌面积/cm^2	35.29±3.28^b	38.8±2.03^a	39.73±3.03^a
瘦肉率/%	56.78±1.29	58.58±3.06	58.95±2.72
皮率/%	7.65±0.64	7.47±0.34	7.43±0.85
骨率/%	9.45±0.23	9.38±0.34	10.00±1.06
脂率/%	26.08±1.61	24.50±3.26	23.62±2.89

2.2 肉质性状

肉质性状见表2。所有试验猪的肌肉肉色鲜红，未发现PSE和DFD肉。湘村黑猪、巴湘猪、湘巴猪的肌肉亮度值L^*、红度值a^*、黄度值b^*范围分别为41.53～44.79、6.65～7.28、12.58～14.03，组间无显著差异；pH 1、pH 24分别为6.47～6.69、5.71～5.97，pH 24组间差异显著，巴湘猪的pH 24显著高于湘村黑猪（$P<0.05$），失水率指标，巴湘猪最高，为5.02%，显著高出湘村黑猪1.15个百分点（$P<0.05$），高出湘巴猪0.28个百分点，差异不显著；按升序排列，贮存损失依次为巴湘猪、湘村黑猪、湘巴猪；嫩度值依次湘村黑猪、湘巴猪、巴湘猪，组间无显著差异。

表2　湘村黑猪、巴湘猪、湘巴猪肉质性状

项目		湘村黑猪	巴湘猪	湘巴猪
样本数		6	6	6
肌肉色值	L^*	44.79±2.83	42.25±2.87	41.53±1.76
	a^*	6.65±2.13	7.28±1.48	6.83±1.61
	b^*	14.03±0.83	13.73±1.86	12.58±2.36
pH 1		6.54±0.15	6.69±0.17	6.47±0.30
pH 24		5.71±0.17^b	5.97±0.19^a	5.77±0.11^{ab}
失水率/%		3.87±0.51^b	5.02±0.59^a	4.74±1.09^{ab}
贮存损失/%		1.89±0.42	1.84±0.68	2.24±1.63
嫩度/kgf		43.27±8.26	48.83±15.63	46.00±9.05

3 讨论与结论

3.1 胴体性状

本次试验结果表明，湘村黑猪、巴湘猪、湘巴猪的屠宰率均值在75%以上、瘦肉率均值在56%以上，正反交组合与亲本湘村黑猪差异不大，间接说明湘村黑猪作为一个培育品种，在此两个重要胴体性状指标上与外来猪种具有充分的可比性。

眼肌面积和3点平均背膘厚分别与瘦肉率呈正相关和负相关。巴湘猪和湘巴猪的眼肌面积均显著高于湘村黑猪，这一结果与其两个组合的瘦肉率略高于湘村黑猪结果保持基本一致。3点平均背膘厚的结果与脂率的结果也表现出了一致性，从高到低依次为湘村黑猪、巴湘猪、湘巴猪。

3.2 肉质性状

肉色是商品肉色、香、味、质几大要素中最直觉最先导的感受印象，肌肉颜色深浅和色度取决于肌肉色素含量，受遗传、饲养和屠宰等诸多因素影响，其中遗传是一主要因素。本次试验中，使用色度仪检测肉色L^*、a^*、b^*值都是控制在宰后1 h，切面切开5 min内。相关研究表明，仅凭亮度值L^*是无法对肉色进行评定的，红度值a^*在肉色评定有较大参考意义，a^*值越大，表示越红，而黄度值b^*在肉色评定中的参考意义不大，PSE肉的L^*值高而a^*值低，DFD

反之。我国地方猪种肉色的 L^* 值相当高，但一般不是 PSE 指征，而是大理石纹白色反光所致。本次研究结果表明，三组的 L^*、a^*、b^* 无显著差异，湘村黑猪的 L^* 最高，分析原因可能与湘村黑猪含本地猪种血缘最高有关，巴湘猪的红度 a^* 最高，若上市销售，可能会更受消费者偏爱一点。

失水率直接反应出压力下肌肉保水的能力，研究结果表明，湘村黑猪的失水率分别低于巴湘猪和湘巴猪 1.15 个百分点（$P<0.05$）和 0.87 个百分点（$P>0.05$），正反交组合巴湘猪和湘巴猪无显著差异，说明湘村黑猪的肌肉保水能力强于正反交组合，分析原因与其含本地猪种血缘比例高于其他两组有关。

综上所述，正反交组合巴湘猪和湘巴猪均表现出了良好的胴体品质和优良的肉质特性，所测各类指标均与湘村黑猪差异不大，我们下一步的工作一方面将加大样本含量进一步验证，另一方面结合生长肥育试验、杂交配合力测定、消费者反应等多方面进行综合对比，筛选最优组合或将组合进行分类利用。

参考文献

[1] 刘建，李静如，朱吉，等. 湘村黑猪新品种选育研究[J]. 养猪，2013(4)：73-80.
[2] 国家畜禽遗传资源委员会. 中国畜禽遗传资源志猪志[M]. 北京：中国农业出版社，2011：474-476.
[3] 张伟力. 猪肉肉色与酸度测定方法[J]. 养猪，2002(2)：33-34.
[4] 周波，黄瑞华，曲亮，等. 色差仪和肉色仪在猪肉肉色评定中的应用[J]. 江西农业科学，2007(2)：121-124.

两种补铁剂对仔猪增重效果试验比较研究

尹显进[1]　严梓贤[1]　尹邦才[2]　肖和良[3]　尹邦江[3]

(1.湖南省洞口县石柱乡动物防疫站，湖南邵阳　422300；2.湖南省洞口县水东镇动物防疫站，湖南邵阳　422300；3.湖南省洞口县畜牧水产局，湖南邵阳　422300

摘要：铁是畜禽生长发育所必需的微量元素，是合成血红蛋白、细胞色素氧化酶等的重要原料。缺铁是世界范围内最常见的动物营养缺乏症，特别是初生仔猪严重铁缺乏。研究应用补铁剂是解决初生仔猪铁缺乏一大课题。笔者用牲血素、右旋糖酐铁钴针对妊娠母猪、乳猪肌注补铁，分30日龄、60日龄与对照组(未注铁剂)，比较仔猪生长状况、增重效果以及对仔猪血红蛋白含量的影响。结果：60日龄补铁剂4个组头平增重18.279 kg，比对照组头平增重16.580 kg，提高10.25%，头平增重1.699 kg，补铁剂组日增重平均值304.7 g，比对照组日增重276.3 g，提高10.28%。补铁剂组血红蛋白含量(Hb)平均值110.0 mg/mL，比对照组血红蛋白含量(Hb) 88.2 mg/mL，提高24.72%，差异显著，有效地预防仔猪缺铁性贫血症，加快仔猪生长速度。并对仔猪补铁原理进行了研究。

关键词：牲血素；右旋糖酐铁钴针；肌注补铁试验；仔猪增重；血红蛋白含量；生长状况；补铁原理；影响及效果

1　试验材料与方法

1.1　试验药物

牲血素：广西化工研究所生产，每瓶10 mL，每毫升含铁量150 mg。

右旋糖酐铁钴针：温州兽药厂生产，每瓶40 mL，每毫升含铁量50 mg。

1.2　供试动物

刚产下的杜×长大三元乳猪150头。

1.3　试验方法

1.3.1　试验分组

分为5个组，4个试验组，1个对照组，每组都为30头乳猪，见表1。

在试验前(2014年3月15～25日)对8头妊娠母猪(产前30～40 d)肌注右旋糖酐铁钴针。

表 1　肌注补铁剂药物、方法以及分组情况表

分组	猪种日龄	头数	肌注药物	肌注量	备注
Ⅰ妊娠母猪组	妊娠母猪	4	右旋糖酐铁钴针	6 mL	选产下的乳猪 30 头参加试验
Ⅱ混合组	妊娠母猪 3 日龄乳猪	母猪 4 乳猪 30	右旋糖酐铁钴针	母猪 6 mL 乳猪 2 mL	选产下的乳猪 30 头参加试验
Ⅲ右旋糖酐铁针组	3 日龄乳猪	30	右旋糖酐铁钴针	2 mL	
Ⅳ牲血素组	3 日龄乳猪	30	牲血素	1 mL	
Ⅴ对照组（未补注铁剂）	3 日龄乳猪	30	空白	空白	

1.3.2　饲养方式

5 组都饲喂同样的乳猪料和小猪料，都采取自由采食和自由饮水方式。

1.3.3　试验数据统计和观察

对 30 日龄、60 日龄仔猪称重和测量血红蛋白含量（Hb），记录并统计结果。验证两种补铁剂对仔猪增重效果以及对仔猪 Hb 的影响。并观察仔猪生长状况。

Hb 测量（用氰化高铁光电比色法）：将仔猪全血样品 20 μL 注入 5 mL 氰化高铁血红蛋白稀释液内（称文-齐氏液），作 251 倍稀释，溶化红细胞释出血红蛋白。稀释剂将血红蛋白先转变成高铁血红蛋白，再转化为氰化高铁血红蛋白。然后，再用 XF-1B 型（或 Hb-2000 型）Hb 仪比色法直接测定显示浓度数就为 Hb 数。

1.4　试验地点和时间

试验地点：洞口县岩山出口猪场。试验时间：2014 年 5 月 2 日至 7 月 2 日。

2　试验结果

2.1　增重比较

初生重：各组无明显差异，头平在 1.384～1.441 kg 之间。见表 2。

表 2　仔猪右旋糖酐铁钴针、牲血素注射组、对照组称重和血红蛋白含量测量统计表

组号	头数	成活头数	初生重量/kg	30 日龄重量/kg	60 日龄重量/kg	30 日龄血红蛋白含量（Hb）/(mg/mL)	60 日龄血红蛋白含量（Hb）/(mg/mL)
Ⅰ妊娠母猪组（头平）	30	30	41.5±0.25 (1.384)	235.1±0.35 (7.837)	580.04±0.43 (19.335)	94.1±5.9	95.7±5.8
Ⅱ混合组（头平）	30	30	42.9±0.24 (1.432)	241.5±0.33 (8.050)	596.26±0.48 (19.875)	103.6±6.8	119.8±6.8

续表 2

组号	头数	成活头数	初生重量/kg	30 日龄重量/kg	60 日龄重量/kg	30 日龄血红蛋白含量(Hb)/(mg/mL)	60 日龄血红蛋白含量(Hb)/(mg/mL)
Ⅲ右旋糖酐铁钴针组(头平)	30	30	43.1±0.21 (1.437)	238.8±0.35 (7.960)	592.66±0.47 (19.755)	99.9±6.2	108.7±6.7
Ⅳ牲血素组(头平)	30	30	41.7±0.22 (1.391)	239.7±0.36 (7.990)	593.83±0.49 (19.794)	102.1±6.1	115.6±7.5
Ⅴ对照组(头平)	30	29	43.2±0.22 (1.441)	207.2±0.49 (7.145)	522.61±0.75 (18.021)	87.9±8.1	88.2±9.8

表 3　30 日龄试验组头平增重、日增重与对照组比较表

组号	头平增重/kg	较Ⅴ提高/%	头平提高/kg	日增重/(g/d)	较Ⅴ提高/%
Ⅴ组	5.704			190.1	
Ⅰ组	6.459	7.27	0.755	215.1	13.15
Ⅱ组	6.618	11.23	0.914	220.6	16.04
Ⅲ组	6.523	14.36	0.819	217.4	14.36
Ⅳ组	6.599	15.69	0.895	220.0	15.73
Ⅰ、Ⅱ、Ⅲ、Ⅳ组平均值	6.571	15.20	0.867	218.3	14.83

表 4　60 日龄试验组头平增重、日增重与对照组比较表

组号	头平增重/kg	较Ⅴ提高/%	头平提高/kg	日增重/(g/d)	较Ⅴ提高/%
Ⅴ组	16.580			276.3	
Ⅰ组	17.951	7.27	1.371	299.2	8.29
Ⅱ组	18.443	11.23	1.863	307.4	11.26
Ⅲ组	18.318	9.62	1.738	305.4	10.50
Ⅳ组	18.403	11.00	1.823	306.7	11.00
Ⅰ、Ⅱ、Ⅲ、Ⅳ组平均值	18.279	10.25	1.699	304.7	10.28

日增重(g/d)=(试验重−初生重)1 000÷试验日龄。如：Ⅰ组 60 日龄日增重 g=(19.335−1.384)1 000÷60=299.2。数据由表 2 得来。

2.2　血红蛋白含量(Hb)比较

30 日龄：Ⅴ对照组(87.9±8.1) mg/mL，Ⅰ组(94.1±5.9) mg/mL 提高 7.05%；Ⅱ组(103.6±6.2) mg/mL，提高 17.86%；Ⅲ组(99.9±6.2)mg/mL，提高 13.65%；Ⅳ组(102.1±6.1) mg/mL，提高 16.15%，试验组差异显著。

60 日龄：Ⅴ对照组(88.2±9.8) mg/mL，Ⅰ组(95.7±5.8) mg/mL 提高 8.50%；Ⅱ组

(119.8±6.8) mg/mL,提高 35.83%;Ⅲ组(108.7±6.7) mg/mL,提高 23.24%;Ⅳ组(115.6±7.5) mg/mL,提高 31.07%,试验组差异显著(表 2)。

2.3 生长状况比较

Ⅰ、Ⅱ、Ⅲ、Ⅳ试验组比Ⅴ对照组整齐度一致,被毛光滑,体质强壮。补铁剂的 4 个组头平相差±0.48 kg,对照组头平相差±0.75 kg,头平相差减少 0.27 kg。Ⅴ对照组在 25 日龄死亡 1 头,诊断为严重贫血死亡,并有 5 头仔猪皮肤苍白、被毛粗糙、食欲不振,诊断为缺铁性贫血症,并对这 5 头仔猪测量 Hb 平均值为 70.9 mg/mL,较对照组 88.2 mg/mL,降低 19.61%,较补铁剂 4 个组平均值 110.0 mg/mL,降低 35.55%。

3 仔猪补铁原理研究

3.1 生猪缺铁性贫血临床表现

贫血仔猪可视黏膜(眼黏膜、口腔黏膜)、皮肤苍白,被毛粗糙,食欲减退,精神萎靡,腹泻,生长速度缓慢。重度贫血可出现心率增快、气急,同时并发呼吸道感染,易发生心力衰竭,免疫力下降,易感染发病。

3.2 铁元素与动物健康的关系

铁是动物必需的微量元素之一,约占体重的 0.006%,如 100 kg 猪含铁 6.0 g 左右,动物机体中的铁有 60%~70%存在于血红素中,20%左右与蛋白质结合形成铁蛋白,存在于肝、脾和骨髓中,其余的铁存在于细胞色素酶和多种氧化酶中。由此可见,铁是血红蛋白、肌红蛋白、细胞色素酶等多种氧化酶的重要组成成分,与造血机能、氧的运输、细胞内生物氧化过程及免疫机能有着密切的关系。由于新陈代谢,生猪体内每天损失的铁元素有 0.9~1.1 mg,而每天摄取食物中可以补充体内损失的一部分铁元素。若从食物中摄取的量大于损失的量时,多余的铁元素会被储存在骨髓、肝脏、脾脏中;当体内从食物中摄取铁元素的量小于损失的量时,储存的铁元素就会逐渐消耗减少。如果长时间缺少铁元素,或对铁元素的吸收受到障碍时,体内就难以产生血红蛋白,造成血色素降低,甚至发生缺铁性贫血症。

人体内铁来源于两个方面:一是来源于食物中的铁,如动物的肝脏、肾脏、瘦肉、蛋白、鱼类,植物的豆类、蔬菜、水果,其中无机铁较多。一般每日食物中含铁 10~15 mg,平均吸收率 5%~10%,即每日摄入 0.5~1.5 mg 的铁。二是来源于红细胞破坏释放出来的铁,它的 80%又重新用于血红蛋白的合成,20%贮存起来。因此铁在体内代谢中,可被身体反复利用,排出量很少。

为满足人体对铁元素的正常需要,在日常饮食中可以多吃一些富含铁元素的食物,如菠菜、毛豆、豌豆苗、小白菜、雪里蕻、绿苋菜、芹菜、香椿、豆类、豆制品、动物的肝和肾及蛋黄,吸收并补充体内铁元素。

而动物饲料配方中的饲料原料含铁量少,只有添加铁、钠、钙、磷、硒等微量元素添加剂,来满足动物铁元素等特殊营养的需要。

3.3 初生仔猪严重铁缺乏

由于铁经动物胎盘和乳转给幼畜的量较少,因此在胎儿的肝脏、脾脏中贮备的铁量很少。胎儿出生后由于母乳中含铁量低,所以幼畜缺铁是普遍现象。在各种家畜中,仔猪缺铁最为突出。因为小猪刚生下时,体内大约共有 40 mg 的铁,小猪生长速度快,3 周龄时体重就为初生时的 5 倍;开食又较晚,一只正常的乳猪每天约需 7 mg 的铁,而在初乳中铁的浓度约为 2×10^{-6} ppm,常乳中平均只有 1×10^{-6} ppm,因此小猪每天从母乳中仅能获得铁 1 mg 左右,远远满足不了仔猪生长发育的需要,此时如果将初生仔猪长期饲养在水泥或石板地面猪舍内,又加之仔猪开食较晚,没有机会与土壤接触,得不到铁的自然补充,初生时体内所储存的铁就会在 3～5 d 内耗尽,造成仔猪严重缺铁,发生缺铁性贫血症。仔猪(Hb)80～90 mg/mL 为贫血与正常值临界点,正常值 91～100 mg/mL,较好 101～130 mg/mL,低于 79 mg/mL 以下为贫血症。

在现代养猪业中,由过去的分散饲养逐渐变为集约化饲养,传统的土圈被水泥圈代替,初生仔猪难以从土壤中补充铁元素,导致仔猪普遍存在着不同程度的铁缺乏,使仔猪生长发育受到严重影响,从而增加了养猪的生产成本,降低了经济效益。

3.4 妊娠母猪同样铁缺乏

妊娠母猪不论铁储存的高低,总是无私地向胎儿运送铁,尤在孕晚期输送量增加,体内铁元素减少而铁缺乏。

3.5 解决仔猪铁缺乏的途径

一是对乳猪肌注铁制剂,直接补充仔猪体内铁。二是对妊娠母猪(或哺乳母猪)肌注铁制剂,补充母猪体内铁,提高初乳中铁的含量,通过吸收初乳,间接补充仔猪体内铁。或两种方法结合,补铁效果更佳。

4 试验体会

4.1 试验补铁效果显著

一是增重效果显著:30 日龄补铁剂 4 个组平均值头平增重 5.704 kg,比对照组头平增重 6.571 kg,提高 15.20%,头平增重提高 0.867 kg,补铁剂组平均值日增重 218.3 g,比对照组日增重 190.1 g,提高 14.83%,差异显著。60 日龄补铁剂 4 个组平均值头平增重 18.279 kg,比对照组头平增重 16.580 kg,提高 10.25%,头平增重提高 1.699 kg,补铁剂组平均值日增重 304.7 g,比对照组日增重 276.3 g,提高 10.28%,差异显著,仔猪生长速度加快(表 3,表 4)。30 日龄补铁增重效果好于 60 日龄。

二是仔猪血红蛋白含量增加明显,有效地预防了仔猪缺铁性贫血症:60 日龄 4 个补铁剂组血红蛋白含量平均值为 110.0 mg/mL,比对照组血红蛋白含量 88.2 mg/mL,提高 21.8 mg/mL,提高 24.72%,差异显著。从外表上看,补铁剂组比对照组被毛光滑,体质强壮,整齐度一致,对照组还有 5 头仔猪发生缺铁性贫血症。

上述试验结果与顾小根、朱家新用牲血素与右旋糖酐铁肌注补铁组 45 日龄仔猪日增重 211.1 g 与本试验组 30 日龄仔猪日增重 218.3 g,与杨文刚,盛涛肌注 3 种补铁剂血红蛋白含量试验组 40 日龄比对照组提高 18.5 mg/mL 与本试验组 60 日龄提高 21.8 mg/mL 试验结果接近。

4.2 试验结果分析

试验结果是肌注补铁剂有效地预防缺铁性贫血症,加快仔猪生长速度。因此补铁原理通过试验得到验证。从试验增重、血红蛋白含量增加量，得出补铁试验各组效果最好的排序，依次为：Ⅱ混合组、Ⅳ牲血素组、Ⅲ右旋糖酐铁钴针组、Ⅰ妊娠母猪组。混合组就是妊娠母猪和仔猪都肌注铁剂组。因此笔者建议在仔猪补铁前，提前给妊娠母猪或哺乳母猪补铁，达到最佳补铁效果。

4.3　仔猪补铁注意事项

在试验过程中，给仔猪肌注补铁剂时，补铁剂溢出现象很普遍，因此要多点（1 mL 2 个注射点，2 mL 3 个注射点）注射，并缓慢注入，尽量不溢出，保证补铁效果。或在 7～10 日龄补注 1 次铁剂，以保证仔猪补铁效果。

4.4　加强对仔猪补铁常识宣传

洞口县畜牧水产局每年的科学养猪技术培训班上，都对仔猪补铁常识进行宣传，把仔猪肌注补铁剂提到提高母猪年生产力的一个重要技术路征高度，全县仔猪肌注铁剂推广面已达到 78%。

参考文献

[1] 张金荣.右旋糖酐铁预防仔猪缺铁性贫血的试验[J].上海畜牧兽医通讯，2001(06)：26.

[2] 顾小根，朱家新，陈伟尔，等. 牲血素与右旋糖酐铁的补铁效果对比试验[J].浙江畜牧兽医，1993(04)：11-12.

[3] 杨文刚，盛涛，孙家玉，等. 3 种补铁剂对哺乳仔猪血红蛋白含量及其生长效果的影响[J].动物医学进展，2006(04)：98-100.

[4] 肖和良，肖建龙.母猪年生产力的研究与提高的技术路径[J].基层农技推广，2016(03)：104-105.

饲用枯草芽孢杆菌在养殖业中的应用

戴玉娇[1]　文静[1]　杨力[2]　刘建荣[3]

（1.重庆市潼南县农业委员会，重庆潼南　402660；2.重庆市潼南县塘坝镇畜牧兽医站，重庆潼南　402660；3.重庆市潼南县宝龙镇畜牧兽医站，重庆潼南　402660）

摘要：当前作为绿色饲料添加剂的微生态制剂成为人们研究的重点和热点，乳酸杆菌、双歧杆菌、芽孢杆菌等动物肠道细菌，已被开发制成活菌制剂，但从动物生产和饲料工业角度来评价，芽孢杆菌类具更多优点，因而，其研究和应用也更加广泛。本文主要对枯草芽孢杆菌菌种特性、在动物体内的作用机理及在养殖业上的应用进行综述，以期为生产实践中科学、合理利用枯草芽孢杆菌提供一定的理论依据。

关键词：枯草芽孢杆菌；作用机理；养殖业；应用

微生态制剂是一种活菌制剂，无残留、无抗药性，可改善动物微生态平衡、提高健康水平、促进生长发育、提高生产性能，其应用前景越来越广阔。本文主要对枯草芽孢杆菌菌种特性、在动物体内的作用机理及在养殖业上的应用进行综述。

1　枯草芽孢杆菌菌种特性

枯草芽孢杆菌隶属芽孢杆菌科芽孢杆菌属，是一种可形成芽孢的革兰氏阳性好氧菌，1989年被美国食品与药物管理局，1996年、1999年被我国农业部正式批准使用，其特性有：①耐酸碱、耐盐、耐高温（100℃）、耐挤压、抗逆性好、饲料加工损失小；②小肠内不增值，在肠道上段迅速发展成具有新陈代谢作用的营养型细胞，参与菌群的平衡调节；③提高短链脂肪酸含量，降低肠道 pH 及氨浓度；④繁殖过程中产酸、酶和多种维生素。

2　枯草芽孢杆菌的作用机理

2.1　生物夺氧，促进有益厌氧微生物的生长繁殖

枯草芽孢杆菌为好氧菌，进入动物胃肠道内在增殖过程中消耗大量的游离氧，降低了肠内氧浓度和氧化还原电势，造成厌氧状态，从而改善了乳酸杆菌、双歧杆菌等厌氧菌的生长环境，促进生长繁殖。肠道中原本存在的需氧菌的生长会因缺氧受到抑制，从而提高了动物机体抗病能力，减少了胃肠道疾病发生概率。

2.2　拮抗病原细菌，改善体内外生态环境

动物饲喂枯草芽孢杆菌后，能显著降低肠道大肠杆菌、沙门氏菌等的数量，使机体内的有益菌增加而潜在的致病菌减少，从而净化体内外环境，减少疾病的发生。La Ragione 等通过

给予新生小鸡大肠杆菌 O_{78}：K_{80}后，24 h 经口单次灌喂枯草芽孢杆菌悬液（2.5×10^{8} CFU），结果证明枯草芽孢杆菌明显减少了盲肠中 O_{78}：K_{80}的数量达 3 个数量级以上；2003 年，他再次通过分别对无特定病原的新生小鸡和 20 日龄的仔鸡预先给予肠炎沙门氏菌和产气荚膜梭菌 24 h 后，经口单次灌喂枯草芽孢杆菌菌悬液（1×10^{9} CFU），结果，小鸡粪便中的肠炎沙门氏菌和产气荚膜梭菌数量显著降低，表明添加枯草芽孢杆菌孢子可有效地控制家禽疾病和食源性致病菌。

2.3 增强免疫功能，促进动物抗病能力

枯草芽孢杆菌是非特异性免疫因子，通过细菌本身或细胞壁成分刺激机体免疫系统，提高巨嗜细胞的数量和活性，提高机体免疫力，是良好的免疫刺激剂。Inooka 等研究发现枯草芽孢杆菌饲喂雏鸡后，能增强雏鸡对抗绵羊红细胞的凝集抗体产生。

2.4 产生多种酶类，促进动物肠道发育

芽孢杆菌产生多种动物消化酶是该类制剂促进动物肠道发育、加快营养物质吸收、提高饲料转化效率及动物生产性能的一个重要因素。Sogarrd 等报道枯草芽孢杆菌具有较强的蛋白酶、淀粉酶和脂肪酶活性，同时还具有降解植物饲料中复杂碳水化合物的酶，如果胶、葡聚糖等，其中很多酶是哺乳动物和禽类不具有的。

2.5 产生多种营养物质

芽孢杆菌在动物肠道内生长繁殖，能产生维生素、氨基酸、有机酸、促生长因子等营养物质，参与动物机体新陈代谢，有促进钙磷吸收、抗氧化、促凝血等作用。

3 枯草芽孢杆菌在养殖业中的应用

3.1 在家禽生产上的应用

在家禽日粮中添加枯草芽孢杆菌可促进胃肠道有益微生物的生长，调整胃肠道微生态平衡，提高饲料消化率、机体免疫力，促进生长，改善肉品品质。翟玲研究发现，在日粮中添加枯草芽孢杆菌可使肉鸡空肠内容物中需氧细菌总数和大肠杆菌分别下降 10.94%和 13.20%，芽孢杆菌和乳酸杆菌数量分别提高 10.64%和 14.57%。陆俊贤等报道，在日粮中添加 0.05%的枯草芽孢杆菌，第 4、5、6 周时，肉鸡平均日增重分别较对照组提高 32.4%、22.7%和 32.8%。余东游等研究显示，日粮中添加枯草芽孢杆菌可使肉鸡法氏囊和胸腺指数分别较对照组提高 30.61%和 49.59%，血清中 IgG 含量提高 52.17%。

3.2 在生猪生产中的应用

在仔猪基础日粮中添加枯草芽孢杆菌制剂后可明显提高断奶仔猪的生产性能。Peo 等报道饲喂枯草芽孢杆菌的生长猪，平均日增重提高 6%～7%，饲料转化率提高 3%～4%，表明枯草芽孢杆菌可提高饲料利用率和转化率，促进仔猪生长。

3.3 在反刍动物生产上的应用

枯草芽孢杆菌对反刍动物生产性能的影响报道甚少，但对奶牛的研究较多。在奶牛生产中添加枯草芽孢杆菌制剂能通过生物夺氧扶持瘤胃内厌氧菌生长，维持微生态平衡，减少腹泻，预防疾病。王振华用高产酶活枯草芽孢杆菌 Pab02 饲喂奶牛，结果表明，高产酶活枯草芽

孢杆菌微生态制剂可显著提高产奶量及牛乳中脂肪、蛋白质和非脂固形物的含量，且不同的添加剂量，即不同的活菌数对泌乳量的提高幅度不同，一般最佳活菌数为 200 亿 CFU/(d·头)，且在泌乳初期添加效果较好。

3.4 在水产动物生产中的应用

在水产生产中，枯草芽孢杆菌常被用来对水产养殖环境进行修复，从而达到优化环境、预防疾病和提高生产性能的目的。枯草芽孢杆菌有促生长和提高机体免疫力的作用。林亮等用芽孢杆菌饲喂凡纳滨对虾不仅能提高对虾的消化机能，还能改善其生长性能。谢佳磊等给克氏原螯虾投喂枯草芽孢杆菌发现，从第七天开始，克氏原螯虾血淋巴细胞吞噬活性显著提高，血清溶菌和抗菌活力也明显提高，在停药后仍保持较高水平，血清酚氧化活力也有所增加。

4 小结

综上所述，枯草芽孢杆菌在动物养殖业中的作用机理越来越明晰，其作用效果也逐步得到证实，一般认为枯草芽孢杆菌可提高动物生长性能，改善肠道菌群结构，增强免疫力，净化养殖环境。可见，枯草芽孢杆菌作为新型绿色微生态制剂将会成为科学研究和生产应用的热点。人们也必将享受到越来越安全的美食，其社会意义也必将与经济意义、生态意义实现共赢。

参考文献

[1] 倪学勤，何明清，蔡宝祥. 有益芽孢杆菌受体菌研究[J]. 中国微生物学杂志，2001，3(3)：129-131.

[2] 陆俊贤，龚建森，倪同艳，等. 枯草芽孢杆菌制剂对如皋黄鸡生长性能与屠宰性能的影响[J]. 江苏农业科学，2011(1)：238-239.

[3] 余东游，毛翔飞，秦艳，等. 枯草芽孢杆菌对肉鸡生产性能和免疫功能的影响[J]. 中国畜牧杂志，2010，46(3)：22-25.

2018 第三篇　家畜养殖

第一部分　病例剖析

一起规模养猪场传染性胸膜肺炎的诊治

刘长木

（福建省长泰县动物疫病预防控制站，福建长泰　363900）

摘要：阐述了某养猪场的发病原因，根据发病情况、临床症状、剖检变化及实验室检查，确诊为猪传染性胸膜肺炎；从而提出防治措施，取得良好效果。

关键词：传染性胸膜肺炎；诊断；治疗

猪传染性胸膜肺炎又叫猪接触性胸膜肺炎，是由于猪感染胸膜肺炎放线杆菌而引起的一种呼吸道传染病。猪场一旦暴发此病，传播速度快，发病率可达50%，往往给规模养猪场带来严重影响。2016年4月，笔者接诊一起某规模养猪场传染性胸膜肺炎，现将诊治情况报道如下。

1　发病原因

进入阴雨绵绵的春天，湿度偏高，如果管理不到位，猪舍通风不良，往往导致许多条件菌进一步繁殖，引起疾病。2016年3月底开始一直下雨，且气温比上年同期低，漳州市某养猪场采取了防寒措施，将猪舍卷帘全部放下，通风排气扇关闭。由于空气不流通，导致猪舍氨气浓度很高，猪群处于亚健康状态，病菌趁虚而入。

2　发病情况

2016年4月5日，该场的猪群发生急性传染病。猪场生猪存栏2 571头，其中能繁母猪243头，断奶前仔猪297头，保育猪825头，育肥猪1 206头。该病传播速度快，据畜主称4月3日开始发病，发病当天养猪场4栋育肥猪均出现1～3头的病猪，4月5日发病猪达605头，死亡32头。主要侵害45～70 kg的育肥猪，表现为咳嗽、喘气，耳朵发绀，发烧41℃以上，流脓性鼻涕，个别猪流带血的鼻涕，咳出血。发病初期，畜主以为是感冒发烧，采用青霉素、安乃近及地塞米松等药物肌肉注射，饲料中添加板蓝根、金银花等中药进行治疗，治疗效果不理想，前来我站求诊。

3　临床症状

病猪突然发病，体温升高至41～42℃，心率加快，精神沉郁，采食量下降、严重的食欲废绝，咳嗽、喘气、流鼻涕。背毛粗乱、畏寒、扎堆，不愿意走动，呼吸困难，常站立或犬坐姿势而不愿意卧地。后期病猪皮肤发绀、消瘦、步态不稳，呼吸极度困难，常呆立或呈犬坐式，张口伸舌，咳喘，并有腹式呼吸，最后衰竭死亡。临死前体温下降，严重者从口鼻流出泡沫血性分泌物。

4 剖检变化

随机对 3 头病死猪进行剖检，可见肺肿大，肺叶与胸膜、胸腔壁均有不同程度的粘连，肺脏纤维性渗出，有胶冻样，肺门淋巴结出血，肺呈间质性肺炎外观，其中 1 头病猪肺苍白，切面呈灰白色，且略带黄色；另 2 头的两侧肺部呈紫红色；喉头软骨充血，没有出血点，腹股沟淋巴结肿大，其他脏器没有明显病变。

5 实验室检查

5.1 直接镜检

从支气管、肺脏渗出物涂片，进行革兰氏染色，显微镜检查，可见到多形态的两极浓染的革兰氏阴性小球杆菌或纤细杆菌，无芽孢。

5.2 分离培养

无菌采集肺脏病变渗出物接种到 7%马血巧克力培养基中，置于 37℃培养箱培养 48 h，见琼脂平板上长出圆形隆起，边缘整齐，半透明灰白色菌落。

5.3 生化鉴定

取少量菌落做生化鉴定。选取纯化的菌落进行生化试验，该菌能分解甘露醇，不分解葡萄糖酸盐，对葡萄糖、蔗糖和果糖发酵产酸；尿素酶试验阳性，靛基质、甲基红试验阴性。

5.4 药敏试验

用巧克力培养皿做药敏试验、恒温培养 24 h 后，结果表明：该菌对氟苯尼考、头孢噻呋钠、替米考星高敏，对庆大霉素、强力霉素、磺胺嘧啶中敏，对阿莫西林、青霉素、链霉素不敏感。

6 诊断

根据发病情况、临床症状、剖检变化和实验室检查，确诊该病为猪传染性胸膜肺炎。

7 防治措施

7.1 及时隔离消毒

为避免相互传染，发现患猪应立即隔离饲养；做好卫生清扫和消毒工作，对猪舍及周围环境、饲槽等用具用 0.3%消特灵溶液全面消毒，用 0.05%百菌杀溶液带猪消毒，每天 1 次，连用 5 d。

7.2 加强饲养管理

降低猪舍内氨气的浓度，增大通风量，打开通风排气扇；及时清除粪便，减低氨气浓度；气候温度 15℃以上全部打开卷帘窗，低于 15℃放下卷帘窗，确保保温与通风两不误，以最大限度地减少氨气的浓度。

7.3 全群药物防治

每吨饲料添加复方替米考星 800 mg/kg，氟苯尼考粉 1 000 mg/kg，连续使用 7 d。饮水中添加电解多维 1 000 mg/kg、水溶性黄芪多糖 700 mg/kg，让猪自由饮用 7 d。

7.4 病重个体治疗

20%氟苯尼考注射液 0.1 mL/kg 体重，1 次/d，头孢噻呋钠注射液 2～3 g/kg 体重，2 次/d，连续用 3 d。

采取以上措施后，猪群病情得到有效控制，用药后第 4 d 患猪群病情开始有所好转，患猪体温逐渐恢复正常，腹式呼吸程度减轻，食欲增强，不再出现猪只死亡。第 7 d 全群除少量猪只偶有咳嗽外，其他猪群精神、呼吸、采食均恢复正常。

8 体会

8.1 防重于治

猪传染性胸膜肺炎是由猪感染胸膜肺炎放线杆菌而引起的一种呼吸道传染病。目前已经发现 15 种血清型，采用传统的灭活菌苗预防该病难度大；引进种猪时，要从无病猪场购买，对购入的种猪施行隔离饲养，并做血清学检查，及时淘汰阳性个体。另外，实行小单元或单栋全进全出饲养，对切断传播途径具有重要意义。

8.2 科学管理

猪舍应增加通风量、尽量减少栏舍氨气的浓度。通过改善饲养环境，保持新鲜空气，有利于控制该病。同时强化消毒制度，要定期进行消毒，切断传染源。病死猪不得随意丢弃，应进行统一无害化处理，减少疫病传播。

8.3 迅速诊断

要根据猪传染性胸膜肺炎的流行病学特点，结合临床症状和实验室诊断结果，进行逻辑分析和判断，迅速作出正确的诊断，及时治疗，提高疗效，以免延误最佳治疗时机。

8.4 正确给药

病猪隔离后，应采取全群给药的方法。病症明显的、病情严重的病猪，要采取治疗性注射给药；不能吃料的、能饮水的，以饮水或者灌服给药为主；能吃料的、病情较轻的或者症状不明显的猪群，可采取预防性给药，以拌料给药为主。

参考文献

[1] 蔡宝祥．家畜传染病学[M]．4 版．北京：中国农业出版社，2001：196-198．
[2] 彭天护．一例猪传染性胸膜肺炎的诊治[J]．福建畜牧兽医，2012(4)：50．
[3] 高金贺．猪传染性胸膜肺炎的鉴别诊断[J]．养殖技术顾问，2013(5)：95．

一例猪瘟感染的诊断报告

廖飞* 杨先富 赵孝木 莫兴虎

（黔东南州动物疫病预防控制中心，贵州凯里 556000）

摘要：2016 年 11 月，贵州省某养猪场有 20%左右的猪发病。通过临床病理变化、涂片镜检和实验室实时荧光定量 RT-PCR 检测，结合临床症状及流行病学判定为猪瘟感染。

关键词：猪瘟；荧光定量 RT-PCR

猪瘟(classical swine fever，CSF)是由猪瘟病毒引起猪的一种急性或慢性、热性和高度接触性传染病。该病的特征是发病急、高热稽留和小血管壁变性引起全身各器官的泛发性出血、脾脏梗死。不同年龄、性别、品种的猪、母猪及野猪都易感，一年四季均可发生。临床上较难控制，治疗效果不理想，就算治愈好了，也可能成为带病猪，感染其他健康猪，病死率高。猪场的猪免疫功能下降，疫苗剂量不够，免疫程序不合理等因素都会引发猪瘟。该病遍及世界各地，我国更是严重，多数专家认为造成我国养猪业经济损失最大的单一疾病就是猪瘟，我国几乎所有的猪场都存在猪瘟，造成我国养猪业巨大的经济损失。现将养猪场一例猪瘟的诊断情况报道如下，供参考。

1 发病情况

该养殖场主要以自繁自养为主，每年在春秋两季进行猪瘟、蓝耳、口蹄疫等免疫接种。于 2016 年 11 月 20 日晚上开始发病，至 23 日发病 120 头左右，已经死亡 10 头。从发病初期开始用磺胺类、头孢等抗生素药物治疗效果不佳，仍然有病猪死亡。

2 临床症状

发病猪出现体温身高，体温升高到 40～41℃，食欲下降，有的猪粪便干燥、也有拉稀现象，给退烧药后体温下降，但是停止给药后体温又升高，病猪逐渐消瘦。被毛粗糙，起立采食或饮水时频频咳嗽，并伴有呼吸困难症状。部分仔猪出现共济失调症状。

3 病理变化

对刚死不久的 4 头病死仔猪经剖检：病猪全身内脏器官黏膜浆膜等均有不同程度的出血

* 作者简介：廖飞(1986—)，男，兽医师，硕士，从事动物疫病防控研究。

变化。可见肺间质增宽；脾肿大、出血，部分猪脾梗死；肝脏表面有出血点。其扁桃体坏死，全身淋巴结肿大。

4　实验室诊断

4.1　细菌学诊断

无菌采集的病料进涂片染色观察。采用革兰氏染色方法染色，结果未观察到细菌。将无菌采取的心、肝、脾、肺、血液及淋巴结等病料在肉汤养基接种。于 37℃ 恒温箱内有氧培养 20 h 左右，结果均未观察到细菌生长。

4.2　分子生物学检测

对采集 4 头病死猪肝脏和脾脏 8 份样品采用荧光定量 RT-PCR 方法进行猪瘟及猪繁殖与综合征病毒检测。检测试剂盒购于北京世纪元亨动物防疫技术有限公司。检测结果为：猪繁殖与综合征病毒检测为阴性，8 份样品均出现特异扩增曲线，并且 CT 值小于 30(图 1)，判断为猪瘟阳性。根据临床症状、病理变化和实验室检测结果综合判断，该猪场为猪瘟感染。

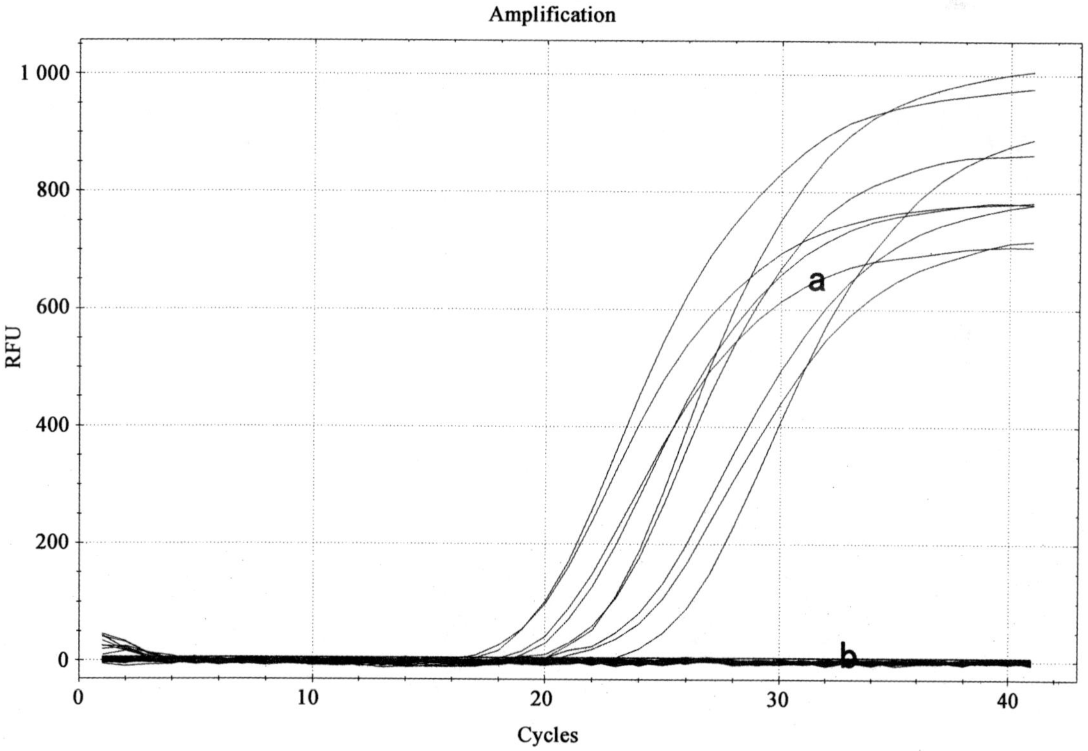

a：阳性对照；b：阴性对照；其他为检测样品

图 1　特异扩增曲线

5 分析与讨论

该场虽然进行了猪瘟免疫，但是也出现大面积的发病。可能的原因有疫苗的保存不当、多种病一起免疫相互影响饲养管理不到位等。因此制订适宜的免疫程序是防控传染病最有效的方法，并且要定期对免疫抗体进行监测，以确保免疫防控效果。目前，本病尚无特效药物治疗。主要采取综合防制措施。最根本的措施是疫苗接种。如果有条件的场可以清除病猪、带毒猪，切断传播途径，此项措施应反复进行，严格实施消毒制度。做好栏圈清洁卫生，保持圈内通风干燥，调整饲养密度减少各种应激，保持圈栏良好的饲养环境，最终在本场达到净化该病的目的。

参考文献

[1] 陈溥言. 兽医传染病学[M]. 5 版. 北京：中国农业出版社，2011.

[2] 史子学，徐兴然，涂长春. 用荧光定量 RT-PCR 方法检测猪瘟病毒[J]. 中国预防兽医学报，2007(29)：467-470.

[3] 蔡宝祥. 当前我国猪瘟防制中存在的问题和对策[J]. 畜牧与兽医，2002(34)：1-4.

药物水杨酸钠与5%碳酸氢钠耳静脉注射治疗猪风湿性后肢瘫痪

王建瑶

（贵州省毕节市种畜场，贵州毕节　551700）

摘要：水杨酸钠是一种解热药，对风湿病疗效较好，结合碳酸氢钠一起，可用于治疗猪风湿性后肢瘫痪。本文记述了水杨酸钠与5%碳酸氢钠耳静脉注射治疗猪风湿性后肢瘫痪的病例。

关键词：水杨酸钠；碳酸氢钠；后肢瘫痪；治疗

该场（原毕节地区种畜场）位于毕节市双山新区梨树镇联合片内，隶属于毕节市畜牧水产局差拔生产事业单位。也是全市唯一通过省级验收授牌种猪生产单位。多年来本场以满足周边种猪需求为主体，多规合一为核心，近年来即（贵州放原生态农业有限公司、地区种畜场规模化养殖场、可乐猪资源保护场）优选优育的种猪生产场。

笔者是本场兽医工作人员，在2015年9月22日早晨9时发现一头母猪后肢瘫痪，无力行走，只能靠前肢拖着后躯步行。经查档案患病猪已产仔四胎，3岁，黄毛，体温、食欲、粪便、尿液均为正常。第一次采用药物镇痛宁（即对乙酰酚基氨）10 mL/支×3支剂量连续2 d，没有好转。第二次，也就是第三天选用水杨酸钠10 mL/支×5支＋碳酸氢钠20 mL/支×2支剂量作耳静脉注射，6 h观察不难发现患病猪后肢开始站立，迈步频率有所改变，做人为辅助提尾能行走10 m左右。跟踪检查治疗，用此药2 d康复痊愈，至今未复发。

体会：猪的风湿性后肢瘫痪，可理解为后寒。由于近月来，雨水较多，污沟受阻，造成污水秽积圈舍，引起潮湿，阴湿。正如《幼幼集成》说："寒风乘虚而入，内伤瘀肾，肾传肝，肝传心，心传脾，脾传肠，蕴蓄其毒，发为后寒，及时发现，即时治疗不能拖延"。护理期间，最好采用有垫料的圈舍隔离饲养，健康并群。

参考文献

[1] 孙侃，张铸基. 水机酸钠与碳酸氢钠配伍的缺点[J]. 天津医药，1964(9).

[2] 廖永江，李先进. 药物结合温灸治疗猪牛后肢瘫痪效果好[J]. 中兽医医药杂志，2004，23(2)：47-47.

浅谈治疗山羊痘病的方法

张建平

（湖北省建始县三里乡畜牧兽医服务中心，湖北建始　445306）

摘要：山羊痘俗称羊天花病，是由痘病毒引发的一种急性热性动物传染病。临床表现以皮肤和黏膜上发生特殊的丘疹和疱疹为主要特征。

关键词：山羊痘；症状；治疗方法

1　病原及其流行

自然情况下该病毒不会感染绵羊和其他家畜。传染源主要是病羊和带毒羊，病毒主要存在于痘疱之中，可通过呼吸道感染。山羊痘是各种家畜痘病中最为严重和难以治疗的畜禽传染病之一，呈地方性流行或广泛流行之特点。

2　临床症状

分暴发型和迟缓型两种。

2.1　暴发型

潜伏期4～6 d，病初患畜体温高达41～42℃，突然不食，在皮肤少毛处和无毛处出现绿豆或豌豆大小的充血斑点，一天过后由斑点变为碍手痘疹（即灰白色扁平、中央凹陷的多室水泡），第三天化脓，若不及时治疗或治疗不当，脓疱中坏死杆菌继发感染时，可深达皮下或肌肉，形成坏疽性溃疡，发出恶臭气味，此为恶性经过，病死率可达17%～50%。羔羊可发生眼结膜、内脏器官的痘疱，并可继发肺炎、胃肠炎、脓血症，此期治愈率极差，死亡率占60%～65%，死亡时在5 d左右。

2.2　迟缓型

潜伏期6～7 d，病羊出现精神沉郁、少食，无毛或少毛处有多室性水泡凹陷，体温下降，此期称为水泡期。水泡很快化脓，形成脐状，此期为化脓期，同时体温升高。此时治疗若得当，脓液渐渐干涸，形成黄褐色结痂，治疗8 d左右，痂皮脱落，留有嫩白色瘢痕，也有3～4周后痊愈者。

3　病理剖检特点

尸检死亡羊只，可见瘤胃、皱胃黏膜附着大面积圆形、椭圆形或半球形白色坚实结节，呈单个或融合存在，严重时形成糜烂或溃疡。口腔、舌面、咽喉部、肺表面、肠浆膜层亦有痘疹，肺部还可见干酪样结节和卡他性肺炎。

4 治疗方法

防治本病应采用综合措施

(1)无论发病与否，平时都应该以预防为主。正常羊群每年早春时均要用羊痘弱毒冻干苗进行一次免疫，可获一年坚强免疫力。

(2)如群中发现少数羊只发病，应反应敏捷，立即隔离患病羊只，并兼做消毒与治疗，对未发病羊群即可采用紧急专用疫苗进行免疫。同时第一时间报告检疫部门(兽医卫生监督部门)实施封锁传染源等应急措施。运用2%苛性碱，或2%福尔马林，或30%草木灰，或10%～20%石灰乳，或2%有效氯的漂白粉溶液等消毒剂进行圈舍场地消毒。

(3)西药治疗：当以清热解毒、消炎、强心为治疗原则(如银黄针剂、板蓝根针剂、人用肌苷针剂、青霉素等)，禁用安乃近、氨基比林、安痛定等类药物。

(4)中药治疗：以清瘟、败毒、祛湿、消斑，提高抵抗力为治疗原则。

5 用药分析

复胃病畜，用药时要以中药治疗为主，施以西药压其暴势为辅，方中以连翘、二花、贯仲、板蓝根、土茯苓、百花蛇草为君药，清热解毒，除时疫，消硬结；以党参、茯苓、白术、柏仁、枣仁为臣药，扶正祛邪、健脾渗湿、强心；以红花、滑石、萹蓄为佐药，活血祛瘀、祛湿排浊；以菊花、神曲、麦芽、枳实为使药，引药入肝，因为肝脏乃解毒、抗时疫之屏障，而神曲、麦芽、枳实三味又能开脾健胃、补充后天之源，弥补过多使用西药青霉素而损伤心肌、造成厌食的副作用。

6 鉴别诊断

本病当与口蹄疫、口疮病鉴别治疗。

6.1 与口蹄疫鉴别要点

相同处在于体温都在41～42℃、精神沉郁、口腔、舌面糜烂溃疡、;不同处在于口蹄疫病口腔糜烂、溃疡，舌根部有黄豆大小水泡，但肺部无干酪样结节和卡他性肺炎，其重点是蹄叉和趾间有水泡和分泌物，且跛行，而羊痘病则无。

6.2 与口疮病的鉴别

相同处在于口唇、舌面都有痘疮，体温都很高。不同处在于口疮病的痘疹主要表现在下唇，其次，舌面痘疹大如蚕豆，小如豌豆，但皮肤无毛处和少毛处绝无痘疮，内脏解剖病变也有很大区别。

7 体会与讨论

(1)山羊痘活疫苗刺激机体产生抗体快,4～6 d获得坚强免疫力,紧急预防接种效果好,是预防控制山羊痘病的主要技术措施。

(2)山羊痘苗注射部位要求严格,必须是皮内注射,注射部位不准确会影响防疫效果。临床上一般选择尾根腹面皮内注射,操作简便,效果确实。

(3)本病死亡一般由于继发感染造成,因而运用抗菌药治疗是保证治疗效果、挽救病羊,减少死亡率的关键措施。

(4)发生本病后要早发现、早确诊、早处置,以避免疫病蔓延扩散。

(5)经查本次疫情的发生,由于新买进羊带入,所以凡是新调羊都要严格执行隔离饲养措施,按有关规定确认健康后才能混群饲养。调羊时还要详细了解调出地动物疫病流行情况,以制定必要的防疫措施。

(6)诊断本病时应注意与羊传染性脓疱病和口蹄疫区别,羊传染性脓疱病病变多出现在口角和口腔黏膜,蹄部和其他部位较少,虽然也有水泡、脓疱,但不会有坚实的丘疹,并多取良性经过;口蹄疫的发生则不仅限于山羊、绵羊,它会波及猪、牛、羊等所有偶蹄兽,有水泡、脓疱,体温升高,但不会出现丘疹。临床上要加以注意。

(7)本病主要通过呼吸道感染,同时病毒也通过损伤的皮肤或黏膜侵入机体。饲养管理人员、护理用具、皮毛产品、饲料、垫草和外寄生虫等都可成为传播的媒介。在制定防控措施时要十分注意,以保证迅速切断传播途径,迅速控制疫情。

(8)自然情况下,羔羊较老龄羊敏感,症状较重,死亡率也较高。在发病数量多的情况下,对发病羊的治疗也应重点观察羔羊情况,及时救治,减少死亡。

(9)本病主要在冬季流行,气候严寒、雨雪、霜冻、枯草和饲养管理不良等因素都可促使发病和加重。所以在发生本病后要注意给病羊保暖,并加强营养、给以良好护理,以缩短病程,提高治愈率。

猪白肌病普查及其诊治报告

刘建华[1]　唐永勇[2]　胡建强[3]　雷金虎[1]　肖和良[4]

（1.湖南省洞口县石江镇动物防疫站，湖南邵阳　422300；2.湖南省洞口县山门镇动物防疫站，湖南邵阳　422300；3.湖南省洞口县石柱乡动物防疫站，湖南邵阳　422300；4.湖南省洞口县畜牧水产局，湖南邵阳　422300）

摘要：猪白肌病是严重缺硒和维生素E引起的可急性死亡的营养代谢性疾病。笔者对湖南省洞口县猪白肌病的普查以及对广东惠州市㴝水猪的抽样调查，通过白肌病的普查结果和对白肌病典型病例的分析，总结白肌病的诊断和防治方法，减少白肌病对养猪业的经济损失，提供指导和参考意见。

关键词：生猪；白肌病；普查；病例；诊断；防治

1　洞口县猪白肌病普查成果

1.1　第一次普查情况

1990年洞口县第一次动物疫病普查，其中猪白肌病普查结果是：1975—1990年发病猪13 590头，发病率0.18%，死亡猪1 031头，死亡率7.59%。占猪疫病发病总数259 208头的5.24%，占猪疫病死亡总数16 088头的6.40%。在发病猪中：小猪10 627头占78.2%，中、大猪2 963头占21.8%。在死亡猪中：小猪728头占70.6%，中、大猪303头占29.4%。在15个乡镇115个村1 197个养猪户中发病。

1.2　第二次普查情况

2014年洞口县第二次动物疫病普查，其中猪白肌病普查结果是：1991—2014年发病猪26 962头，发病率0.20%，死亡猪2 152头，死亡率7.98%。占猪疫病发病总数505 377头的5.34%，占猪疫病死亡总数59 228头的3.63%。在发病猪中：小猪18 685头占69.3%，中、大猪8 277头，占30.7%。在死亡猪中：小猪1 416头占65.8%，中、大猪736头占34.2%。在17个乡镇183个村1 786个养猪户中发病。

1.3　二次普查总结

猪白肌病普查结果是：1975—2014年发病猪40 552头，发病率0.19%，死亡猪3 183头，死亡率7.85%。占猪疫病发病总数764 585头的5.30%，占猪的疫病死亡总数75 316头的4.87%。在发病猪中：小猪29 312头占69.3%，中、大猪11 240头占30.7%。在死亡猪中：小猪2 144头占67.3%，中、大猪1 039头占32.7%。在17个乡镇212个村2 983个养猪户中发病。此病乡镇覆盖率73.9%，村覆盖率37.5%。

2 猪白肌病典型病例记录

(1)在 1978 年 3 月,洞口县洞口镇大田村林某家,饲养生猪 102 头,发生白肌病猪 21 头,死亡 3 头。发病率 20.59%,死亡率 14.3%。

(2)在 1998 年 6 月,洞口县商业良种猪场职工米某,饲养生猪 216 头,发生白肌病猪 46 头,死亡 5 头。发病率 21.30%,死亡率 10.9%。

(3)在 2001 年 5 月,洞口县监狱(县武警中队),饲养生猪 91 头,全部吃剩饭剩菜、潲水(简称为潲水猪,下同)。发生白肌病猪 39 头,死亡 9 头。发病率 42.86%,死亡率 23.08%。

(4)在 2003 年 4 月,洞口县洞口镇竹山村肖某家,饲养生猪 158 头,全部为吃潲水猪。发生白肌病猪 51 头,死亡 11 头。发病率 32.28%,死亡率 21.57%。

(5)在 2006 年 10 月,洞口县水东乡水东村 8 组陈某家,饲养生猪 49 头,发生白肌病猪 42 头,死亡 1 头。发病率 85.71%,死亡率 2.38%。陈的儿子是深圳市技术质量监督局副处长,他联系到洞口县副县长王建华,说是他家的猪跛脚了,不怎么吃食了,要求专家去诊断。王县长电话给洞口县畜牧水产局的总畜牧师。10 月 12 日县局总畜牧师和水东乡动物防疫站 3 个防疫员到陈家诊断:有 8 头猪表现精神不振,行走时步样强拘、发抖,站立困难,常呈前肢跪下或犬坐姿势,吃食减少,皮肤和眼黏膜苍白,为发病猪,测量这 8 头体温平均 38.9℃,不表现症状的猪体温正常,诊断为猪白肌病。陈家的猪在 80～120 斤,所以给发病猪用亚硒酸钠维生素 E 注射液每头肌注 5～6 mL,每天一次,3 次以上。5 d 后(10 月 17 日)陈的儿子直接打电话给总畜牧师说:他家今天死了 1 头猪了,他从杂志报纸看到,四川内江、资阳两地区发生猪链球菌病,不但死了猪,还死了人,他家的猪也跛脚和那报道的猪症状相同,若是的话,将猪全部处理掉,这些损失我还负担得起。接到电话后县局总畜牧师领队,出动 2 个车,8 个局技术骨干(县动物卫生监督所正、副所长、县局畜牧股股长等),加上水东乡动物防疫站 3 个防疫员共 12 人第二次到陈家诊断疫病,并将死猪(120 斤左右)进行解剖:死猪的膀胱破裂,腹腔充满尿液。死猪的脚关节没有肿胀,关节也就没有水肿液和肿硬块,这些猪链球菌的剖解变化,排除猪链球菌的可能。但发病猪增加到 41 头,经体温测量正常,跛脚的症状明显。死猪是因膀胱破裂、腹腔尿液感染致死。由此诊断此病为猪白肌病。经调查这次猪白肌病是由于用了不合格饲料引起的。

仍坚持第一次治疗方案:用亚硒酸钠维生素 E 注射液每头肌注 5～6 mL,每天一次,3 次以上。将原猪饲料换掉,用正规厂家饲料。

一周后,42 头发病猪全部治愈,仅死亡 1 头。发病率 87.8%,死亡率 2.3%。

经调查,陈家所用的饲料是贵州一团伙非法销售的预混料。第二天发动全县进行调查,证实是 2006 年 7～9 月有 12 个贵州人成队结伙,走村串户,在洞口县的岩山、水东、石江、山门、石柱 5 个乡镇非法销售三无(无厂址、无批准文号、无生产日期)的预混料。还在石江镇设立一个经营部,原放有 6 t 多预混料。用了此预混料有 362 个养猪户,有 69 户发生猪白肌病,饲养生猪 469 头,发病猪 148 头,死亡 13 头。发病率达 31.6%,死亡率达 8.8%。由于没引起养猪户重视,没有报案,到 9 月底时此团伙已解散,石江经营店也没有饲料了。后只能将养猪户家的此饲料共 125 包(20 kg 每包)予以深埋处理。

(6)在 2013 年 4 月,洞口县洞口镇大胜村林少许(原村长)到县畜牧水产局咨询:说他近

2年来，不知原因，看不出什么症状就陆续死亡了20多头大、中猪，没发烧，也没减食，好好的就死了。畜牧局专家答复：你这个情况不好诊断，下次有病猪情况报告局里。2个月后1个早晨7点，他直接打电话给局总畜牧师，说是有2头大猪，不动不吃，与前次发病情况相同。县局组织3个技术骨干到现场诊断：2头发病猪，分别重210斤和250斤，跛脚站不起，体温正常，体表正常。测量了它的2栏同栏猪7头也体温正常，体表正常。诊断为猪白肌病，用亚硒酸钠维生素E注射液每头肌注8～10 mL，每天一次，3次以上。5 d后治愈。

(7)笔者刘建华、雷金虎2002年6月，应邀到广东惠州市河南岸，为朋友猪场看猪病。是湖南省洞口县和武岗市设在这里猪场156家，从湖南调15～40 kg中、小猪，育肥成大猪。每个猪场饲养数量在100～300头不等。其中有一半多是喂潲水猪场。笔者因朋友猪场发生严重白肌病，而调查了其中69个猪场近一年发生白肌病情况，情况如下：有45个猪场是喂潲水，饲养生猪6 928头，猪白肌病发病猪2 203头，发病率31.8%，死亡453头，死亡率20.6%。而且发病猪中：中、大猪占58.3%，死亡猪中：中、大猪占46.1%。

3　猪白肌病经典诊断

3.1　发病与流行特点

以20日龄到3月龄仔猪幼猪发病为多见，多于3～4月份发病，常呈地方性发生。

3.2　临床特征

其共同症状有运动机能障碍(喜卧、起立困难、跛行、四肢麻痹)；心力衰竭(心跳加快，呼吸不匀、频数)；消化机能紊乱、腹泻；贫血、黄染、生长缓慢等全身症状，严重的有渗出性物质(由于毛细血管松弛、变性，色淡，似煮肉样，呈灰黄色，黄白色的点状、条状、片状不等。心脏横径增大，似球形。细胞变性、坏死，通透性增强，造成胸、腹腔和皮下等处水肿)。本病可区分为急性型和亚急性型两种。

3.2.1　急性型

发病率约占20%。病猪往往没有任何症状而突然倒地鸣叫几声死亡；有的呈现兴奋不安，心跳增速，节律不齐，呼吸困难，往往流出含泡沫或带血色的鼻液。经10～30 min而死亡。

3.2.2　亚急性型

病程一般在1周左右，个别病猪可持续1个多月。病猪精神沉郁，运动障碍。初期，喜卧，站立时弓背，肌肉震颤，特别是后肢明显，强迫行走，背腰发硬，左右摇晃，步幅短而呈痛苦状，有时两前肢跪地移动。后期，后肢多不能站立，臀部肌肉隆起，触之感觉肌肉发硬，心跳增速，节律不齐，呼吸加快，体温一般正常，最后由于心脏衰竭而死亡。

3.3　剖检病理变化

死猪剖检，可以见骨骼肌、心肌变性坏死为主。特别是咬肌、背最长肌、胸肌及四肢肌肉出现连片或局灶性坏死，肌肉松弛，颜色变淡，呈灰白色条状。左心室扩张，心室壁变薄，心内膜上有淡灰色或淡白色斑点，心肌明显坏死，右心室肌肉萎缩，心内外膜有斑点状出血。肝脏瘀血，呈淡褐色或淡灰黄色，切面肝小叶外周苍白中央褐红，常发现针头大点状坏死灶和弥漫性出血。肌肉颜色比正常的发淡，像煮过的肉一样发污灰红色。

4 鉴别诊断

4.1 猪白肌病与猪增生性回肠炎的区别

共同点是病猪体表苍白,无尸斑(无紫块,肿块等)。不同点是:猪白肌病不是传染病,其体温正常,有跛脚现象,是严重缺硒和维生素 E 引起的代谢性营养病,且猪增生性回肠炎有大量血便好与猪白肌病区别。

4.2 猪白肌病与猪链球菌的区别

共同点是病猪跛脚。不同点是:猪白肌病是严重缺硒和维生素 E 引起的代谢性营养病引起的跛脚,不是传染病,其体温正常。而猪链球菌是传染病,体温升高,链球菌毒素引起四肢关节肿胀,跛行,关节肿胀产生一定量的水肿液,慢性症状的四肢关节有软或硬的肿块,而出现跛脚现象。

5 防治方案

(1)用亚硒酸钠维生素 E 注射液每头肌注 2～10 mL(每 20～40 kg 2 mL),每天一次,3 次以上。

(2)用正规厂家饲料,加强对饲料质量的监督管理。

(3)禁用潲水猪。

6 总结

(1)洞口县猪白肌病普查结果分析:1975—2014 年此病发病猪 40 552 头,死亡猪 3 183 头,发病率 0.19%,死亡率 7.85%。占猪疫病发病数的 5.30%,占猪的疫病死亡总数的 4.87%。在 17 个乡镇 212 个村 2 983 个养猪户中发病。此病乡镇覆盖率 73.9%,村覆盖率 37.5%。普查表明,洞口县各种猪病危害大小次序为:高致病性猪蓝耳病、猪口蹄疫、猪瘟、猪肺疫、仔猪黄白痢、猪伪狂犬病、猪白肌病、猪链球菌、猪丹毒。猪白肌病排第七名。说明猪白肌病对养猪业危害也是很大的。

(2)猪白肌病典型病例分析:前三例吃潲水猪病例,其白肌病的发病率高达 31.9%、死亡率达 20.6%,较白肌病普通病例(前 2 例)发病率 21.1%、死亡率 11.9%,分别高 10.8、8.7 个百分点。较白肌病普查的发病率 0.2%、死亡率 7.9%,分别高 31.7、12.7 个百分点。通过百度搜索,对潲水猪发生严重的白肌病的报道没有,本论文为国内第一例。

对潲水猪的危害描述很多:①潲水营养丰富,适宜各种病原微生物及蝇虫生长繁殖,其中含有沙门氏菌、金黄色葡萄球菌、结核杆菌,容易发生这些疫病等。可使猪感染蛔虫病、肉孢子虫病、钩虫病、绦虫病等发生这些寄生虫病。病菌通过“潲水猪肉”侵入人体,易引发重大动物疫病和人畜共患病。也没有描述潲水猪容易发生白肌病。猪食用缺硒的潲水发生猪白肌病,人长期食用潲水猪肉也会造成人体缺硒,发生人的缺硒疾病,笔者这个论述也是国内首次提出。这个问题要引起人们的高度重视。②潲水猪长期食用高脂肪、油腻的物质,极易形成脂肪肝。使肉质肥腻,体内饱和脂肪酸大量积蓄,人类长期食用潲水猪肉产品后,易使人体肥胖,血脂和胆固醇升高,不利于人体健康。凭直观可鉴别潲水猪:潲水猪活猪,全身特别脏,毛上油脂过重,宰杀后的潲水猪,膘厚瘦肉少,肉特别细嫩,看起来肿泡泡的,像注了水似的。③餐馆中的洗涤剂(含磷、铅、汞等)被混入潲水,这样的潲水被猪食用后,沉积猪体,就会造成猪肉洗涤剂(含磷、铅、汞等重金属超标。④潲水猪体内的黄曲霉毒素 B_1 黄曲霉毒素 M1 超标,人吃了这样的猪肉后,黄曲霉毒素会在人体内蓄积,对人体产生危害。⑤腐烂变质的蔬菜,会产生亚硝酸盐,猪食用后可能导致亚硝酸盐中毒,潲水中食盐超标,也可导致食盐中毒。

鉴于潲水猪的危害,远远大于节约潲水资源和开辟饲料资源的好处,人体健康永远第一,各地相继出台了一些法规禁止潲水喂猪。北京、上海、青岛、广州、济南、重庆等城市都禁止潲水猪了,建议制订全国统一的禁止潲水猪法规和实施细则。喂潲水猪的群体有工厂、学校、监狱、部队的食堂以及专门到饭店酒家收集潲水的养猪户。据报道,重庆市主城潲水猪占 8%,其中南岸区潲水猪达 58%。全国潲水猪比例达到 12%。在全国统一禁止潲水猪前,宣传潲水猪危害以及降低潲水的用量减少危害的方法,建议潲水用量比例控制在 15%以内,可大大减少猪白肌病等疫病的发生,还可对潲水进行去水和煮沸工艺,减少洗涤剂中的磷、铅、汞重金属含量、潲水食盐含量,杀灭潲水中大部分细菌和寄生虫,将潲水猪的危害降到最低。

(3)中、大猪以及潲水猪发生白肌病原因分析。调查表明,人民公社时期(1984 年前),饲养的都是地方品种猪,猪的生长期在 12~15 个月之间,才 120~150 斤,生长缓慢,发生白肌病的很少,不到现在的 60%(没有准确数据,需另做样本调查)。现在饲养 100 头以上养猪户,饲养的猪是瘦肉型猪,且 80%都是国外品种,为长白、大约克、杜洛克。生长期在 6~8 个月之间,不到地方品种生长期的一半,所以发生白肌病较多。笔者认为:主要是生长育肥猪快速生长,所需的营养特别是微量元素、维生素需要也提高,现在的国标可能已达不到它的营养需要,是造成白肌病发病率高的主要原因。需要畜牧科研院校对白肌病发病原理成立课题组,并对生猪进行饲养试验,研究修订新的饲养标准,减少白肌病的发病率。

(4)猪白肌病发病与流行特点分析:发生有很大变化。经典说法是:以 20 日龄到 3 月龄仔猪幼猪发病为多见,中、大猪很少发病或死亡,很少报道中、大猪发病死亡,大都称仔猪白肌病。多于 3~4 月份发病,常呈地方性发生。在洞口县此病中、大猪发病数占到 30.7%。死亡猪占到 32.7%,经百度搜索,在中国猪白肌病其中大猪白肌病发病率和死亡率最高的报道,本论文也是国内第一例。另发病不分季节和高发地区。因此加强猪白肌病的预防和早期诊断治疗很重要,如用正规厂家饲料,禁用潲水喂猪,及时诊断及时肌注亚硒酸钠维生素 E 注射液进行预防和治疗。

(5)剖检病理变化分析:由于诊断的死亡猪都是急性死亡,体表表现不明显,眼观体表皮肤、眼黏膜、肌肉苍白或稍苍白。很难观察到:肌肉和心肌变性坏死,肌肉颜色比正常的发淡,像煮过的肉一样发污灰红色的现象。

参考文献

[1] 庄建明.仔猪白肌病的诊断及防治[J].畜牧兽医科技信息,2013(09):74.
[2] 王魁成.猪白肌病的防治[J].中国畜禽种业,2012(02):62.
[3] 戴海兵.猪白肌病的诊疗技术[J].畜牧兽医科技信息,2011(06):56.

[4] 陈丽娟.猪白肌病诊疗技术与体会[J].养殖与饲料,2011(01):17.
[5] 邓昉,朱光军.哺乳仔猪白肌病的防治[J].中国畜牧兽医文摘,2011(05):159.
[6] 姜澜.浅谈“泔水猪”的危害及对策[J].畜禽业,2009(05):28-30.
[7] 刘如伟.临汾市“泔水猪”存在的现状及危害与对策[J].养殖技术顾问,2010(05):215-217.
[8] 牛纪元.废除“泔水喂猪”法律限制势在必行[J].中国动物检疫,2011(12):6-9.

中草药制剂治疗肉牛运输应激综合征(TSSBC)初报

许志军[1]　郭武[2]　肖和良[3]

(1.湖南省洞口县高沙镇动物防疫站,湖南邵阳　422300;
2.湖南省洞口县山门镇动物防疫站,湖南邵阳　422300;
3.湖南省洞口县畜牧水产局,湖南邵阳　422300)

摘要:肉牛运输应激综合征(TSSBC)是养牛生产中一个大难题。本文通过大黄粉、大青叶、蒲公英、青蒿、连翘、黄芩、黄芪、苍术等中草药组方治疗肉牛运输应激综合征病牛,治愈率达94.6%。从组方设计、治疗方案、治疗病例分析病因和解决肉牛运输应激综合征这个难题。

关键词:肉牛运输应激综合征(TSSBC);中草药制剂;治疗方案;效果

1　肉牛运输应激综合征(TSSBC)概念

肉牛运输应激综合征(TSSBC)俗称"烂肺病":因长途贩运所致的多种应激原导致机体抵抗力下降,致使各种病原趁虚而入,引起呼吸道、消化道、乃至全身病理性反应的综合症候群。TSSBC的病理生理:热、冷、风、雨、饥、渴、挤压、惊吓、颠簸、合群、调料、体力耗费、环境改变、潜在疾病等应激因子在长途转运中集中体现。导致机体抵抗力下降,生物因子(如支原体等病原感染)趁虚而入,导致体温升高-呼吸道感染(咳、喘、清至脓鼻涕、烂肺)-消化道感染(食少、拉稀、便血、鼓气、胃肠黏膜水肿脱落)-虚脱、衰竭而死。

2　治疗肉牛运输应激综合征必要性

2.1　到外省调运商品黄牛只增不减

牛肉高蛋白低脂肪,黄牛肉质较水牛肉质好,价格高,近三年黄牛肉价在35～38元/斤,毛重价13.2～13.8元/斤,且价格稳定,较近三年猪肉平均价10元/斤高3倍以上。据对牛肉价格和销售价格观察:以1头800斤杂交黄牛为例:屠宰率45%则胴体重:800斤×45%=360斤,减去骨头和肌间脂肪60斤,牛肉为300斤,出肉率37.5%。则牛肉:300斤肉×35元/斤=10 500元(2015年牛肉价35元/斤,2014年最高价时38元/斤),牛杂:头100元,牛皮450元,牛肚320元,牛鞭60元,牛心70元,牛杂小计1 000元,合计11 500元。毛重价只13.2元/斤(2015年价,2014年最高价时13.8元/斤)×800斤=10 560元。11 500÷800斤=

14.375元/斤。11 500－10 560＝940(元/头),则屠商利润:940元/头。养殖黄牛效益好,因此到外省调运商品黄牛只增不减。

2.2 对北方引进牛和南方引进牛适应性研究

据对洞口县2013—2014年调进的北方牛和南方牛,在引进前后20 d内,牛的发病、死亡情况进行统计,到贵州共调运18批次668头牛,发病11头,发病率1.6%,死亡2头,死亡率0.3%。2013—2015年到北方调运牛14批次452头,在引进前后20 d内,发病116头,发病率25.6%,死亡78头,死亡率17.3%,治疗药费达5万元以上,死亡损失高达51万元以上。北方牛较南方牛发病率高24.0%,死亡率高17.0%。

2.3 贩运应激治疗后遗症严重

2015年10月下旬在洞口县天兴牧业有限公司月溪乡禾力村养牛场,治疗牛瘤胃臌气病时发现贩运应激治疗后遗症严重。牛瘤胃臌气病本来是一种常见病,非正常发病是由贩运应激治疗后遗症发生牛急性瘤胃臌气病,用大量抗菌药物杀灭病菌的同时,也杀灭草食动物瘤胃中有益微生物,造成瘤胃发酵产气过多,消化不良,反刍和嗳气停止,因此治疗贩运应激感冒和腹泻时,建议多用一些药性缓慢的药物,如中药制剂鱼腥草、柴胡、黄芪多糖等,减少对瘤胃中有益微生物的损害,能减少非正常发病牛瘤胃臌气病的概率。用大量抗菌药物治疗贩运应激造成有益微生物减少,胃肠中有益和有害微生物动态平衡失调,继发各种疫病,身体健康难以恢复,急性牛瘤胃臌气病只是贩运应激治疗后遗症一种。因此彻底解决肉牛运输应激综合征(TSSBC),成为养牛生产中一个大难题和技术研究的一大课题。

3 中草药制剂治疗肉牛运输应激综合征设计

3.1 治疗生猪高致病性蓝耳病中草药组方

大黄粉30 g,大青叶30 g,蒲公英30 g,青蒿20 g,连翘20 g,栀子20 g,千里光30 g,生石膏50 g,黄芩30 g,黄芪30 g。为1头50 kg重生猪用量。

3.2 治疗猪消化不良的中药方健胃散

小苏打、苍术各50 g,干姜10 g,龙胆草、陈皮各30 g,研为细末,饲料中添加0.4%,经常喂服,具有健胃消食作用,用于食欲不振、消化不良。

3.3 中草药组方治疗肉牛运输应激综合征设计

笔者2008年以来,参加洞口县中草药组方治疗高致病性猪蓝耳病工作,其病初高烧不退,呼吸紧张,部分腹泻,病中、后期小肠、结肠粪便干结成块,排不出粪便,以大黄粉泻下药为主,抗菌为辅中草药组方,治疗效果达95%。在治疗牛急性瘤胃臌气病例中,解剖死亡病例牛,发现2例牛肠道中粪便也干结成块状,排粪困难,这是因为贩运牛病初腹泻严重,用大量抗生素止泻造成粪便干结,消化不良,嗳气和反刍停止,发生急性瘤胃臌气死亡,与猪蓝耳病症状有粪便干结相同之处。结合中草药治疗猪蓝耳病经验,制定中草药组方治疗肉牛运输应激综合征病牛,在治疗猪蓝耳病中草药组方基础上,增加了健胃散中苍术、陈皮二味中草药,另考虑大黄泻下药泻下排空粪便,造成机体脱水,配以输液辅助疗法,用生理盐水加鱼腥草注射液,加ATP,增加抗菌功效,防止脱水和增加能量,达到治愈肉牛运输应激综合征病牛目的。

4 中草药制剂治疗肉牛运输应激综合征方案

4.1 治疗肉牛运输应激综合征中草药组方

大黄粉 180 g,大青叶 180 g,蒲公英 180 g,青蒿 120 g,连翘 120 g,栀子 120 g,千里光 180 g,生石膏 200 g,黄芩 180 g,黄芪 180 g,苍术 150 g,陈皮 120 g。为 1 头 300 kg 重牛用量,每天 1 剂,连用 3~5 剂,一周 1 个疗程,没治愈第 2 个疗程每天 1 剂,再连用 3 剂以上。

4.2 输液配合疗法

静脉注射:5%生理盐水 1 500~2 000 mL+鱼腥草注射液 50 mL+ATP 注射液 3~4 支(三磷酸腺苷二钠注射液 20 mg/支),第 1 天 2 次,第 2~3 天每天 1 次,辅助抗菌、防止腹泻脱水和补充能量。

4.3 中草药组方用法

大黄粉用开水 200 mL 浸泡 30 min,后取其浸出液,大青叶、蒲公英、青蒿等用水约 1 000 mL 煎汁候温,取其汁与大黄浸出液混合给牛灌服。

5 治疗效果和诊疗体会

5.1 治疗实例和效果

用上述中草药组方以及输液配合疗法治疗肉牛运输应激综合征病牛,2015 年 10 月下旬在洞口县天兴牧业有限公司月溪乡禾力村养牛场,治疗从吉林调进黄牛 22 头(这批调入 30 头)病牛,治愈 20 头,治愈率 90.9%;2016 年 3 月上旬在洞口县合丰牧业养殖专业合作社又兰镇四合村村园艺场养牛场,治疗从贵州遵义调进的 6 头杂交黄牛(这批调入 31 头)病牛,治愈 6 头,治愈率 100%;2016 年 3 月下旬在洞口县大山岭畜牧养殖专业合作社黄桥镇邻江村养牛场,治疗从贵州凯里调进的 9 头杂交黄牛(这批调入 38 头)病牛,治愈 9 头,治愈率 100%.合计治疗 37 头,治愈 35 头,治愈率 94.6%。在 7~10 d治愈的 23 头,占治愈 35 头的 65.7%,11~20 d 治愈的 12 头,占治愈 35 头的 34.3%;在贵州调运治疗的 15 头全部 7~10 d 治愈,在吉林调运治疗的 22 头,有 8 头在 7~10 d 治愈,有 12 头在 11~20 d 治愈。说明调运距离越远,调运时间越长,治疗肉牛运输应激综合征病牛治愈效果下降。

5.2 诊疗体会

笔者根据中草药治疗猪蓝耳病经验,在治疗猪蓝耳病中草药组方基础上,增加了健胃散中苍术、陈皮二味中草药,配有输液辅助疗法,用生理盐水加鱼腥草注射液,加 ATP,增加抗菌功效,防止脱水和增加能量。在此治疗基础上,进一步完善本中草药组方和试验,如考虑此组方要进行治疗第二个疗程,是因为病牛病情重(贩运时间长 40 h 以上),治疗时间长造成有益微生物减少,胃肠中有益和有害微生物动态平衡失调,继发各种疫病,身体健康难以恢复的原因。如治疗吉林调运牛在第二疗程中死亡 2 头牛。

另设计:第一疗程结束后第 8 天,给牛灌服:健康牛粪 200 g+水 100 mL,再静脉注射 5%葡萄糖 1 000~1 500 mL,每天 1 次,连续 3 d,第 11 d 才用中草药制剂治疗肉牛运输应激综合征方案。这样增加消化道中有益微生物(接种)和营养,增强治疗效果,特别是病情重的治疗效果。

6 讨论

杨高丰,韩瑾瑾等对 18 头健康西门塔尔杂交肉牛(♂)随机分为 3 组,每组 6 头,试验组Ⅰ灌服参苓白术散,试验组Ⅱ灌服四逆散和对照组,并分别于给药前、给药后以及运输前后不同时间,进行激素、免疫功能指标监测,结果表明,试验组Ⅰ参苓白术散可使肉牛运输前后的激素水平、免疫功能指标变化缓和,有一定的抗应激作用,而试验组Ⅱ四逆散的抗应激效果不及试验组Ⅰ参苓白术散。孙凤发用黄胆草、地胆草、马鞭草(均为鲜全草)各 25 g,加水 2 500 mL,取煎汁 2 000 mL,加红糖 200 g,一次灌服治疗牛水肿;用透山龙、木通、桔梗、双花、茯苓治疗牛不食水草效果好。曹之钧用金银花、牛蒡子各 100 g,芦根 200 g,连翘、竹叶、薄荷、豆豉、苏叶、葛根各 50 g,桔梗 40 g,煎水去渣取液灌服,每天 1 剂,连用三四剂,治疗牛感冒。

本论文研究出以大黄粉、大青叶、蒲公英、青蒿、连翘、黄芩、黄芪、苍术等中草药组方治疗肉牛运输应激综合征病牛,治愈率达 94.6%,也证明了上述各种中草药组方对各种牛病都有较好的治疗效果。

参考文献

[1] 肖和良,胡剑强,刘建华,等.牛引种和调运过程中注意事项[J].中国畜牧兽医文摘,2015,31(09):79-80.

[2] 杨中贤,谢香艳.牛瘤胃膨气病的诊治[J].养殖与饲料,2016(01):53-54.

[3] 杨中武,唐发铁,郭武,等.生猪高致病性蓝耳病综合防治技术推广应用[J].中国畜牧兽医文摘,2015,31(07):127-130.

[4] 孙凤发.用中草药治疗牛病[J].畜牧兽医科技信息,2003(01):35.

[5] 杨高丰,韩瑾瑾,陈晓东,等.两种中药组方对肉牛抗运输应激的效果[J].中国兽医学报,2012,(08):101-104.

[6] 曹之钧.牛病防治验方(中)[J].湖南农业,1999(06):18.

中西医治疗牛酒糟中毒型瘤胃积食初报

周继军[1]　杨崇源[2]　曾小云[3]　肖和良[2]

(1.湖南省洞口县石江镇动物防疫站,湖南洞口　422300;
2.湖南省洞口县畜牧水产局,湖南洞口　422300;
3.湖南省洞口县黄桥镇动物防疫站,湖南洞口　422300)

摘要:文章介绍了肉牛酒糟中毒引起的瘤胃积食病症发病原因、症状、病理变化,并用大黄、芒硝、车前草、枳实、山楂等中草药组方,配合促瘤胃蠕动的药物新斯的明治疗,收集洞口县 19 个病例,存栏牛 2 013 头,发病 186 头,发病率 9.2%,死亡 16 头,死亡率 8.6%,用中西医结合疗法治疗病牛 91 头,治愈 85 头,治愈率 93.4%。

关键词:瘤胃积食;酒糟中毒;中西医结合疗法;治疗效果

近年来,湖南省邵阳市各县(郊)规模养牛发展迅速,酒糟用来养牛比较普通。但由于酒糟保存方法不当,发霉变质,酒糟配比超量,喂食过量,造成肉牛酒糟中毒,轻者食欲减退慢性渡过,重者食欲废绝酸中毒急性死亡。诊断该病时,发现酒糟中毒慢性病例,后期都转发为瘤胃积食,表现瘤胃积食症状,而养殖户、驻场兽医早期很难发现此病症状,忽略而延误治疗。笔者把慢性酒糟中毒引起的瘤胃积食病症称为酒糟中毒型瘤胃积食病症,与一般瘤胃积食予以区别,并研究有效的防治方法。近 3 年来,笔者参加牛酒糟中毒型瘤胃积食病症诊断,并收集洞口县 19 个病例,存栏牛 2 013 头,发病 186 头,发病率 9.2%,死亡 16 头,死亡率 8.6%(含诊断前死亡);用上述中西医结合疗法治疗病牛 91 头,治愈 85 头,治愈率 93.4%。

1　病因

酒糟的有毒成分因其原料、存放时间等不同而不同。如用黑斑病甘薯酮、甘薯醇;霉败原料酒糟中的有毒成分是不同的真菌毒素;新鲜酒糟中的中毒成分是残留酒精,发酵酸败的酒糟中的有毒成分是乳酸、酪酸、醋酸等。

2　临床症状

急性中毒:病牛食欲废绝,腹痛,兴奋不安,共济失调,脱水,眼窝凹陷,腹泻,或排出恶臭黏性粪便,脉搏微细,心搏增快,步态不稳,四肢无力,卧地不起。

慢性中毒:病牛表现为顽固性的前胃弛缓,食欲不振,瘤胃蠕动微弱。母牛流产或屡配不孕,腹泻、消瘦。后肢皮肤潮红,严重的形成胞疹。

3 病理变化

胃黏膜充血，出血；肠黏膜出血、水肿；肠系膜淋巴结充血；真胃黏膜水肿、出血，有纽扣大小溃疡灶；肝脏表面有瘀血。

4 中西医结合疗法

4.1 中草药处方

处方一：处方：大黄 80 g，芒硝 250 g，枳实 60 g，厚朴 90 g，山楂 60 g，神曲 60 g，麦芽 60 g，木香 40 g，槟榔 60 g，陈皮 40 g，贯众 40 g，白术 40 g，水煎候温 1 次灌服。一天一次，连用 3～4 d。

处方二：油当归 150 g，肉苁蓉 60 g，木香 30 g，厚朴 60 g，炒枳壳 40 g，醋香附 40 g，通草 40 g，瞿麦 100 g，火麻仁 30 g，番泻叶 50 g，三棱 40 g，莪术 40 g，山楂 60 g，槟榔 60 g，黄芪 100 g 水煎候温 1 次灌服。一天一次，连用 3～4 d。

处方三：大黄 100 g，焦三仙 300 g，木香 50 g，槟榔 30 g，川朴 30 g，枳实 50 g，二丑 100 g，来菔子 50 g，郁李仁 50 g，水煎三次去渣加入獾子油 200 mL、元明粉 200 g 一次性灌服，每日一次，连用 2～3 d。

处方四：大黄 60 g、炒牵牛子 45 g、郁李仁 45 g、枳实 30 g、槟榔 40 g、陈皮 45 g、木香 45 g、山楂 60 g、麦芽 60 g、建曲 60 g、甘草 30 g，水煎后加芒硝 200 g，一次灌服每日 1 剂，连用 3 剂以上。加减：孕牛减，加火麻仁、瓜蒌、厚朴各 60 g，粪稀带血者加槐花 60 g，地榆炭 100 g。

4.2 西医治疗

治疗原则是解除脱水、解毒、镇静。

(1)用碳酸氢钠 150～200 g，加水一次灌服。也可用 1%碳酸氢钠溶液灌肠，中和酒糟酸性物质。

(2)用 5%葡萄糖生理盐水 1 500～3 000 mL、25%葡萄糖溶液 500 mL、5%碳酸氢钠液 800～1 000 mL，一次静脉注射；20%葡萄糖酸钙 500～800 mL，一次静脉注射。山梨醇或甘露醇溶液：300～500 mL，一次静脉注射。补充体液，解除脱水。

(3)保肝解毒：静脉注射肝泰乐、茵栀黄(茴陈、桅子、黄芩、或金银花)。或中草药茵陈蒿散治疗。

(4)鱼石脂 30 g，液体石蜡 500 mL，小苏打 50 g，活性碳 150 g，磺胺片 30 g，温水 3 000 mL，1 次灌服，连用 3 d。

(5)口服盐酸雷尼替丁胶囊，有血便的注射止血敏和维生素 K_3，修复受损严重的消化道黏膜。

(6)接种瘤胃微生物菌系和纤毛虫：或将健康牛反刍的食团，塞入病牛口腔，使其咽下，每天 20 多个团，2～3 d。移植瘤胃液：每日 2 次灌服健康牛的瘤胃液 1 000～2 000 mL。

5 典型病例

[病例一] 2014 年 9 月 5 日，湖南省洞口县又兰镇四合村养牛场报告：突然死亡黄牛 1 头，另有 6 头黄牛不食症状，要求县兽医局来人诊疗。笔者和县兽医局副局长、又兰镇动物防疫站刘站长到场诊断。查诊：病牛体温在 39～40℃之间，属正常体温，食欲减退，腹痛，回头顾盼，腹围膨大，特别是左腹部膨大，触诊可触到稍硬的内容物，叩诊可听到浊音。问诊：病牛早期有流涎现象。查有上述发病症状的牛 10 头。调查其用酒糟喂食 1 个多月了，查其存放的酒糟有白癍和发霉气味。诊断为：酒糟中毒并引发瘤胃积食。

开出中药处方：大黄 80 g，芒硝 250 g，车前草 80 g，枳石 60 g，厚朴 90 g，山楂 60 g，神曲 60 g，麦芽 60 g，木香 40 g，槟榔 60 g，陈皮 40 g，贯众 40 g，白术 40 g。用法：大黄用开水浸泡半小时，芒硝碾碎，其他枳石、厚朴、山楂、神曲、麦芽等煎药候温，然后和大黄浸泡水、芒硝粉混合灌服。一天一次，连用 3～4 d。

半个月回访：治疗 15 头，治愈 14 头，治愈率 93.3%。

[病例二] 2015 年 10 月 11 日，湖南省洞口县月溪乡禾力村养牛场报告：突然死亡黄牛 2 头，另有 8 头黄牛不食症状，病程 3 d 以上，要求乡动物防疫站来人诊疗。笔者同站员 2 人到场诊疗。查诊：病牛表现为顽固性的前胃弛缓，食欲不振，瘤胃蠕动微弱，腹痛，回头顾腹，头、颈、躯体平贴于地，转为抑制状态，眼睑闭合，全身不动。结合牛场用 80%酒糟饲料配方，诊断为酒糟中毒型瘤胃积食。治疗：在病例一大黄、芒硝、车前草、枳石、厚朴、山楂等中药处方基础上，用新斯的明 20～60 mL，肌注，促进瘤胃蠕动。治疗 13 头，治愈 12 头，治愈率 92.3%。

[病例三] 2016 年 8 月 3 日，湖南省洞口县花园镇泡洞村养牛场报告：突然死亡黄牛 1 头，另有 9 头黄牛不吃食，要求乡动物防疫站来人诊疗。笔者同站员 3 人到场诊疗。查诊：眼窝凹陷，腹泻，或排出恶臭黏性粪便，脉搏微细，心搏增快，步态不稳，四肢无力，严重的卧地不起，并有瘤胃积食和瘤胃膨气症状。其中嗳气、反刍减少甚至停止，食欲减退或废绝，卧地不起的病牛 3 头。解剖其中 1 头病牛，瘤胃中积满发酵后酒渣，真胃黏膜水肿、出血。调查其饲料配方全部为酒渣，用了 19 d 了，每头牛(头平 250 kg)喂量在 6.5 kg 以上。诊断为：酒糟中毒型瘤胃积食。治疗：在病例一、病例二用药基础上，增加：用健康牛反刍的食团，塞入病牛口腔，使其咽下，每天 20 多个团，连用 2～3 d，接种瘤胃微生物菌系和纤毛虫。治疗 15 头，治愈 14 头，治愈率 93.3%。

6 防制

预防酒糟中毒应注意酒糟饲料不 贮存时间过久，如欲贮存时，建好保存池 80～100 m^3，要塑料布遮盖好，上面放上一层水防止老鼠叮咬塑料有口子，造成酒糟发霉变质。防止雨水浸入和日光暴晒。饲喂时，要对酒糟的品质进行检查，轻度酸败，可加入石灰水、碳酸氢钠中和后再喂，凡已严重霉败的酒糟，应坚决废弃。合理饲养，控制酒糟日喂量在 6～7 kg(250 kg 牛)。日粮要平衡，在合理供应精料、酒糟喂量的同时，充分保证干草进食量。注意牛酒渣饲料配方，不能全部为酒渣。酒渣类农副产品育肥配方：白酒糟 15～20 kg，玉米 2.5 kg，豆饼 1 kg，磷酸氢钙 50 g，食盐 50 g，玉米秸 2.5 kg。则酒糟占 70%左右。日喂量酒渣、豆腐渣配方的饲料按体重 4%，一头 250 kg 牛，其酒渣、豆腐渣配方的饲料日喂量 10 kg，则酒糟占 7 kg。

酒糟中毒早期，以解除酸中毒为主，用碳酸氢钠和石灰水中和酒糟酸性物质；酒糟中毒后期转为瘤胃积食，中药组方就以泻下消食为主，用大黄、芒硝泻下、车前草利尿、枳石、厚朴、陈皮、山楂、神曲、麦芽健胃消食；西药可口服用盐类泻剂硫酸镁或硫酸钠。但中药药性缓和对胃保护作用好，效果也好，治愈率达 93.4%。因此临床建议用中西医结合疗法治疗酒糟中毒型瘤胃积食病症。

参考文献

[1] 李宇刚. 中西医结合治疗牛瘤胃积食[J]. 畜禽业 2006，04(下)：47.

[2] 向义平，何静，马孝龙，等. 牛霉变酒糟中毒的诊治[J]. 畜牧兽医杂志，2012，(31 卷)02：130-131.

[3] 王秀霞. 肉牛酒糟中毒的症状及诊治[J]. 养殖技术顾问，2010，09：187.

[4] 彭清洁，王冲，胡长敏，等. 一例肉牛发霉酒糟中毒的诊断与治疗[C]. 第四届全国牛病防治与产业发展研讨会论文集，2012：213-215.

[5] 马进勇. 现代肉牛生产技术[M]. 北京：中国农业大学出版社，2016：163-164.

仔猪腹泻的诊治与腹腔注射治疗方法的研究

周继军[1]　许小桂[1]　卿俊英[1]　肖和良[2]

（1.湖南省洞口县石江镇动物防疫站，湖南邵阳　422300；
2.湖南省洞口县畜牧水产局，湖南邵阳　422300）

摘要：仔猪腹泻已经成为影响仔猪成活率和母猪年生产力的一个重要因素，严重影响养猪业的经济效益。对引起仔猪腹泻的病原和病因、预防和治疗进行研究，进行腹腔注射治疗仔猪腹泻效果试验，结果为：治愈率97.8%，平均2.2 d治愈，较肌肉注射治愈率提高5.6个百分点，治愈时间提前1.2 d，药费节约32.7%。为养猪户提供参考。

关键词：仔猪腹泻；病原病因；预防治疗；腹腔注射试验；效果

1　仔猪腹泻的病原病因分析

1.1　仔猪腹泻的病原

仔猪腹泻已经成为影响仔猪成活率和母猪年生产力的一个重要因素，严重影响养猪业的经济效益。引起仔猪腹泻的病原有大肠杆菌、猪痢疾螺旋体、猪流行性腹泻病毒（PEDV）和猪传染性胃肠炎病毒（TGEV）四种病原为最常见病因，还可由球虫病引起，伪狂犬病引起的仔猪腹泻。

1.2　仔猪腹泻的病因

主要是天气变化，生猪运输，猪场进出口消毒不严等。主要是场内环境卫生差、水质污染、母猪发病造成乳汁过浓或过稀、饲料发霉变质、饲料品种替换过多过快、气候骤变以及在母体中被感染等。据对洞口县规模户（常年存栏猪100头以上）2013年和2014年上报的病死猪处理数据进行统计，2年上报的病死猪总数为60 822头，其中分2月龄以上（含2月龄）34 304头，占56.4%，2月龄以下26 518头，占43.6%。哺乳仔猪病死亡原因为下痢、发病、冻死、踩死、弱仔猪没吃到初乳和乳量不足等。2008—2009年南方百年一遇的雪灾，断水断电造成大批量的仔猪冻死，以致2011年猪价猛涨。洞口县上报的2次雪灾损失为：倒塌猪舍118栋，造成死猪41 089头，其中冻死仔猪37 078头，占死猪数的90.2%，猪业直接经济损失2 926万元。雪灾冻死仔猪37 078头，超过2013—2014年上报仔猪病死数26 518头，为其139.8%。另据调查每年在春节前后气候骤变时，发生1～2次较大的仔猪腹泻，规模猪场发生率在50%以上，仔猪腹泻发病率45%，散户发生率在70%以上，仔猪腹泻发病率55%以上。这是天气变化大，天气变冷，没采取保暖措施的结果。

2 仔猪腹泻诊疗

2.1 仔猪腹泻诊断

2.1.1 仔猪黄痢

拉黄色稀粪,离群,叫唤不停,仔猪脱水,但呈口渴状而不停地饮水。排出黄色浆状稀粪,内含凝乳小片,急性死亡,剖检常见胃肠道膨胀,有多量黄色液体内容物和气体,小肠壁变薄,以十二指肠最严重,胃内含有酸臭凝乳块。

2.1.2 仔猪白痢

多发于10～30日龄仔猪,临床上以排灰白色、腥臭、粥糊状稀粪为特征,病程为2～3 d,很少死亡,能自行康复,剖检常见尸体外表苍白、消瘦、脱水,肠黏膜有卡他性炎症病变。

2.1.3 猪痢疾

是由猪痢疾螺旋体引起。主要症状为黏液性或黏液出血性下痢,特征性病变主要在大肠,尤其是回、盲肠接合部,而小肠一般没有病变,急性期病猪的大肠壁和大肠系膜充血、水肿,肠系膜淋巴结也因发炎而肿大,肠系膜下的淋巴小结肿胀,隆突于黏膜表面,黏膜明显肿胀,被覆有大量混有血液的黏液,当病情进一步发展,大肠系膜水肿减轻,而黏膜表层形成一层出血性纤维蛋白伪膜。

2.1.4 猪流行性腹泻

多发于10日龄以内的仔猪,临床上常见仔猪突然发病,水样腹泻,呕吐,粪便为黄色、绿色或白色,粪便可见未消化的凝乳块,剖检可见肠内充满水样粪便,肠壁变薄呈半透明状,肠系膜充血,淋巴结肿胀,肾脏肿胀,内含白色尿酸盐,胃内无明显病理变化。仔猪出现腹泻,相继哺乳母猪出现腹泻、厌食等临床症状,哺乳母猪发病率较高。

2.1.5 猪传染性胃肠炎

多发于10日龄以内的仔猪,仔猪突然发病,先呕吐,继而水样腹泻,呕吐物和粪便可见未消化的凝乳块,恶臭,常由于严重脱水而死亡。仔猪极度口渴,饮水即吐,剖检常见胃内充满凝乳块,胃底黏膜充血、出血,有的形成溃疡,肠内充满水样粪便,肠壁变薄呈半透明状,肠系膜充血,淋巴结肿胀。

2.2 仔猪腹泻预防治疗

2.2.1 仔猪腹泻的预防

①大肠杆菌病防治:怀孕母猪产前21 d(前后不超过3 d)肌肉注射仔猪大肠杆菌多价基因工程疫苗。仔猪生后12 h内灌服多价幼畜腹泻停疫苗。也可用微生态制剂预防。

②病毒性腹泻防治:母猪产前15～20 d接种传染性胃肠炎和流行性腹泻二联疫苗,通过母源抗体保护仔猪。

③球虫病腹泻防治:可采用盐霉素和肠黏膜保护剂防治。

④伪狂犬病腹泻防治:可使用伪狂犬基因缺失疫苗对3～10日龄的仔猪滴鼻,可控制腹泻。

⑤怀孕母猪产前 30 d 用黄白痢工程疫苗肌肉注射，预防仔猪黄白痢。

2.2.2　仔猪腹泻的治疗

①肌肉注射：腹泻早期用氧氟沙星类药物、磺胺类药物、痢菌净等药物。后海穴注射黄连素。

②拌料(水)：也可在饲料中或用水中可加抗生素(土霉素、金霉素等)有效地防止腹泻。并在饲料中添加健力源 750 g/T＋杆菌消 1 000 g/T＋克拉菌素 400 g/T，预防继发感染。

③补液：仔猪腹泻后期，主要是脱水和电解质紊乱造成死亡，因而在治疗后期时应考虑补液和纠正酸碱平衡紊乱。可使用口服补液盐，配方：氯化钠 3.5 g、氯化钾 1.5 g、碳酸氢钠 2.5 g、葡萄糖 20 g，溶于温开水 1 000 mL 中，供自由引用。为了预防细菌继发感染，可在口服补液盐中添加抗生素如庆大霉素、硫酸新霉素、硫酸黏杆菌素等，对重症猪可腹腔注射 25%的葡萄糖 50～100 mL。

④中药防治：山楂、麦芽、神曲按 1∶1∶0.6 的比例混合粉碎拌料，每头仔猪每天 10～15 g，做预防性用药，有增加采食量、帮助消化、促进生长、防止腹泻的作用。治疗用药时，加白头翁、黄连、黄芩、大黄、车前子、炒米等，体质虚弱者加茯苓、白术等，每种药的用量为每头仔猪每天 5～10 g，连用 2～4 d。

3　腹腔注射治疗方法

3.1　腹腔注射的方法

3.1.1　倒提法保定

提起仔猪两只后脚，待其停止挣扎后，确定好注射部位。

3.1.2　注射部位

在耻骨前方 3～6 cm 腹白线(正中线)的侧方，或在仔猪后一对乳头与腹白线(正中线)的中间部位。

3.1.3　操作

在注射部位局部消毒后，用右手持注射器，使用普通 12 号注射针头与皮肤垂直刺入腹腔 2～3 cm，刺入腹膜后有破空的感觉，或针感有活动而无抵触、回抽活塞无气体和液体时，缓慢注进药液，每注射 200 mL 只用 2～3 min。补液完毕，术部消毒，放回圈内。

3.2　腹腔注射补液优点

腹膜面积大，密布血管和淋巴管，吸收能力特强，每小时可吸收占动物体重 3%～8%的液体，且腹腔补液时间短，速度快，大号针头 2 min 即可输进 500 mL 药液，还不考虑心脏超负荷。对于个体小的仔猪安全适用、省时省力。在注射的药液中可以加进如蒽诺沙星、环丙沙星、庆大霉素、卡那霉素等药品。从而起到标本兼治的效果。

3.3　腹腔注射的注意事项

①补液的位置要避开中线，特别是公猪，以免伤及阴茎。②补液所用液体必须是等渗溶液 5% 葡萄糖溶液或 0.9%的氯化钠溶液，不可用高渗溶液，否则会加重脱水。刺激性药液，如氯化钙、磺胺类不能作腹腔注射，它们易引起腹膜炎和组织坏死。③油乳剂、有沉淀的药物、半固

体药剂不宜作腹腔注射，这些药物不易吸收。

4 腹腔注射治疗方法治疗仔猪腹泻试验和治疗羔羊腹泻

按照洞口县畜牧水产局安排，石江镇动物防疫站 2010 年 1 月在石江镇 804 猪场，高沙镇动物防疫站 2010 年 2 月在高沙镇黄塘村肖建平猪场、高沙镇月英猪场，洞口镇动物防疫站 2010 年 2～3 月在洞口镇木瓜林吉猪场、洞口镇大胜林少许猪场分别做腹腔注射治疗仔猪腹泻试验：腹腔注射为试验组，肌肉注射为对照组。5 户各 2 个组则 10 个组，每组各 18 头 180 头猪。试验组 90 头猪，治愈 88 头，治愈率 97.8%，平均 2.2 d 治愈，用药费 523 元；对照组 90 头，治愈 83 头，治愈率 92.2%，平均 3.4 d 治愈，用药费 694.2 元。试验组治愈率提高 5.6 个百分点，治愈时间提前 1.2 d，药费节约 171.2 元，头平节约 1.9 元，节约 32.7%。

笔者近 3 年来将腹腔注射方法用于治疗羔羊腹泻，治疗治愈病羊 138 只，治愈率高达 98%，效果也好。

5 总结

(1)丁海强、汪秀菊、何媛等进行腹腔注射治疗仔猪腹泻试验，证实仔猪腹泻常规治疗方法在发病初期和症状轻微时起效果，腹泻严重时不能达到预期治疗目的，而腹腔注射用药广、疗效好、补液迅速、容纳量大，腹腔有着丰富的肠系膜和血管、淋巴管，吸收能力强，尤其当心脏衰弱，静脉注射困难时，通过腹腔注射进行补液效果最好。

(2)笔者对腹腔注射治疗方法进行药理分析：从药物峰值和药物半衰期两个方面分析。药物峰值：药物进入血液达到最高有效浓度时期(间)，药物半衰期：药物在血液中有效浓度下降到一半的时期(间)。腹腔注射时药液进入腹腔，被肠系膜和血管、淋巴管吸收，通过肠壁直接进入肠管内，作用于肠道微生物，杀灭病原微生物。肌肉注射时兽药须通过注射处肌肉中毛细血管吸收，再通过血液循环进入肠系膜血管，然后通过肠壁进入肠管内，这时处在药液峰期尾期或峰期与半衰期之间才进入肠管内，药液有效浓度降低，药效难以发挥最佳效果。对比腹腔注射较肌肉注射兽药在血液的峰期提前，延长了半衰期，则延长了药液有效浓度时间，并在较高水平上，药效能发挥最佳效果。腹腔注射相当于把药液直接作用于肠道，俗话说：头痛医头，脚痛医脚，就是这个道理。如母猪产后阴道发炎，阴道清洗后直接加入药液消炎，乳头发炎在病灶处采取普鲁卡因青链霉素多点注射封闭疗法等。

(3)洞口县腹腔注射治疗仔猪腹泻技术在 2010 年开始推广应用，2013 年被列入基层农技推广(养殖业)补助项目 9 项主推技术之一，全面推广此项技术，2015 年推广面达 48.6%。6 年来腹腔注射治疗仔猪腹泻病猪 69.3 万头，治愈率达 97.6%，比常规治疗方法节约药费 111 万元，平均缩短治愈时间 0.9 d，节约饲料费 149 万元，减少仔猪死亡 38 110 头，减少经济损失 762 万元，合计减少经济损失 1 022 万元。

6 建议

综上所述，腹腔注射治疗方法是一个很好的给药治疗方法，特别是治疗仔猪腹泻效果好。

据调查,全国腹腔注射治疗仔猪腹泻技术的推广面不到8%,值得各地大力推广。建议将腹腔注射治疗方法加以研究,并列入农业院校的教科书,予以正名和推广应用。

参考文献

[1] 肖建龙.母猪年生产力的研究与提高的技术路径[J].饲料与畜牧.规模养猪,2015(8).

[2] 丁海强,黄新恒,刘继文,等.仔猪腹泻的腹腔注射治疗法[J].江西畜牧兽医杂志,2012(4):34-35.

[3] 汪秀菊.腹腔注射治疗仔猪腹泻的应用效果[J].畜禽业,2009(03):78.

[4] 何媛,邱福典.仔猪腹泻的腹腔补液疗法[J].畜禽业,2011(05):84.

[5] 闫仲元.仔猪腹泻的补液疗法[J].畜牧兽医科技信息,2011(07):69.

[6] 全球性仔猪腹泻存在多个诱因[J].中国猪业,2011(08).

[7] 荆玉伟.仔猪腹泻性疾病的病因及防治[J].山东畜牧兽医,2012(08):38-39.

一例猪副嗜血杆菌病的诊疗体会

曹丽华

（江苏省海门市四甲镇畜牧兽医服务站，江苏海门　226100）

摘要：猪副嗜血杆菌病属于传染病之一，具有较高的致病性特点，通常是因为感染猪副嗜血杆菌而导致，其发病概率在20％～25％，常见于日龄介于30～40 d的保育仔猪中，这一疾病的出现使生猪养殖业的健康发展受到严重影响。本文根据2016年12月份治疗的一例此病的基本情况，从发病情况、临床症状、实验室诊断、防治措施几个方面分析和总结猪副嗜血杆菌病的诊疗体会，为猪副嗜血杆菌病的诊疗提供参考。

关键词：猪；副嗜血杆菌病；诊断；治疗

猪副嗜血杆菌病又被称为多发性纤维素性关节炎和浆膜炎，以体温升高、呼吸困难以及关节肿大等症状为主，具有较高的发病率以及死亡率。近些年这一疾病的发生概率表现出增加的趋势，不仅给生猪养殖户带来严重的经济损失，甚至可能导致食品安全问题，因此畜牧兽医工作者应对这一疾病的诊疗予以重视，以保证生猪养殖业的健康发展。

1　发病情况

2016年12月，货隆镇某村一生猪养殖户李某打来求诊电话，立即出诊，经过问询，该场在前些天购进200头苗猪，苗猪体重均在20 kg左右，购进当天为雨天，且气温比较低，每头生猪仅在进栏时注射2头份的猪瘟疫苗，无其他保健措施，第二天发现购进的生猪中有40头出现异常现象，体温明显升高，且食欲下降，精神萎靡，另外部分生猪出现咳嗽、流鼻涕等症状，养殖人员认为是生猪因受到风寒所以出现此类症状，便予以退烧、抗生素等对症治疗，治疗后病情得到控制，体温恢复至正常水平，且食欲也有好转趋势，但停止用药之后病情出现反复现象，且其他生猪也出现相同症状，另外出现跛行、关节肿胀、皮肤发绀等症状，发病概率在49％左右，病死生猪10多头。

2　临床症状

经过临床检查，患病生猪体温均在40℃左右，右后腿有关节肿大现象，卧倒后无法自行站立，被毛粗乱，体表发紫，精神不振，眼睑皮下水肿，流脓鼻液，腹胀，呼吸困难。

3 剖检变化

经过剖检发现，患病生猪存在胸腔积液现象，且积液中可见纤维素性渗出物，呈淡黄色，心脏被一层被膜包裹，呈绒毛样，形状为猕猴桃状，同时肺脏出现坏死变性，且与胸膜、心脏粘连，腹腔积满腹水，呈淡红色，混浊样，关节液明显增加，腹股沟淋巴结出现肿大现象，且切面呈现出大理石状花纹，另外脑沟中有渗出物，呈浆液性。

4 实验室诊断

针对猪副嗜血杆菌病可以通过细菌分离方式进行诊断，选择临床症状比较典型且未经过抗生素治疗的患病生猪进行实验室诊断，先将患病生猪人工致死，然后从关节、脑脊液、心包以及心血等多个部位进行新鲜病料的采集，在病料采集完成之后及时进行送检，尽量缩短从采集到送检的时间，通常送检时间应控制在 8～12 h 之内，若未能及时送检，则需要通过冷冻或低温保存等方式对病料进行保存，并从患病生猪多个身体部分提取病样，使诊断更加准确、可靠，但避免从气管、扁桃体以及鼻腔等组织进行细菌分离，因为这些组织并非无菌状态，会影响诊断结果。实验室诊断操作如下：取病理组织制成涂片，并给予革兰氏染色，然后进行镜检，可观察到革兰氏阴性细小杆菌以及单个细长球杆菌，无芽孢且无鞭毛，两极着色，应结合临床症状、剖检变化等确诊为猪副嗜血杆菌病。

5 防治措施

5.1 预防措施

第一，饲养管理。猪副嗜血杆菌病属于条件性疾病之一，因此不良应激反应均可能引发这一疾病，尤其是在这一疾病出现之后，应尽量将不良应激因素消除，将患病生猪所处环境进行全面清洁和消毒，并将患病生猪隔离，对于接诊的养殖场，在出现疫情之后不仅应及时进行治疗，还应积极改善生猪养殖环境，这也是导致前期治疗效果不佳的原因之一，应引起重视。第二，对全群猪用电解质加维生素 C 粉饮水 5～7 d，以增强机体抵抗力，减少应激反应。第三，疫苗预防。针对未发生感染的生猪，应做好疫苗预防工作，以生猪养殖场发病日龄为依据对免疫时间进行推断，并要求所有生猪均需接种猪副嗜血杆菌病灭活疫苗，通常情况下，首次免疫时间在 10～30 日龄期间，每头生猪接种疫苗剂量为 1 mL，在完成首次免疫 21 d 后进行 1 次加强免疫，以保证免疫效果。第四，药物预防。对生猪养殖场中所有患病生猪进行隔离处理，并做好喷洒消毒处理，用稀释比例为 1∶450 的百毒杀与稀释比例为 1∶300 的溴氯海因进行交替消毒处理，每天消毒 1～2 次。如果发现新病例应做好隔离、消毒处理。同时，在患病生猪的饲料中加入 500 g/t 替米考星，在饮用水中加入维生素 C，以达到增强体质的效果。

5.2 治疗措施

针对猪副嗜血杆菌病的治疗方法包括很多种，主要治疗药物是抗生素，通过病菌分离的方式判定药敏试验结果，副嗜血杆菌高度敏感的药物包括六种，一是庆大霉素，二是氨苄西林，三是头孢噻呋钠，四是强力霉素，五是卡那霉素，六是环丙沙星；副嗜血杆菌中度敏感的药物包括两种：一是磺胺-6-甲氧嘧啶，二是泰乐菌素；副嗜血杆菌不敏感的药物包括五种：一是磺胺间甲氧嘧啶，二是诺氟沙星，三是泰妙菌素，四是大观霉素，五是林可霉素。对于发病情况比较严重的生猪，可以肌肉注射头孢拉定粉针，剂量为 5 mg/kgbw，并辅助应用氟苯尼考注射液(20%)进行肌肉注射治疗。或通过肌肉注射硫酸卡那霉素治疗，注射剂量为 20 mg/kgbw，并辅助应用盐酸多西环素肌肉注射治疗。在抗生素治疗过程中，配合应用纤维素溶解酶进行口服治疗，使体内纤维素渗出物得到尽快清除，使临床症状得到有效缓解，以降低患病生猪死亡概率。

6 诊疗体会

第一，猪副嗜血杆菌病可能因应激反应而导致，尤其是湿度较高、温度较低的条件，长途运输、氨气浓度高、疫苗接种等应激刺激均可能导致猪副嗜血杆菌病。第二，具有一定规模的生猪养殖户应尽量做到自繁自养，若需要购进仔猪，则需要严格控制购进地区，确保购进地无疫病流行，且能够规范地注射疫苗，使仔猪健康得到基本保障。在仔猪进栏之后应做好饲养管理，并对群猪进行保健，通过口服抗生素或拌料、拌水等方式使猪群抵抗力得到提升，使应激反应发生概率降低。第三，现阶段，猪副嗜血杆菌病的发病概率呈现出增加趋势，关节炎与多发性浆膜炎的发病概率比较高，且死亡概率也相对较高，严重影响生猪养殖户的经济效益，所以应对这一疾病予以重视，在注射猪瘟疫苗、猪伪狂犬病疫苗等过程中，不能忽视猪副嗜血杆菌病的疫苗注射工作。第四，猪副嗜血杆菌病具有起病急、死亡率高的特点，因此提前预防以降低这一疾病的发生概率是有效措施，在预防工作中除消除应激因素之外，还应强调饲养管理，对饲养环境进行改善，使生猪处于良好的生长环境，应做好清洁工作，避免粪便堆积而滋生细菌，另外还应强调生物安全措施，使猪副嗜血杆菌病的发生得到有效预防。

7 结语

猪副嗜血杆菌病作为一种传染性疾病，目前，此病的发生呈递增趋势，且以多发性浆膜炎和关节炎及高发病率和高死亡率为特征，一旦出现将会影响保育仔猪的生长，进而影响着生猪养殖户的经济效益，因此需要做好诊疗工作。针对这一疾病进行及时、准确的诊断可以结合临床症状分析、剖，检变化观察、实验室诊断结果，以诊断结果为依据通过抗生素药物等进行治疗，可取得良好效果，另外预防措施也非常关键，从饲养管理、疫苗预防、药物预防三个方面着手，使猪副嗜血杆菌病得到有效预防，降低疾病发生概率，使生猪养殖业得到健康发展。

参考文献

[1] 张怡竹,林德军.一例猪副嗜血杆菌病的诊疗体会[J].当代畜牧,2016(07).
[2] 唐愚,刘鹏飞.一例副猪嗜血杆菌病的诊疗体会[J].中国畜禽种业,2015(01).
[3] 王海刚.一起仔猪副猪嗜血杆菌病的诊治体会[J].甘肃畜牧兽医,2016(04).
[4] 兰孟梨.一起保育猪副猪嗜血杆菌病继发感染破伤风的诊治体会[J].福建畜牧兽医,2015(03).
[5] 林琳,曾树坚.一例副猪嗜血杆菌病的诊疗[J].农业开发与装备,2015(06).

新型仔猪腹泻的诊治

蒋勇军

（扬州市广陵区沙头镇畜牧兽医技术推广服务站，江苏扬州　225105）

摘要：在生猪养殖及相关的生产当中，仔猪疫病十分常见，其中，腹泻是仔猪最为常见的一种疾病，有着很高的发生率，特别是刚刚断奶之后的仔猪，出现腹泻的概率最高可以达到五成，且腹泻仔猪的病死率也会达到15%左右。仔猪在患上腹泻之后，很容易出现其他类型的继发性传染疾病，如果腹泻仔猪无法得到及时、有效的诊断与治疗，就会出现大规模的死亡，这样会给养猪业带来极为严重的影响，养殖人员的经济效益也无法得到确切保证。对于仔猪腹泻而言，其发病原因相对较为多样化，很多因素都可能造成仔猪出现腹泻，笔者将在本文当中针对新型仔猪腹泻的诊治进行具体的分析，望给相关的养殖人员等提供科学参考。

关键词：仔猪；腹泻；新型；诊治

在仔猪的养殖当中，仔猪腹泻是一类以腹泻为主要特征的疾病统称，患有腹泻疾病的仔猪主要症状表现为粪便状态十分稀薄，粪便不成形且会出现水样便特点，仔猪患病之后消化系统会出现严重的紊乱症状，营养吸收也会出现不良，仔猪会出现明显的消瘦。造成仔猪患有腹泻疾病的原因主要包括细菌感染、病毒感染、寄生虫感染等，与此同时，仔猪食用的饲料及所处的环境等也可能成为腹泻疾病的感染源。目前，我国仔猪养殖的规模在不断扩大，仔猪的种类也会更为多样，且伴随细菌、病毒等的变异因素等影响，仔猪的腹泻也会出现新变化，笔者将在下文对新型仔猪腹泻的诊治进行相关研究。

1　剖检情况分析

在对病猪进行剖检之前，相关人员从我省及邻省等5个不同的省份中13个腹泻疫情较为严重的规模化猪场中收集典型患病仔猪的心脏、肝脏等不同器官的样品。所有的病猪样品都有新型仔猪腹泻疾病的主要特点，且日龄在5～30 d之间，相关人员将采集到的样品放入浓度为10%的福尔马林溶液当中进行浸泡，并且进行石蜡切片制备处理。

哺乳仔猪在出生后8 h就可以出现腹泻症状等，病猪的主要表现症状就是呕吐、腹泻等，且粪便颜色主要为白色、黄色及绿色等，病猪会出现水样便等。仔猪在患上腹泻之后，会出现明显的脱水反应，也会明显消瘦，被毛会十分粗乱，病程一般在1～3 d。在对病猪进行剖检之后可以明显看见病猪的胃部黏膜出现充血、出血反应，肠系膜也出现出血且肠系膜的淋巴结较为肿大，病猪的肠壁变得较为透明，伴有出血症状，小肠黏膜则出现了脱落。此外，病猪的心脏与心肌出现明显的出血症状并伴有坏死症状，肝脏的颜色则为土黄色，肝脏质地十分坚硬且表面出现了白色的点状坏死病灶。此外，病猪的肾脏皮质有明显的出血点，脾脏则变得不够光滑，脾脏的边缘部位也出现瘀血症状与梗死反应。

2 病理组织分析

在对病猪进行病理组织的具体分析后可以看出，腹泻仔猪的心肌纤维间隙明显变宽，心肌纤维有多个不同的位置出现了明显的断裂状。病猪的肝脏组织存在出血与坏死症状，肝脏小叶的结构不够明显，病猪的肝脏细胞索出现了明显的消失且肝脏组织存在明显的瘀血反应，肝索有明显的含铁血黄素。在观察病猪的肾脏组织之后，可以见到明显的充血反应，病猪的肾小管上皮细胞有明显的肿胀情况。病猪的脾脏动脉周围的淋巴细胞出现了明显减少，脾小体结构也出现了减少，此外，病猪的小肠绒毛上皮细胞出现了较为严重的脱落情况。

在对仔猪进行病理组织分析之后可以看出，仔猪的肝脏、肾脏与心脏等不同的脏器都出现了较为严重的病变反应，病理组织学的变化情况极为明显。这些情况的存在，说明新型仔猪腹泻可以造成仔猪的不同组织器官自身功能出现严重障碍，仔猪的免疫功能也会受到较强的抑制，这样就会不断加重仔猪的腹泻病症等，并且导致仔猪在出现腹泻反应之后出现其他的继发性感染，仔猪有可能会感染其他类型的病原菌与微生物等。

3 具体诊治方法

仔猪养殖人员在实际养殖过程当中需要做好免疫预防，掌握猪群接种疫苗的实际情况，并且把握猪群此前是否感染过腹泻疾病等。相关部门应当针对地方性的流行疾病特别是腹泻疾病的传染情况等。相关人员针对慢性感染导致的腹泻仔猪需要不断检查具体的防疫情况，并且是否因为预防程序的不当而导致腹泻疾病的发生等，相关人员在必要时候应当选择实验室手段等对腹泻疾病进行相应的监控。

养殖人员需要在仔猪的饲养当中不断加强饲养管理，并且不断减少环境的应激。养殖人员需要定期针对仔猪的猪舍进行卫生清洁与消毒处理，并且重点做好灭虫与杀鼠等工作，及时将环境当中存在的病原菌及微生物等消除干净，对于有条件的猪场而言，养殖人员还需要引进病原微生物的净化设备等。对于仔猪猪舍的温度与湿度而言，养殖人员需要做好调控工作，并且将仔猪的养殖密度控制在合理范围当中。1 日龄仔猪的适宜生长温度为 32～35℃，之后需要随着仔猪日龄的增加而降低室内温度，但是 7 日龄的仔猪温度不得在 28℃以下，并且可以根据实际情况选择灯光照射等措施。

在仔猪腹泻的药物诊治当中，目前尚无特效药物的存在，需要相关人员进行综合性的诊治与控制。对于病毒性的腹泻仔猪而言，相关人员可以选择猪血清或者干扰素进行治疗，若想控制仔猪的继发感染症状，相关人员可以选择庆大霉素、安普霉素等药物。对于腹泻情况十分严重的仔猪，相关人员需要给予其及时的补液措施，可以让仔猪服用补液盐或者通过腹腔进行葡萄糖盐水补液等，这样可以避免仔猪出现脱水与酸中毒等症状。在进行补液的时候，相关人员需要将药液的温度控制在 38～40℃之间，如果药液的温度较凉，可能会造成仔猪的肠道出现明显的痉挛反应等，这样可能会加重仔猪的腹泻症状。在选择药物进行诊治的时候，相关人员需要结合仔猪的新型腹泻相关症状进行，选择针对性较强的药物等，以免出现药物无法及时消除症状的问题。

在新型仔猪腹泻的相关处理中，养殖人员也需要针对母猪进行干预，保证分娩前母猪的营养充足性与均衡性，这样才能保证母猪在分娩之后分泌较多且质量较为优质的乳汁。与此同时，养殖人员也需要做好母猪的保健工作，在母猪生产之前的 1 个月左右，需要让其接种流行性腹泻灭活疫苗及大肠杆菌灭活疫苗等，还需要增加乳汁当中的母源抗体。对于母猪的乳头等，养殖人员也需要做好清洁处理，定时进行消毒，以免母猪分娩后出现乳房炎等疾病。

4 结语

新型仔猪腹泻疾病的发病对象多为哺乳仔猪，患病仔猪一般在 7 日龄左右开始发病，且病猪的死亡率可以超过五成左右。腹泻仔猪的发病速度相对较急，如果在规模化猪场当中发现，病情可以迅速扩散，造成猪群的大面积感染，且发病的季节也会出现扩大化情况。与传统的腹泻疾病相比，新型仔猪腹泻疾病会出现明显的反复性与流行性，且新型仔猪腹泻的病因相对而言十分复杂，主要包括有流行性腹泻病毒的变异株、博卡病毒、耐药大肠杆菌等多种类型。相关单位及人员需要针对新型仔猪腹泻进行具体的研究与分析，对病猪进行科学的剖检处理与病理学的组织分析等，这样才能为后续的疫病防控奠定坚实基础，以免仔猪腹泻出现进一步扩大。

参考文献

[1] 聂映，谭为，周磊，等. 几例新型仔猪腹泻的诊治[J]. 中国畜牧兽医，2011(08).
[2] 刘芳芳，刘文强，刘国荣. 新型仔猪腹泻病的病理组织学观察[J]. 中国兽医杂志，2015(05).
[3] 江丽丽. 仔猪腹泻性疾病的诊治[J]. 中国畜禽种业，2016(06).
[4] 孙超君. 论仔猪腹泻的中西医诊治[J]. 中国畜禽种业，2014(07).
[5] 鲁毅. 一例仔猪腹泻病的诊治[J]. 畜牧兽医科技信息，2014(07).
[6] 林刚. 仔猪腹泻病的诊治要点[J]. 畜牧兽医科技信息，2012(08).
[7] 赵立平. 干扰素治疗新型仔猪腹泻病效果及评价[J]. 兽医导刊，2016(14)：219-219.
[8] 黄小红，余端梨. 新型化学益生剂对仔猪腹泻的防制[J]. 福建农林大学学报(自然版)，2000，29(3)：366-370.

猪传染性胃肠炎的诊断与防治措施

丰华义

（辽宁省喀左县中三家镇动物卫生监督所，辽宁喀左　122305）

猪传染性胃肠炎是由传染性胃肠炎病毒引起的猪的一种急性高度接触性肠道传染病。该病多发生在冬春寒冷季节，临床特征为腹泻、呕吐和脱水。本病可发生于各种年龄的猪，10日龄以内仔猪病死率高达100%；5周龄以上的猪病死率低，较大的猪或成猪几乎没有死亡。

1　流行特点

本病只感染猪，而其他动物均无易感性。各种年龄的猪均有易感性，10日龄以内的乳猪，其发病率和病死率均很高，断奶猪、育肥猪和成年猪的症状较轻，大多数能自然恢复。病猪和带毒猪是本病的主要传染源。病毒从粪便、乳汁、鼻汁中排出，污染饲料、饮水、空气及用具等，由消化道和呼吸道侵害易感猪。本病多发于冬春季节，新疫区流行性发生，传播迅速，在1周内可散播到各年龄组的猪群。在老疫区则呈地方流行或间歇性的发生，发病猪不多，以10日龄至6周龄小猪容易得病，而隐性感染率很高。

2　临床症状

本病的潜伏期随感染猪的年龄而有差别，仔猪一般为12～24 h，大猪2～4 d。本病传播迅速，数日内可蔓延到全群。其主要症状因感染猪的年龄不同有较大的差异。

2.1　哺乳猪

突然发生呕吐，接着发生剧烈水样腹泻，通常呕吐多发生于哺乳之后。病猪精神沉郁、消瘦，被毛粗乱无光泽。下痢为乳白色或黄绿色，有未消化的乳块，恶臭；发病末期，由于严重脱水和营养缺乏，病猪极度消瘦和贫血，体重迅速减轻，体温下降，恶寒怕冷，常聚集相互挤压而保温。病猪常于发病后2～7 d死亡。乳猪发病的特点是：日龄越小，病程越短，死亡率越高，出生5 d以内仔猪的死亡率为100%，日龄较长耐过的仔猪则生长缓慢。

2.2　育肥猪

发病率接近100%，突然发生水样腹泻，食欲不振，无力，下痢，粪便呈灰色或茶褐色，含有少量未消化的固体物。在腹泻初期，偶有呕吐。病程约1周，腹泻停止而康复，很少死亡。在发病期间，增重明显减缓。

2.3　成猪

感染后常不发病。部分猪表现轻度水样腹泻，或一时性的软便，对体重无明显影响。

2.4 母猪

妊娠母猪的症状往往不明显，或仅有轻微的症状。哺乳中的母猪发病后，多表现高度衰弱，体温升高，泌乳停止，呕吐，食欲不振，严重腹泻。此时，母猪常与仔猪一起发病。

3 病理变化

本病的特征性病变是轻重不一的卡他性胃肠炎。剖检见病猪严重脱水，明显消瘦，可视黏膜苍白或发绀。胃膨满，胃壁菲薄，血管扩张充血，胃内滞留有未消化的凝固乳块扩张，肠腔内有大量泡沫状液体和未消化的淡蓝色凝固乳块，肠壁变得菲薄，呈半透明状，血管树枝状充血。肠系膜淋巴管内见不到乳白色乳糜，表明脂肪的消化吸收或转动发生障碍。肠系膜淋巴结肿胀，肠壁淋巴小结亦肿胀。

4 诊断

依据流行特点，临床症状和病理变化特点可做出初步诊断，若要进一步确诊则需分离病毒。新生仔猪的感染试验，测定急性期和恢复期血清的中和抗体效价。病理检查时，通常采取病猪的小肠，制作冰冻或石蜡切片，用荧光抗体法进行检查，或用 RT-PCR 技术和非放射性 cRVA 探针技术进行确诊。

5 类症鉴别

诊断本病时，应注意与猪流行性腹泻、猪轮状病毒病、仔猪黄痢、仔猪红痢、猪副伤寒、猪痢疾等病予以鉴别。

6 治疗措施

本病物特异性药物进行治疗，但采取对症治疗可以减轻脱水、电解质平衡紊乱和酸中毒；同时加强饲养管理，保持仔猪舍的温度（最好 25℃左右）和干燥，则可减少死亡，促进早日恢复。为此，让仔猪自由饮服下列配方溶液（氯化钠 3.6 g，氯化钾 1.5 g，碳酸氢钠 2.5 g，葡萄糖 20 g，常水 1 000 mL），具有较好的防治效果。为防止继发感染，对 2 周龄以下乳猪，可适当应用抗生素及其他抗菌药物，如用氯霉素注射液肌肉注射每千克体重 10～30 mg，每天两次；磺胺脒 0.5～4 g，次硝酸钠 1～5 g，小苏打 1～4 g，混合口服。

7 预防措施

预防本病，首先要注意管理。平时注意不从疫区或病猪场引进猪只，以免传入本病。若要引进猪只时，要注意检疫、隔离并防止人员、动物、用具传播。

据研究，TGE 是典型的局部感染，乳猪从含有中和抗体的初乳和常乳中可获得良好的免疫效果，此即为乳源免疫。因此，对怀孕母猪于产前 45 d 及 15 d 左右，以猪传染性胃肠炎弱病毒疫苗经肌肉及鼻内各接种 1 mL，使其产生足够的免疫力，让哺乳仔猪通过吃母奶获得抗体，产生被动免疫，能有效地预防本病。另外，在小猪出生后，以无病原性的弱毒疫苗口服免疫，每头仔猪口服 1 mL，使其产生主动免疫，也是预防本病的好方法。

8　小结

加强饲养管理，搞好环境卫生，加强消毒措施，消灭传染源，切断传播途径，定期免疫。当猪群发生本病时，应立即隔离病猪，并用消毒液对猪舍、环境、用具、运输工具等进行彻底消毒。尚未发病的猪应隔离在安全的地方饲养，并应随时观察，掌握疫情。

羊急性白肌病的诊断及治疗

梁建忠[1] 李彦军[2] 李晓婷[2] 张君霞[4] 张全文[2] 张国斌[3]

（1. 内蒙古阿拉善右旗农牧民学校，内蒙古阿拉善右旗 737300；2. 内蒙古阿拉善右旗动物疫病预防控制中心，内蒙古阿拉善右旗 737300；3. 内蒙古阿拉善右旗阿拉腾敖包镇农牧业服务中心，内蒙古阿拉善右旗 737314；4. 内蒙古阿拉善右旗巴丹吉林镇农牧业服务中心，内蒙古阿拉善右旗 737300）

在内蒙古阿拉善右旗巴丹吉林镇巴音博日格嘎查，有一户牧民家的羊，3 月初发生以突然死亡、瘫痪不起为主要症状的病例。不到一星期的时间内，大羊发病 5 只，死亡 3 只，死亡率 60%。羔羊发病 34 只，死亡 16 只，死亡率 47%。发病速度快，来势比较凶猛，疑似某种烈性传染病暴发，让该牧户和周围牧民非常害怕、恐慌。经我们流行病学调查、临床观察、病理解剖、治疗性诊断，确诊为急性白肌病。经过治疗，病情得到控制。

1 流行病学调查

内蒙古阿拉善右旗巴丹吉林镇巴音博日格嘎查位于巴丹吉林沙漠腹地，丘陵，浅山，平地和沙丘交错分布，牧草稀疏，主要有沙竹、珍珠、红沙、白茨、黄蒿等。气候干旱恶劣。这次发病的牧户家采用传统的散养方式进行自繁自养，较少补饲，饲料用干苜蓿、玉米秸秆和精料。羔羊出生 20 d 左右开始补喂精料。去年，这一地区少雨无水，饲草缺乏、单一，羊膘情很差、营养不良。曾注射羊三联四防疫苗、用青霉素、安痛定等药物治疗，均无效果。

2 临床症状

急性病例未出现任何症状突然倒地死亡，多见于较大、膘情稍好的羔羊。亚急性病例一般病羊体质虚弱，精神沉郁，口腔、唇及眼部黏膜苍白。呼吸急促，心率不齐，体温 37℃左右，食欲不振，消化不良。有的病羊初期站立不稳，体躯摇摆，共济失调。以后随着病程的发展逐渐瘫痪，羔羊因站不起来吃不到母乳。有的病羊突然瘫痪，不能站立，食欲废绝，反刍停止，软弱无力地俯卧于地，四肢有知觉，头偏于一侧，人为加以辅助也不能使其改变伏侧卧的姿势，口流白沫终日昏睡，多数 2 d 左右死亡。

3 病理变化

剖检急性死亡羔羊可见心肌扩张，横径变宽，心壁变薄，心内膜下肌肉层呈灰白色或黄白色的条纹及斑块(虎斑心),其他病变不明显。亚急性病变主要在骨骼肌、心肌和肝脏,其次为肾脏和脑。骨骼肌色淡,出现局限性的发白或发灰变性区,似鱼肉或熟肉状,以腰肌、背肌、臀肌最明显,呈对称性。心内、外膜有出血点。肝脏肿大,呈黄色,质脆,切面有槟榔样的花纹,也称槟榔肝,胆囊充盈。肾柔软,表面为紫红色与土黄色相间斑纹。

4　治疗

(1)对病羊肌肉注射亚硒酸钠-维生素 E 注射液 2 mL/只。

(2)用维他命-21 饮水,500 mL 兑水 50 kg,每日 3 次,连续 7 d 以上。

(3)病情严重的羊,用维他命-21 每 5 kg 体重口服 5 mL,每日 1 次,连续 7 d 以上。

采取以上措施第 2 d,部分瘫痪的病羔羊就能自行站立行走。未见新病例发生。除严重的 2 只大羊和 1 只羔羊死亡外,其他病羊全部治愈。

5　预防

(1)加强护理,供给优质牧草。

(2)在饲料中添加亚硒酸钠,使日粮中含硒 0.1 mg/kg,即可满足动物对硒的需要。还可将亚硝酸钠加入矿物添加剂或食盐舔砖中。

(3)当年出生的全部羔羊肌肉注射亚硒酸钠-维生素 E 注射液 1 mL/只。

(4)全群羊(包括羔羊)用维他命-21 饮水,500 mL 兑水 50 kg,每日 3 次,连续 7 d。以后每日 1 次,连续 1 个月以上。

6　体会

(1)由于当地沙化比较严重,去年又缺少雨水,羊长时间吃枯草导致维生素、矿物质缺乏,引起了这次急性白肌病的暴发。

(2)亚硒酸钠-维生素 E 治疗本病效果较好。硒是谷光甘肽过氧化酶的主要成分,具有清除脂质过氧化自由基中间产物、防止生物膜的脂质过氧化等作用。还参与辅酶 A 和辅酶 Q 的合成,在机体代谢的三羧酸循环和电子传递中起重要作用。能促进体内蛋白质的合成。硒具有毒性,中毒剂量与动物机体需要量之间的区域很小,不能超大剂量使用。维生素 E 能抑制多价不饱和脂肪酸产生的游离根对细胞膜的脂质过氧化,与硒在机体的抗氧化作用中具有协同性,表现出“相互节省效应”。

(3)白肌病是一种微量元素缺乏症,也是一种营养缺乏或代谢障碍性疾病,常危害数周龄至 2 月龄左右生长迅速的羔羊。

(4)补充亚硒酸钠-VE 是预防羊白肌病的有效措施。在日粮中按 0.1 mg/kg 添加亚硒酸钠-维生素 E,母羊产前 1 个月肌肉注射亚硒酸钠-维生素 E 2 mL,羔羊 3 日龄肌肉注射亚硒酸钠-维生素 E 1 mL,能有效预防该病的发生。

中西药结合治疗奶牛产后瘫痪

玉梅[1]　额尔登佈音[2]　阿拉腾图雅[3]　包红喜[1]　张爱萍[1]　萨日娜[1]

（1.阿拉善左旗家畜改良工作站，内蒙古阿拉善　750306；
2.阿善左旗动物卫生监督所，内蒙古阿拉善　750306；
3.阿拉善左旗诺尔公苏木动检站，内蒙古阿拉善　750306）

为加强兽医防制工作、保障奶牛业的正常发展，自2016年3月16日至2016年5月16日全国基层农技推广补助项目技术指导员一行人到阿拉善左旗巴彦浩特镇巴彦霍德村开展技术指导工作。当地养牛户较多，但因地处偏僻，文化知识不全面，养殖存在很多问题。针对这种情况，我们在姜新基兽医师的带领下对村民宣传现代化的养殖技术，并对村民的畜群进行彻底的检查，对个别的病畜进行诊断治疗，帮助村民提高了经济效益。在对病畜诊断时笔者发现了很多病例，如乳房炎、产后瘫痪、流产、难产、瘤胃臌气等，尤其是对奶牛产后瘫痪病的治疗使我印象最深。

1　发病原因

发病原因很多，但主要原因是多因饲养管理不当，饲料单一，营养缺乏，造成气血双亏，机体素虚，特别是妊娠后期的母牛急需大量营养物质的供应，造成营养的比例不合适。饲料中缺乏钙磷，导致血液中血糖减少，进一步造成管状骨骼，骨密度减少，骨质疏松；另外是由于母牛在妊娠期长时间缺乏运动，造成体质下降，也是引起牛瘫痪原因之一。

2　临床症状

瘫痪的牛轻者表现精神不振，食欲减少，反刍嗳气减少，泌乳量下降，喜卧地或卧底后不愿起立，强行站立后不时即倒地，不愿行走，行走时四肢关节不灵活，后肢摇摆如醉，体温正常或稍低，心跳快而弱，呼吸粗，眼球突出或转动不灵，表现不安。重者精神沉郁，眼闭似昏睡，食欲减少或不食，站立困难，行走时的后躯摇摆，步态不稳，转弯时摔倒，重症者就此倒下形成瘫痪症状。多数患畜四肢聚于腹下，严重者后肢张开，呈半麻痹状态，针刺不敏感，反射较差，头颈弯向一侧，大部似犬卧姿势，眼闭耳耷，四肢不温，耳、鼻、角厥冷，体温36.5℃左右，心律过缓，呼吸深长缓慢，大部分患畜伴有痰鸣声或呼噜声，有时呈现腹式呼吸，鼻镜湿润，汗不成珠，有时无汗，不时磨牙。

3　治疗

西药静注：①25％葡萄糖500 mL＋青霉素160×10支；②25％葡萄糖500 mL＋维生素C

(10 mL×5)×1 盒;③钙磷镁 500 mL×1 瓶;④10%氯化钙 500 mL×1 瓶;⑤0.9%氯化钠 500 mL+双黄连注射液 50 m 注射液。

口服:速补钙 500 mL×1 瓶

西药肌注:①维丁胶钙 20 mL;②当归注射液 20 mL+ 维生素 B_{12}注射液 20 mL。

中药:当归、川芎、坤草、防风、红花、杜仲、牛膝、乳香、没药、葫芦巴、甘草、破故纸、西茴、党参、伸筋草、透骨草、龙骨、牡蛎、云苓、白术、川朴、乌药、甘草,煎服。

4 病例介绍

[例一] 阿拉善左旗巴彦浩特镇巴彦霍德村某养殖户的 7 号奶牛于 2016 年 4 月 10 日产第四胎。听畜主说该牛 9 日下午产后舔犊时还正常,晚八点将初乳挤了 10 多 kg 左右,挤奶时不老实,两后肢乱动,乱踏,到半夜听到哞叫了几声,到天明五点多,母牛卧地不起了。临床症见,患牛精神高度沉郁,反刍嗳气停止,食欲废绝,体温 36.8℃,心跳 50 次/分,并伴有呼噜声,四肢张开俯卧于地,头向左侧弯曲,用力牵拉头部颈部弯曲拉不直,眼球突出,瞳孔散大,听诊瘤胃蠕动音较弱,针刺皮肤反应敏感,刺四肢反应较差,卧地不起,强行抬起四肢发硬,不能站立,诊为急性奶牛产后瘫痪。

治疗:西药静注:①25%葡萄糖 500 mL+青霉素 160×10 支;②25%葡萄糖 500 mL+维生素 C(10 mL×5)×1 盒;③钙磷镁 500 mL×1 瓶;④10%氯化钙 500 mL×1 瓶;⑤0.9%氯化钠 500 mL+双黄连注射液 50 mL。

口服:速补钙 500 mL×1 瓶。

肌注:①维丁胶钙 20 mL;②当归注射液 20 mL+ 维生素 B_{12}注射液 20 mL。

中药方剂,一日一剂一次投服,11 日下午精神大有好转,体温、呼吸、心跳恢复正常,开始有食欲,12 日下午痊愈。

[例二] 阿拉善左旗巴彦浩特镇巴彦霍德村某养殖户的 12 号黑白花牛 2016 年 4 月 24 日正常分娩第七胎,26 日就诊。听畜主说牛产后前一天不好吃草,后腿发软,站立时间不长,第二天不吃不喝了,卧地不起,用几人强行抬起也站立不住。临床症见:精神高度沉郁,头颈聚于腹下,后肢张开,耳、鼻不温,鼻汗不成珠,嗳气反刍停止,后躯污染,针刺后躯下部反应不敏感,上部敏感反应稍差,诊断为瘫痪。

治疗:西药静注:①25%葡萄糖 500 mL+青霉素 160×10 支;②25%葡萄糖 500 mL+维生素 C(10 mL×5)×1 盒;③钙磷镁 500 mL×1 瓶;④10%氯化钙 500 mL×1 瓶;⑤0.9%氯化钠 500 mL+10%氯化钾 10 mL 注射液。

口服:速补钙 500 mL×1 瓶。

肌注:①维丁胶钙 20 mL;②当归注射液 20 mL+维生素 B_{12}注射液 20 mL。

治疗 3 d 痊愈。

5 预防

干奶期加强饲养补充矿物质补钙;产后立即输液补充钙剂;分娩前肌注维生素 D;分娩后不能大量挤奶,限制在 2 000 mL 左右;分娩后饮温盐水稍加红糖。

6 体会

(1)奶牛发生产后瘫痪往往发病急,病状发展快,越早治疗效果越好。

(2)治疗时静脉注钙剂是补充血钙浓度的有效办法。病牛因废食,产后时间不长,身体虚弱,配以强心补糖、补充维生素等进行静脉注射,对身体康复起辅助治疗作用。

(3)根据中兽医理论,以活血祛瘀,气血双补,祛风壮骨,为治则来配伍中药,调理机体的阴阳平衡。

(4)治疗时在连续两次用药后,如效果不显著,要对药物剂量进行调整,静脉注射时,注意观察牛,静脉注速度控制在每分钟 60 滴左右。

7 结论

(1)牛的产前产后瘫痪均属营养代谢病,主要是营养贫乏和代谢紊乱,要及时发现及时治疗,若延误病程,可造成死亡。

(2)在治疗牛产前瘫痪时,重在补充营养,加强饲养管理,与产后瘫痪治疗方法基本相同,但在中药治疗中减去活血化瘀之品。

(3)在孕畜饲喂中或饲料配比中要添加含钙、糖之类的添加剂,合理搭配饲料,可预防本病的发生。

(4)增加栏舍的光照,加强运动,保证体质健康,经常牵出晒太阳,可有效预防畜体缺钙。

(5)在妊娠后期要多喂蛋白质饲料和矿物质饲料。

牛瘤胃臌气的兽医治疗及分析

董瑞

（陕西省榆林市榆阳区大河塔镇安崖畜牧兽医工作站　719000）

摘要：牛瘤胃臌气是牛生产发育中的常见病，若不及时治疗，则会造成病牛死亡，给养殖户带来经济损失。本文对牛瘤胃臌气的病因及症状进行介绍，并进一步探讨兽医治疗牛瘤胃臌气的方法，在此基础上总结出治疗的经验，期望对提高牛瘤胃臌气的治疗水平，保证牛的健康生长发育有所帮助。

关键词：瘤胃；臌气；病因；兽医治疗

1　牛瘤胃臌气的病因及症状

1.1　病因

在牛的养殖过程中，牛瘤胃臌气是一种常见的疾病，其病因主要包括以下两个方面：一是原发性病因。牛食用过量的易于发酵产气的饲草，如幼嫩豆科牧草等，这些饲草中含有大量水分，易造成牛瘤胃胀气，对胃壁血管造成压迫，抑制嗳气生理反射机制的正常运行。此外，牛采食含有皂角苷、蛋白质、果胶等成分的植物，也会造成原发性瘤胃臌气，易增加牛瘤胃中胃液的黏稠度；二是继发性病因。因牛的食道过窄、食道梗塞、腹膜炎等因素损坏牛的迷走神经支，阻碍瘤胃正常蠕动，抑制嗳气反射机制，从而造成瘤胃臌气反复发作，难以根治。

1.2　症状

牛瘤胃臌气主要表现为牛的腹部出现臌胀现象，特别在左肷部位最为严重，甚至有可能会高出脊背。受瘤胃臌气的影响，病牛经常会出现用后肢踢腹部的情况，并出现心跳加快、唾液泡沫流出、呼吸频次高、腹泻或无粪便等症状。病牛排泄物常伴有恶臭，同时含有未能消化的饲料，但病牛体温变化不明显，患病期间病牛不愿意进食。在瘤胃臌气晚期阶段，病牛体力透支，常倒地不起、无法站稳、连续哞叫，最终出现心脏麻痹、呼吸困难问题，直至病牛死亡。若牛瘤胃臌气病情恶化速度较快，则病牛通常在 2 h 内便会致死，同时该疾病即便得以治愈，其后期也会经常复发，导致病程时间过长，需要连续治疗 7～15 d。

2　牛瘤胃臌气的兽医治疗方法

2.1　排气疗法

对于瘤胃臌气病情较轻的病牛，可采取以下治疗方法：将其带到前高后低之处，保持牛的头部向上，利用胃导管将气体从病牛的瘤胃中排出；在牛的口中横置一根柳木棍，用绳子将木棍固定于病牛的两耳处，迫使病牛张口舐该木棍，缓缓将气体从瘤胃中导出；采用缓慢挤压法，兽医可反复按压病牛的瘤胃部，排出瘤胃中的气体；对于腹胀较为严重的病牛，兽医可采用瘤胃穿刺放气的治疗方法。但是，若病牛已经出现呼吸困难症状，则不能采用这种治疗方法，而是要进行瘤胃切开手术，这手术过程中使用强心类药物，避免造成病牛死亡，以便顺利取出内容物。

2.2 洗胃疗法

让病牛保持站立状态，对病牛头部进行固定，打开病牛口腔，将胃导管（内径为 2.5～3.0 cm）缓缓插入病牛瘤胃，插入长度为 1.2～1.5 m，将食盐水通过导管进行注入，注入量为 10 kg，并且保证食盐水的温度，避免因食盐水过凉对病牛瘤胃造成刺激。食盐水能够稀释瘤胃内容物，在注入过程中出现病牛腹部隆起时，放低导管外口，导出内容物。如果遇到内容物难以导出的情况，兽医可缓慢按摩病牛的瘤胃，促使内容物与温食盐水充分混合，再进行导出。将上述做法反复进行 1～3 次，彻底消除病牛瘤胃内部的腐败气味或泡沫。

2.3 药物治疗

具体可采用以下治疗方法：将 500～800 g 硫酸钠或 500～1 000 mL 石蜡油溶于水中，配成健胃剂或泻药，从病牛口进行灌入，同时静脉注射 10％的氯化钠＋氯化钙＋安钠咖溶液，促使病牛的瘤胃快速蠕动，进行反刍；为促使病牛的肠胃蠕动，可适当采用强心剂，肌注 5～5 mL 安钠咖＋10 mL 的维生素 B_{12}，同时从病牛口灌入经过酒精溶解的鱼石脂；采用中药治疗方法，取适量陈皮、木香、甘草、半夏、贯众等通肠利便的中草药，利用石灰水进行勾兑，经口灌入，起到消滞化气的作用。或者取适量莱菔子、滑石、芒硝进行研末，用醋、食用油进行调匀，经病牛口灌入；若病牛瘤胃出现泡沫性臌气，则可用水灌服 40～50 片的消沫片，或注射 250～500 mg 的土霉素，或内服 90～150 mL 植物油＋30～50 mL 松节油，在治疗之后再灌入瘤胃液，促使瘤胃消化正常；若病牛的瘤胃臌气现象反复发生，可采用 400～500 g 硫酸镁＋4～6 g 酒石酸锑钾，用水调制成溶液，浓度控制在 5％～8％，通过已插入的胃管进行一次性注入。

2.4 穴位针灸

用冷水冲洗病牛口部，采用穴位针灸治疗方法，主穴为通关穴，配穴为百会穴、山根、蹄头等穴位；或采用去除表皮的软枝条，直径为 20 mm 左右，对软枝条进行消毒，之后将其插入顺气穴，插入深度控制在 25～30 cm，促使嗳气生理反射机制正常运行。

3 牛瘤胃臌气的兽医治疗经验分析

3.1 加强胃臌气预防

牛瘤胃臌气严重影响牛的生长健康，所以应以预防为主，降低该疾病的发病率。在连续阴雨天，尽量少喂食含有大量露水的草叶。合理掌握多汁植物的喂食量，待牛进食完毕后，停留一段时间再进行喂水，并保证日饮水充足，避免多汁植物在瘤胃内发酵。

3.2 制定合理的治疗方案

对于原发性瘤胃臌气的病牛，宜采用排气疗法；对于瘤胃臌气严重的病牛，宜采用穿刺放气法，并注入适量植物油或投服消胀散，待臌气消除后，再投食多味健胃散，以防止臌气反复发作。

3.3　科学采用中西药治疗方法

在采用中西药治疗方法时，要关注综合治疗效果，合理搭配用药，避免出现药物之间的相互作用导致瘤胃臌气更加严重。如鱼石脂不能与稀盐酸等酸性药物搭配使用，易生成石膏状物。

4　结论

总而言之，牛瘤胃臌气是牛的常见疾病，兽医要全面了解该疾病的症状表现和治疗方法，根据病牛瘤胃臌气的病因和严重程度，采取有效的治疗方案，彻底治愈这一疾病，并且减少臌气反复发作的概率。同时，兽医要在治疗实践中不断积累经验，积极尝试采用科学的中西医相结合方法提高治疗效果。

参考文献

[1] 蒲清春. 牛急性瘤胃臌气发病原因、症状及防治措施[J]. 农民致富之友，2013(12)：120-121.

[2] 阎春玲. 牛瘤胃积食的症状与防治措施浅析[J]. 农业技术与装备，2015(8)：85-86.

[3] 孟祥森. 牛瘤胃臌气病的诊断及治疗[J]. 畜牧兽医科技信息，2015(2)：59-61.

[4] 泽里尕，马承俊，龙海遨. 牛瘤胃臌气的诊断与防治措施探讨[J]. 畜禽业，2014(12)：142-143.

猪喘气病的治疗与预防探究

龙梅

（四川省中江县永太镇畜牧兽医站，四川德阳　618100）

摘要：在生猪养殖生产实践中，呼吸道疾病中以气喘病最为常见。而且，此病短时间内难以根除，又称之“地方性流行肺炎”。此病典型症状：气喘、咳嗽，剖检病理，有融合性支气管炎。文章详细阐述此病的流行和发生，在此基础上，就此病的预防和治疗做要点阐述，以供同仁参考和借鉴。

关键词：喘气病；治疗；预防

1　猪喘气病危害

总结几年来，猪喘气病的危害，主要体现在如下几方面：第一，影响生猪育成率，此病致死率不高。但是，一旦被感染后，将严重影响其育成率，导致后期长势弛缓，而降低饲料转化率，影响猪群体质，甚至会导致后期猪肉肉质风味差。第二，此病往往反复发生，多年来此病的诊治病例中，多数体现在治疗后有短暂的康复，经过一段时间后有复燃的迹象。而且，此病易继发感染其他病害，往往加重此病康复治疗难度，为后期彻底根除带来不小难度，严重威胁生猪养殖效益的提升。由此，对此病的防控务必提高认识，自预防此病发生的角度入手，更好地控制此病的发生和蔓延，切实提升生猪养殖的综合经济效益。

2　猪气喘病的流行病学

猪气喘病仅发生于猪，对于猪的不同品种、年龄、性别均有感染的可能，其中最易感染的是哺乳仔猪和幼猪，发病率和死亡率比较高。本病的传染源是病猪和带菌猪。本病的传染途径是呼吸道。病原体随病猪咳嗽、气喘和喷嚏的分泌物排到体外，形成飞沫，经呼吸道感染健康猪。本病发生率很高，一年四季均可发生，在冬春寒冷季节比较多见。

3　猪气喘病的症状

3.1　急性型

见于新发猪群，以仔猪、妊娠母猪和哺乳仔猪多发。病猪剧喘，腹式呼吸或犬坐姿势，时发痉挛性阵咳。体温一般正常，有继发感染则体温升高。食欲大减或废绝，日渐消瘦。病程约1周，病猪常因窒息而死，病死率高。

3.2 慢性型

多见于老疫区的架子猪、育肥猪和后备母猪。长期咳嗽，清晨进食前后及剧烈运动时最明显，严重的可发生痉挛性咳嗽。饲养条件和气候的改变，症状时而缓和。病猪体温不高，但消瘦、发育不良、被毛粗乱。病程长达2个月，有的在半年以上，病死率不高。此类病最易发生继发性感染，是夏季猪群急性死亡的主要诱因。

3.3 隐性型

不表现任何症状，或偶见个别猪咳嗽，生长发育一般正常，剖检时有肺炎病灶。隐性型猪气喘病在老疫区的病猪中占有相当大的比例。因其作为平行散毒和垂直传播的隐性传染源，是影响疫苗防疫效果的主要因素。

4 诊断要点

流行病学、临床症状、剖检病变等，都为此病初诊的重要依据。而且，此病仅易感猪，怀孕母猪、哺乳仔猪，感染后症状最明显。此病新疫区为急性经过，而老疫区为慢性或隐性经过。典型症状：咳嗽、气喘，食欲和体温变化不大。特征性病理变化，集中在肺部的心叶、尖叶、中间叶等处，肺门淋巴明显肿大。而确诊，需结合血液凝聚试验、酶联免疫吸附试验等进行。

5 平时预防措施

猪喘气病的危害极大，对此病的综合防治，不能寄希望于临时的康复治疗。更为关键和重要的，应该将精力放在此病的日常预防。在此，如下几项工作应落实具体：

(1)营造良好的养殖环境。此病的流行多数经空气传播，由此，改善舍内空气质量，控制舍内有害气体浓度，确保舍内空气清新，为科学有效防控此病的关键。同时，根据猪群自身特点，适度调整舍内温湿度，预控各类不良温度应激，切实增强猪群免疫力。

(2)逐渐培育健康猪群，注意净化养殖猪群。本着“自繁自养”的原则，能坚持到底，对此病的预控效果更好些。同时，应注意坚持“全进全出”，能减少病原菌残留的数量，为猪种的安全繁殖营造更好的空间。

(3)及早投药防控。根据此病流行特点，提早用药防控，有着更具现实的防病意义。

(4)配比全价饲喂用料。饲喂日粮营养充足，是确保猪群健康成长的前提。由此，根据猪只自身情况，合理有效配比饲料，满足其生长发育必要的营养，提升其抗病能力，同样为预控此病的关键。

6 发病时治疗

养殖猪群中发现疑似病例，最应该做的第一件事，就是注意猪群的彻底消毒，每天1次全群消毒，最大限度控制病原菌传播感染，为健康养猪营造良好的生长环境。

在此病的长期抗争中，经临床用药实践，抗生素为不错的选择。但是，此病复发性极高，土霉素、卡那霉素等治疗，尝试交替用药效果会更好些。现在介绍几种用药疗效不错的药物，就其具体用量和用法做详细阐述，以供参考和借鉴。

①土霉素碱：用量每千克体重 40 mg，用花生油作溶解媒介，调配成 15%～20%的注射溶液，于病猪深部肌肉分点注射，每 3 d 注射 1 次，连续用 5 次，为 1 疗程。

②长效抗菌剂：注射剂量，每千克体重 0.1 mL，肌肉注射，每天 1 次，连续用 2～3 d，为 1 疗程。

③林肯霉素，注射剂量，每千克体重 50 mg，肌肉注射，每天 2 次，连续用 5 d，为 1 疗程。

④泰罗菌素，注射用量，每千克体重 4～9 mg，肌肉注射，每天 1 次，连续用 3 d，为 1 疗程。

中药用于气喘病治疗，毒副作用不大，能在根本上清除病因，近些年来同样被推崇和认可。处方：甘草，20 g/次；麦冬、陈皮、白前、瓜蒌、知母、贝母、天冬、桔梗、苦参，各取 50 g；茯苓，100 g/次，上述混水，每次 1 500 mL，煎熬至 1 000 mL，过滤取汁。通常情况下，猪只为 25 kg，内服 1 次 200 mL，每天 2 服，连续用 1 周，治愈效果不错。

参考文献

[1] 郑家华，雷阳，刘英. 猪喘气病的治疗方式与应用效果研究[J]. 中国林业产业，2016(08).
[2] 李劲松. 猪喘气病的防治措施探讨[J]. 甘肃畜牧兽医，2015(01).
[3] 毛建国. 猪喘气病及其预防[J]. 中国畜牧兽医文摘，2014(01).

奶牛疾病临床防治用药原则与注意事项解析

阿达来提·阿布都音

（新疆哈密市天山乡畜牧兽医站，新疆哈密　839000）

摘要：近年来随着人们对牛肉类的食品需求量的增大，使得养牛专业户的不断扩大，但与此同时也有一些感染性疾病的发病率在呈现上升趋势，由于感染性疾病传播的速度比较快速，一些养殖户为了进行快速的防控治疗，在不明确药物的注意事项下导致药物滥用，造成严重影响和经济损失，为了帮助养殖户更好地进行牛疾病的防控，减少经济损失，本文就牛临床科学用药原则及注意事项、奶牛寄生虫病防治用药原则及注意事项几个方面进行较为详细的说明，希望能为日后牛疾病的临床诊治提供更多依据。

关键词：牛；注意事项；用药原则

为了寻求对牛疾病较好的诊治方式，从而进行更好的防控，避免以及减少病发率，帮助养殖户减少损失，本文就牛临床科学用药原则及注意事项、奶牛寄生虫病防治用药原则及注意事项几个方面进行较为详细的说明，现将结果报告如下。

1　药物滥用及残留造成的危害

1.1　乳中药物残留对公共卫生安全的危害

乳中药物残留可导致人体过敏，而持续性的服用会对肾脏、肝脏、神经等组织器官造成损伤，导致机体代谢紊乱，影响胎儿的发育，而乳中激素类药物可导致生长发育异常及致癌。

1.2　不合理临床用药对奶牛养殖业的危害

不合理临床用药不仅不会对牛所患的疾病产生作用，还可能会对牛身体产生较大危害，除对奶牛心血管、神经、消化系统、呼吸系统器官造成毒害外，还会使得奶牛繁殖机能紊乱，从而对养殖户造成一定的经济损失。

2　奶牛临床科学用药的原则及注意事项

2.1　正确诊断

通常疾病的延误有很大一部分原因都是由于误诊及漏诊情况造成的，动物也一样，对牛所患有的疾病进行误诊的话，会导致治疗方案和药物的滥用，不利于牛疾病的预防治疗，故此兽医应该定期加强自身的专业知识，提高专业能力，在为动物进行诊断时，一定要通过疾病症状、表现等进行诊断，以适当的药物进行有效的治疗。

2.2 要坚持“标本兼治”

要根据疾病的致病因素进行根本治疗，坚持急则治其标、缓则治其本和标本兼治的原则，比如针对疼痛进行的镇痛治疗，针对发烧进行的解热治疗。

2.3 临床科学用药剂量原则

根据病情情况进行正确的药物剂量治疗，依照联合用药原则。在疾病治疗过程中药剂量小的情况下药效就小，对疾病的作用就越小，药剂量大的话对疾病的作用就会越大，但过大剂量的药物会对牛产生一定的毒副作用，故此需要按照合适的药剂量进行治疗。

2.4 联合用药的注意事项及口服抗生素治疗原则

了解药物的理化性质、药理作用，合理的联合用药就可以起到协同作用、减少副作用、提高疗效。年龄较大的牛，比如 4 月龄以上的牛及成母乳牛瘤胃结构已经完善，食入的饲料、饲草主要靠瘤胃消化，口服抗生素会严重影响到瘤胃内的微生物，故此对于 4 月龄以上的牛不适用以抗生素治疗。

2.5 奶牛寄生虫病防治用药原则及注意事项

加强牛群寄生虫监测工作，预防牛感染寄生虫，而需要注意从平时的临床病例中收集牛群寄生虫信息，驱虫药的选定及驱虫时间的确定。

3 小结

随着近年来养牛专业户的不断扩大，与此同时一些感染性疾病的发病率也在呈现上升趋势，由于一些感染性疾病传播的速度比较快，一旦防控不够及时很有可能会给养殖户造成严重影响和经济损失。不进行正确的诊断就进行药物治疗，会导致药物滥用，对牛的身体造成严重危害。故此，就牛临床科学用药原则及注意事项、奶牛寄生虫病防治用药原则及注意事项几个方面进行较为详细的说明，从而让养殖户和专业技术人员更好的认识合理运用药物的重要性，有效的防控避免以及减少牛疾病的发生，帮助养殖户减少损失就显得极为重要。

经过此次研究得知，在牛疾病的预防治疗方面，主要先对疾病进行及时准确的认识，以免出现误诊情况造成疾病延误，对疾病的类型需要进行区分，根据牛自身的症状选取合适的药物进行治疗，要以科学用药原则及注意事项、奶牛寄生虫病防治用药原则进行牛疾病的防控治疗，提高治疗效果。在牛疾病的防治方面还需要做到以下几个方面：①消毒处理：可以通过建立完善的消毒体制来进行有效的预防感染，对牛群以及牛舍进行定期的 2～4 d 一次的消毒；包括对牛以往所进食用的器具也需进行定期的严格消毒，养殖者自身也需在每天注意自身的清洁和消毒以防牛群受到外源感染；②隔离：一旦发现有牛出现牛感染现象应采取隔离和及时有效的治疗措施，从而较好的控制感染现象进一步扩大；③疫苗预防：在防止牛传染性感染疾病的发病率上，疫苗接种也是非常重要的一项工作，通过疫苗接种的方式来加强和提高羔牛的免疫力，必须首先要做好疫苗接种工作，对牛群定期的进行疫苗接种以加强和提升牛的免疫力，可以较好地抵抗住疾病的感染，从而使牛疾病的传播得到有效控制，避免以及减少病死率，进而为养殖人员减少经济损失。

参考文献

[1] 孙家堂.家畜疾病治疗中的用药原则及注意事项[J].当代畜牧,2015,17(6):64-65.
[2] 侯引绪,葛长城,王艳.奶牛疾病临床防治用药原则与注意事项解析[J].中国奶牛,2015,11(12):23-26.

中西医结合治疗瓣胃阻塞

玛依努尔·叶生太

(新疆阿勒泰畜牧兽医职业学校,新疆 阿勒泰 836599)

摘要:瓣胃阻塞又称瓣胃秘结,中医又称百叶干,是由于牛瓣胃的收缩力减弱,使胃内容物不能运送到皱胃,缺少饮水,食物干涸积滞而引起的阻塞的疾病。饲料搭配不当,精细饲料如细糠等饲喂过多,引起牛瘤胃积食,瘤胃内蓄积大量的难以消化的干物质,容积不及时,或治疗方法不得当,大多数牛在3～5 d后死亡。

关键词:瓣胃阻塞;内科;消化系统;前胃疾病

1 病例

阿勒泰市拉斯特乡,王某自养奶牛。

1.1 主诉

这几天该牛排粪干硬,吃草少,不倒嚼。

1.2 临床检查

精神沉郁,鼻镜干燥,结膜潮红,排粪干硬,呈算盘珠样,瘤胃蠕动音消失,反刍停止,偶有腹痛症状,经向瓣胃内注入生理盐水阻力明显增大。

1.3 治疗

(1)25%硫酸镁注射液300 mL,瓣胃注射;5%糖盐水2 000 mL,iv;5%碳酸氢钠500 mL,iv,1次/d,连用3 d;瓣胃疏通散,1剂/d,灌服。

(2)用普鲁卡因2 g,呋喃西林3 g,硫酸镁400 g,甘油200 mL,加水3 000 mL,溶解后注入瓣胃内。

2 病因

本病由于缺少饮水或长期饲喂难以消化的饲料,或采食了大量的坚硬含粗纤维难消化的饲料,如:半干半湿的甘薯蔓、花生蔓、豆秸、麦秸、麦糠,以及粉状饲料、霜冻的冻饲料和混有泥沙饲料等引起瓣胃的收缩能力减弱,排除作用不正常,使内容物半涸不化,继发于前胃弛缓,胃肠道疾病和某些热性病的过程中。

3 症状

本病一般发展缓慢，病初表现前胃弛缓症状，食欲减退，反刍缓慢，实动减弱，瘤胃内容物柔软，以后反刍停止，嗳气停止，鼻镜干裂，瘤胃蠕动停止，有时继发瘤胃膨胀。瓣胃蠕动音减弱或消失。且排便迟滞，出现持续性轻度腹痛症状，空口咀嚼，磨牙，卧地时呈左侧横卧，头向右侧观腹。触诊瓣胃区，病牛疼痛不安，病牛退让，抗拒触压，并感觉到瓣胃坚硬。进行瓣胃穿刺，感到阻力加大。初期粪便干而少，硬，色暗。表面附着黏液，形如算盘珠状。以后排粪停止，瓣胃穿刺，可感到瓣胃内容物硬固，一般不会穿刺针孔自行流出瓣胃内液体，结膜发绀，眼球凹陷，皮肤弹力减退，但常卧地努责，有时可排出少量胶冻样黏液。直肠检查，后部肠管空虚，肠壁干燥，或附着干涸的粪片。

体温、脉搏、呼吸初期无大变化，当小叶发生坏死或发生败血症时，体温升高，脉搏呼吸加快，全身症状加重。

病至后期，出现脱水和自体中毒现象。

4 诊断

本病特征为鼻镜干燥龟裂，排粪干硬，粪便呈算盘珠状，口腔干燥，临床诊断时，必须对病牛的胃肠道进行全面细致的检查，主要依据病前饲养管理情况，瓣胃听诊、触诊和穿刺情况，结合排粪、脱水症状进行诊断，瓣胃穿刺部位在右侧第 7～9 肋间与肩端水平线的交点，将消毒的 16～18 号，长 10 cm 以上的有芯针头，与皮肤直角刺入 6～8 cm，即刺入瓣胃。如为本病，进针时可感到阻力很大，内容坚硬，且可感到进针时的沙沙音。

必要是进行剖腹探诊。在论证分析时，应注意与前胃弛缓、瘤胃积食、创伤性网胃腹膜炎、皱胃阻塞、肠便秘以及可伴发本病的某些急性热性病进行鉴别诊断。

5 防治

(1)预防：加强饲养管理，减少坚硬的粗纤维饲料，增加青绿饲料和多汁饲料，清除饲料中的泥沙，保证足够饮水，给予适当运动。对前胃弛缓等病及早治疗，以防止内容物停滞于瓣胃内。

(2)治疗原则：软化瓣胃内容物，增强瓣胃收缩力和恢复前胃运动机能，促进瓣胃内容物排出为主。

(3)应用：适用于轻症和病初期，为了排除为内容物，硫酸镁(硫酸钠)800 g，植物油 1 500 mL，鱼石脂 20 g，75%酒精 100 mL，水 1 500 mL 混合一次内服。为了强心，促进胃蠕动 10%安钠咖 30 mL，复方盐水 1 500 mL，维生素 C 40 mL，10%盐水 500 mL，促反刍液 1 000 mL，10%葡萄糖酸钙 500 mL 静脉注射。也可用石蜡油 1 500～2 000 mL，蓖麻油 300～500 mL，硫酸镁 500～1 000 g，加水 5～8 kg，一次灌服。或给予液体石蜡 1 000～2 000 mL，一次灌服。为增强前胃神经兴奋性，促进前胃内容物运转，胃肠动力 15 mL 皮下注射，复合维生素 B 20 mL 肌肉注射，同时静脉注射 10%氯化钠 500～1 000 mL，有脱水时应予以补液，5%碳酸氢钠 500～1 000 mL 静脉注射。

(4)瓣胃注射：在右侧第 7～9 肋间与肩关节水平线的交点，剪毛消毒，用瓣胃穿刺针略向下方刺入 10～12 cm，如刺入正确，可见针头随呼吸动作而微微摆动，为确保针头刺入正确，可先注射生理盐水 50 mL，注完后后立即回抽注射器，如果抽回的是少量带草渣的黄色液体，证明已刺入瓣胃，然后向内注入 10%～20%硫酸镁液 1 000～2 000 mL 分多点注入。或用普鲁卡因 2 g，呋喃西林 3 g，硫酸镁 400 g，甘油 200 mL，加水 3 000 mL，溶解后注入瓣胃内。

(5)兴奋胃肠蠕动：用 5%～10%氯化钠注射液 500～1 000 mL，10%安钠加 20 mL，一次静脉注射。也可用新斯的明 20～50 mL 肌肉注射。病至后期，由于瓣胃麻痹及坏死，应用大量溶积型泻剂等常规治疗方法无效，可试行瓣胃冲洗法。一般采用胃管插入网瓣孔冲洗瓣胃；对于顽固性瓣胃阻塞，应及时采用瘤胃切开术手术治疗，可取得良好效果。

6 保定

将患牛拴于六柱栏内站立保定，并装上胸腹吊绳，用 2%盐酸普鲁卡因注射液适量于腰旁神经干传到麻醉，术部采用 0.25%普鲁卡因液浸润麻醉。

7 术部

在左肷部腰椎横突下方 5 cm，离最后肋缘 5 cm 处沿肋骨纵轴方向切口，切口约 20 cm。

8 手术过程

按常规手术方法剪毛，消毒，隔离，切开皮肤，钝性逐层剥离肌肉，固定隔离瘤胃后，切开瘤胃壁，见胃内容物干燥，形成人头大的粪球。取出大部分胃内容物后，隔瘤胃壁触摸瓣胃，感觉到整个瓣胃体积增大，质地坚硬，在网胃底部取出细砂、玻璃片和铁丝等异物，网瓣孔、瓣胃沟和瓣胃叶间充满干固内容物。用装有漏斗的胶管通过网孔向瓣胃注入大量温水，浸泡软化瓣胃沟、网瓣孔和瓣胃内干固内容物。在注入温水的同时，用手指轻轻松动瓣胃叶间内容物，由网瓣口逐渐深入瓣胃内部。将手退回瘤胃内，隔胃纵向，横向多点按压瓣胃，上述手指松动与多点隔胃按压反复交替进行。大约 1 h，干固内容物软化，松动，脱落，稀释，按常规缝合胃壁及腹壁，装减张绷带。

9 术后护理

室内清洁，防止蚊蝇叮咬，用 160 万 IU 青霉素 15 支溶于 2 000 mL 生理盐水中静脉注射。每天两次，连用数日。并配合强心，健胃药治疗，一般术后第一天患牛即可排出干湿混合粪便，第二天开始饮水，进食，一周后痊愈。本病的预防要点是尽量防止可导致前胃弛缓的各种不良因素，舍饲牛注意粗、精料合理搭配，不要长期过多饲喂坚韧的粗纤维饲料和粉状饲料或混有泥沙的饲料，保证足够的饮水。发生前胃弛缓时，应及早治疗。

10 中医疗法

中兽医称瓣胃阻塞为百叶干，中药治疗应滋阴降火，润肠通便为主。

[处方一] 瓣胃疏通散

〔功能〕消积导滞，泻下通肠

〔组成〕大黄 30 g，黄芩 20 g，黄柏 20 g，川芎 20 g，黑丑 10 g，滑石 40 g，槲片 30 g，枳壳 20 g，知母 20 g，蜂蜜 300。

〔用法〕共研细末，开水同调，候温灌服，1 剂/d，连用 3～4 d。

[处方二]《 藜芦润燥汤》

〔功能〕润燥攻结。

〔组成〕藜芦 6O g，常山 60 g，牵牛子 60 g，当归 60 g，川芎 34 g，滑石 90 g，麻油 1 000 mL，蜂蜜 250。

〔用法〕共研细末，开水同调，候温灌服，1 剂/d，连用 3～4 d。

[处方三]《大戟散》

〔功能〕消食导滞，攻下通便。

〔组成〕大戟、甘遂各 15 g，牵牛 30 g，滑石 100 g，黄芪 60 g，川大黄 60 g，芒硝 120 g，猪脂 500 g。

〔用法〕共研细末，开水同调，候温灌服，1 剂/d，连用 3～4 d。

家畜伪狂犬病的诊断及其处理措施

管菊*

（云南省红河州个旧市大屯镇农业综合服务中心，云南红河　661017）

摘要：某养殖户先后出现家养的猪、山羊、水牛、犬同期先后发病，山羊、水牛、犬急性异常死亡病例。该病发病特快，除猪以外，其他家畜病死率极高，无特效治疗。经过流行病学调查，临床症状观察，实验室诊断，结果猪、水牛、山羊、犬均为伪狂犬病，经过综合防控，疫情得到了有效控制。

关键词：家畜；伪狂犬；诊断；防控

1　发病情况

某山区养殖户混养育成架子猪 8 头，水牛 1 头，山羊 81 只，犬 3 只。2014 年 12 月 30 日首先出现山羊急性异常死亡病例，发病 9 只，死亡 9 只，发病率为 11%；水牛、犬、猪相继发病，水牛发病 1 头，死亡 1 头，犬发病 3 只，死亡 3 只，猪发病 6 头，无死亡病例，该病发病特快，病死率极高，除猪以外，山羊、水牛、犬出现症状的全部死亡，无一例救治痊愈，病死率高达 100%。

2　临床症状

2.1　山羊

病羊初期发现趴腰、懒倦，随后体温快速升高达 39.5～41.5℃，食欲废绝，呼吸急促，个别口流白沫，精神沉郁，呆滞，间隙性狂躁不安，肌肉震颤，眼睑浮肿，眼结膜充血；病羊身体头部、腰部等局部出现剧痒，病羊不停地用角、前肢或向硬物摩擦发痒部位，直至被毛脱落、皮下水肿出血；所有病羊不时发出凄惨叫声，临死时烦躁不安，磨牙、咩叫、转圈、运动失调、肌肉痉挛性强直、咽喉麻痹至全身衰竭而亡，时间最短的一只从出现咩叫到死亡仅 17 h。主诉：曾怀疑中毒，经过解毒处理无效。

2.2　水牛

在山羊初发病第 3 天出现发病，食欲废绝，发热，体温快速升高到 41℃，流口水，眼结膜发

---

* 作者简介：管菊，女，生于 1976 年 12 月，任个旧市大屯镇农业综合服务中心主任，高级兽医师，主要从事基层畜牧兽医科技推广工作，主要负责大屯镇辖区内畜禽传染病及寄生虫的预防、诊断和治疗等综合防控，包括疫情监测、流行病学调查、动物及其产品的检疫、养殖户培训、指导等工作，以有效控制重大动物疫病的发生，确保大屯地区畜牧业稳定发展。

红，不停地用左颈擦柱子，呼吸急促，眼神呆滞，使用安乃近、青霉素、地塞米松、牛羊百病消等对症治疗无效，第 2 d 死亡，临死时倒地不起，痉挛，鼻流浆液性分泌物。

2.3　犬

3 只犬先后与羊同时发病，初期不食，精神倦怠，发热，大量流清口水，不停地用前爪抓挠口唇或用后肢抓挠下腹部，至毛掉，皮肤发红肿胀，用止痒、抗过敏处理无效，临死抽搐，很快死亡。

2.4　育成架子猪

在山羊初发病第 3d 出现发病，主要表现为不食，个别呕吐、高热，个别呼吸明显加快，呆立，体温为 40℃以上，使用安乃近、青霉素治疗，暂时退烧后少量进食红薯藤等青绿饲料，4 d 后明显有所好转，7 d 后逐步恢复，无其他明显可见临床症状出现。

3　病理变化

山羊擦痒的头部、腰部被毛脱光，皮下水肿、出血，脑组织及延髓针尖状出血点，颌下淋巴结有出血环，咽喉部无肉眼可见明显病变，心肌疲软，肺、肝、胆、脾、肾形状、大小、色泽无明显异样，胃、肠、胰腺、膀胱无明显病变，肝门、肠系膜、腹股沟淋巴结无出血、坏死等明显症状。

由于山羊解剖后，没有典型的解剖病理变化，水牛、犬没有进行解剖。

4　实验室诊断

此次疫情经州、市、镇动物疫病预防控制相关部门前后三次采集病料 10 份，其中牛血清 1 份、犬血清 2 份、山羊血清 3 份、猪血清 2 份、山羊组织样 2 份进行抗原检测。通过实验室 PCR 检测 10 份样品均为伪狂犬阳性。

经过流行病学调查，结合临床症状、实验室诊断，综合判定为伪狂犬病。伪狂犬病（Pseudorabies，PR）是由伪狂犬病病毒(pseudorabies virus，PRV）引起的猪、牛、羊等多种动物共患的急性传染病。

5　处理措施

(1)隔离。让养殖户科学认识此病的危害性，严格将猪、羊、牛、犬等家畜分开饲养，同圈羊只及时隔离。

(2)灭鼠消毒。全村及时开展灭鼠、紧急消毒，重点监督养殖户使用派斯德百毒杀按照 1∶200 比例严格消毒羊舍、用具及周边环境，1 次/d，连续一周，以有效杀毒灭源。

(3)无害化处理，监督养殖户对病死的羊、牛、犬尸体进行无害化深埋处理，距地面 1.5 m 以下，5%氢氧化钠消毒坑内及病死尸，粪便堆积发酵处理。

(4)全群紧急防控，此为该地区家畜初次确诊的伪狂犬病例，现有疫苗仅可用猪、牛、绵羊，不可用于山羊、犬。因此，全村紧急开展猪、牛伪狂犬紧急免疫注射；羊群在精料中加入 2%维生素 C 黄芪粉＋葡萄糖，以调节机体免疫，增强体质，防止继发感染；犬一律实行拴养或圈养，限制其活动，减少疫源接触，并禁止饲喂生猪肉。经过两年多来的跟踪随访，截至目前，再无类似病例出现。

6 讨论

(1)严格的分群饲养。该养殖户属于典型的山区小农养殖现状的缩影，家畜养殖小而全，又没有进行严格分类饲养，混养是发生家畜共患病的重要因素；为了避免出现类似情况，养殖户要提高科学认识，严格的分群饲养，不能混养，逐步发展成专业养殖。

(2)圈舍的合理布局。主诉，近期曾从外购买生猪肉回家食用，且其厨房排水直接进入家畜圈舍。经过多方分析探讨，笔者认为：此为这次家畜感染伪狂犬病的直接原因。猪是伪狂犬病的主要原发宿主和长期的带毒者，感染最为普遍。若所买生猪肉是感染的带病猪，厨房清洗生猪肉的污水流经圈舍，而猪、牛、羊、犬都为伪狂犬病的易感动物，极易感染发病。故科学的生活习惯，合理的圈舍布局，对于防范伪狂犬病的外来疫源引入也是必须的。

(3)疫病的科学防控。伪狂犬病具有一定的季节性，养殖户需要提高家畜疫病的防控意识，根据本地区流行病的类别、疫病流行季节的特点，在冬、春季节提前免疫注射伪狂犬疫苗，建立家畜有效保护屏障，尽量避免伪狂犬病疫情的发生，减少经济损失。

参考文献

[1] Hopp W. Clinical and epidemiologic aspects of Aujeszky's disease in sheep[J]. Tierarztl Prax,1994,22(3):242-244.

[2] 谢民，罗起娟，张斌. 猪伪狂犬病感染的诊疗报告[J]. 广西农学报，2013,28(1):39-41.

[3] Muller T,Hahn E C,Tottewitz F,et al. Pseudorabies virus in wild swine: a global perspective [J]. Arch Virol,2011,156(10):1691-1705.

综合疗法治疗水牛瘤胃积食的探讨

朱云佳[1,2]　张以芳[1 *]

(1.云南农业大学动物科学技术学院,云南昆明　650201;
2.云南省文山州西畴县柏林乡畜牧兽医站,云南西畴　663509)

摘要:瘤胃积食是水牛最常见的一种独立内科疾病。从病因上来讲,水牛瘤胃积食常由采食大量难以消化的粗纤维饲料、过多采食或偷食了容易膨胀的精料所引起,也可继发于体质虚弱、感冒、前胃弛缓、瓣胃阻塞等疾病。在治疗方面,主要是在找准病因的基础上,根据病牛基本情况灵活运用兴奋瘤胃疗法、泻药疗法、按摩疗法、洗胃疗法、输液疗法和手术疗法等,而且多数情况下是多种疗法并用或先后应用。只有这样,才可能取得较好的治疗效果。

关键词:瘤胃积食;综合治疗

1　主要病因分析

牛瘤胃积食又称急性瘤胃扩张,中兽医称之为宿草不转。是指瘤胃内积滞大量草料或饲料,导致瘤胃胃壁扩张、消化机能障碍的一种消化系统常见疾病。牛瘤胃积食主要包括原发性瘤胃积食和继发性瘤胃积食两种情况,其中,原发性瘤胃积食比例较高。若救治不及时或不得当,往往会造成病牛死亡,给畜主带来巨大的经济损失。

2　临床症状

2.1　原发过食型

发病初期表现为精神萎靡,耳、头下垂不振,吃料和反刍均出现明显的减少甚至停止,呼吸粗重,带有较重异味,偶尔会有食团呕出;鼻镜干燥;烦躁不安,起卧频繁;起卧时均有明显的疼痛表现,腹围明显增大;瘤胃触诊坚实,胃部蠕动音明显减弱甚至消失;常有排便动作,粪便颜色较深并异味较重。重度病例体现为左腹严重胀大,呼吸急促呈喘息状,卧地不起甚至导致昏迷。

2.2　继发胃热型

发病初期表现为精神萎靡不振、乏力、烦躁不安、常回头望腹、时起时卧;采食和反刍减少,

* 作者简介:朱云佳,云南省文山州西畴县人,大学本科学历,兽医师。从事基层畜牧兽医工作10余年。

通讯作者:张以芳,云南省高校兽医学重点学科带头人。博士,教授,硕士研究生导师,主要从事动物微生物及其检测防制的教学科研和社会服务工作。

逐渐不食，嗳气酸臭，常常空口咀嚼；鼻镜通常无汗、或干裂；口色赤红，口涎少而黏稠，舌苔黄腻，口干、饮水较多；脉象沉数。左腹胀大，瘤胃触诊较坚硬，叩诊呈实音，听诊胃蠕动微弱甚至消失；粪便较少、干燥，有时伴有拉稀；呼吸困难，卧地呻吟。有少数病例呕吐、鼻流粪水。如治疗不及时多因脱水、酸中毒、衰竭或窒息而死亡。

3 临床诊断

根据该病发生原因、病史和症状，诊断并不困难，需注意和前胃弛缓相区别，积食是本病的直接原因，而弛缓是积食未能及时消除而继发，当两者同时存在时，这在病史中必须考虑并加以区别。

3.1 视诊

病牛食欲减少、逐渐废绝，鼻镜干燥、龟裂、无汗珠。常伴有腹痛症状：表现为烦躁不安、频繁摇头、回头望腹、呆立弓背、后肢踢腹、呻吟、反复起卧等。

3.2 触诊

触诊瘤胃，病畜抗拒，瘤胃胀满，内容物坚实，用力重压可成坑。

3.3 听诊

听诊，初期瘤胃音增强，而后减弱或消失。综上所述，如果牛在临床上表现出左腹部胀满，食欲、反刍减少或停止，口气障碍等症状，听诊时瘤胃蠕动音减弱或消失，叩诊时呈浊音或半浊音，可初步判断是瘤胃积食。

4 治疗方法

治疗原则：及时清除瘤胃内容物，恢复瘤胃蠕动，解除酸中毒。积 10 年之经验，对于牛瘤胃积食的治疗，关键的是在找准病因的基础上，灵活地运用下列几种疗法：

4.1 按摩瘤胃、促消化疗法

对于病症轻微的牛瘤胃积食，发现病牛后立即停止饲喂，并在口腔内横衔木棒，反射性地刺激瘤胃蠕动、反刍和嗳气。并在牛的左肷部用手掌按摩瘤胃，每次 20～30 min，每天 2～3 次，同时灌服大量温水。一般由畜主或其他手力较好者来完成。同时选择平坦的地方，由畜主牵着患牛走动，不要走得过快，连续走 2 h 后，休息 0.5 h，再接着运动，如此反复，直到患牛开始反刍、排便。这种方法能够加速瘤胃蠕动，增加消化速度，且对牛无损害。

4.2 导泻疗法

一般常选用盐类泻药。硫酸镁或硫酸钠 500～800 g，水 1 000～6 000 mL；液体石蜡油或植物油 1 000～1 500 mL，混合灌服以致排出瘤胃内积食或其他异物。若配合按摩瘤胃疗法，则效果更好。

4.3 兴奋瘤胃蠕动、补液疗法

以兴奋瘤胃为目的，可选用副交感神经兴奋剂。皮下或肌肉注射常用的瘤胃兴奋药有：氯化氨甲酰甲胆碱、甲硫酸新斯的明、复合维生素 B、比赛可林等。但年老、体弱、妊娠或患心、肺疾病及腹膜炎的病畜，禁用副交感神经兴奋药。若病牛食欲废绝、脱水时，为防止酸中毒，应采用止痛、强心、补液的方法进行治疗。方用：10%葡萄糖注射液 1 000 mL，维生素 C 注射液 40 mL；10%苯甲酸钠咖啡因注射液 20 mL，格林氏液 500 mL；0.9%氯化钠注射液 500 mL，5%碳酸氢钠注射液 200 mL。1 次静脉注射。同时肌注复合维生素 B 注射液 20～30 mL。腹痛剧烈者，应肌肉注射安痛定注射液 30 mL，或者复方镇痛宁注射液 50 mL。

4.4　洗胃疗法

对一次性食入了大量精料如玉米、玉米面、黄豆、小麦等引起者，最好在一开始就使用本方法，以最大限度地将其从瘤胃中导出，尽量减少精料在微生物的作用下产生毒素进而引起牛自体中毒产生的可能。选用直径 2～3 cm、长 250～300 cm的胶管或塑料管 1 条，经牛口腔导入瘤胃内，然后来回抽动，以刺激瘤胃收缩，使瘤胃内液状物经导管流出。若瘤胃内容物不能自动流出，可在导管另一端连接漏斗，向瘤胃内注温水 3 000～6 000 mL，待漏斗内液体全部流入导管内时，取下漏斗并放低牛头和导管，用虹吸法将瘤胃内容物引出体外。如此反复，即可将精料洗出。同时用 4%碳酸氢钠冲洗胃内容物，然后补充大量的口服补盐液。

4.5　中药治疗法

中兽医理论指出：通则不痛，痛则不通。治疗时，应以健脾开胃，消食助气，促进排便为主。中医临床上常用大承气汤、消食平胃散、木香槟榔丸、大戟散、曲蘖散加减。

4.6　针灸治疗法

针灸山根、食胀、脾俞、关元俞、顺气、肚角等穴位，每天 3 次，促进胃肠蠕动，健脾开胃，消食散积。

4.7　瘤胃切开疗法

对于重症而顽固的积食病例，经保守疗法治疗不见效果时，可以采用瘤胃切开术。手术后要禁食 36～48 h 以上，待瘤胃蠕动恢复出现反刍后，再给予少量优质的饲草。术后 4～5 d 内，每天应使用抗生素，如青霉素、链霉素等防治感染。

5　典型病例展示

[病例一] 2010 年 11 月 19 日，柏林乡马蹄寨村委会达免冲村小组左顺友农户饲养的一头水牛，因晚上偷吃了 5～6 斤玉米面，次日发病，让我前去就诊。检查发现病牛食欲减退，反刍次数减少。量得体温 39.5℃，鼻镜干燥，精神萎靡不振，用手压左腹部坚硬，时现疼痛起卧，然卧地短暂；回头顾腹，时作排粪状；空口咀嚼；听诊瘤胃蠕动音减弱。经分析初诊为因食入了较多玉米面引起的瘤胃积食。

治疗：①用用直径 2 cm、长 250 cm 的胶管 1 根，温水一桶给牛洗胃，导出大量瘤胃内容物。②比赛可灵注射液 10 mL×2 支一次肌注；③香油 500 mL、大蒜 100 g、50 度白酒 100 mL、温水 2 000 mL，一次灌服；④由畜主进行瘤胃按摩，每次 20 min，1 h 按摩 1 次。

经上述方法处理后当天晚上病牛开始反刍，饮水少许。第二天痊愈。

[病例二] 2011 年 2 月 24 日上午，柏林乡三板桥委会田房村小组蒋登文饲养的一头 4 岁公水牛出现不食和反刍减弱现象，打电话让我前去治疗。视诊发现患牛食欲废绝、呼吸迫促、鼻镜干燥；反刍停止，背腰拱起，顾腹踢腹，摇尾呻吟，左下腹部轻度膨大，眼结膜充血、发绀；触

诊瘤胃内容物坚硬，叩诊呈浊音，排粪迟滞，干燥色暗，排少量恶臭的粪便，卧地不起。体温升高至40.9℃。问诊得知该牛在昨天拉出去放牧时被雨淋了近半个小时。经分析初诊该牛为感冒继发瘤胃积食。

治疗：①安乃近10 mL×2支，一次颈部肌肉注射；②香油400 mL、大蒜150 g、50度白酒150 mL、温水约2 000 mL，混合一次灌服；③由畜主进行瘤胃按摩，每次20 min，1 h按摩1次。

经上述方法处理后约5 h病牛后开始吃少量青草，晚上开始反刍。第二天痊愈。

[病例三] 2011年6月14日，柏林乡马蹄寨村委会达免冲村小组刁明华饲养的一头6岁母水牛因出现反刍减弱、食欲降低而来兽医站求诊。检查发现病牛停止采食，嗳气减少、反刍停止，体温40℃，背拱起，不断努责，回头顾腹，后肢踢腹，站立不安，时欲卧地，但卧下又复起立。听诊瘤胃蠕动音4 min无蠕动；触诊左侧瘤胃内容物坚实，手压后留有压痕；大便干燥，小便色黄，口腔分泌液稀薄，被毛粗乱。问诊得知该牛于12日晚上刚产下一仔。经分析初诊该牛是产后抵抗力下降引起瘤胃积食。

治疗：①头孢噻呋钠(5 g)3支、安乃近10 mL×2支，混合一次肌注；②80 IU青霉素G钠10支，大黄藤注射液50 mL，冷却到40℃左右的开水5 000 mL，进行子宫清洗；③香油600 mL、大蒜100 g、温水2 000 mL，一次灌服；④10%葡萄糖注射液500 mL，维生素C注射液40 mL；⑤10%葡萄糖500 mL，10%苯甲酸钠咖啡因注射液20 mL；⑥0.9氯化钠1 000 mL，40%乌洛托品注射液40 mL，混合一次静脉注射。

经上述方法处理约6 h后病牛开始吃少量青草并出现反刍，第二天再用上述方法处理一次后痊愈。

6 预防措施

6.1 加强饲养管理

该病主要在使役或饥饿后暴食适口性较好的食物，采食易膨胀的干料或难以消化的饲料，且饮水不足导致本病发生。应定时定量饲喂，精粗、干湿合理搭配；避免突然更换饲料，粗饲料适当加工软化后再进行饲喂；避免过度劳役，防止饥饿过食，防止偷食精饲料。

6.2 适当放牧，加强运动

冬季应提前储备大量的青饲料，饲料供给不能太单一，按时供给充足的 饮水、饲草。解决牛过冬和缓解枯草季节青饲料供给不足的问题，保障牛的健康。圈养牛要早晚定时运动，刷拭腹部和按摩瘤胃部，冬末春初要用大承气汤调理脾胃，时时预防该病发生。

6.3 早期治疗

牛瘤胃积食多发于冬季或春季，饲料比例失调或过度劳役引起暴食是最主要的发病原因。这个时间段应当注意多观察牛，若发现有异常状态，马上进入治疗步骤。做到早发现早治疗，临床上早期治愈率较高。

6.4 加强护理

遵循“三分治疗、七分护理”的原则，在治疗牛瘤胃积食期间应加强护理，病初应禁食1～2 d，除过食精饲料致病者外，应少量多次供给清洁饮水，停止使役，在平坦的地方进行牵遛，并按摩左侧肷部，在有食欲时要由少量逐渐增加饲料量。特别是情况严重的病畜，更需要畜主精细护理直至恢复。

7 体会与小结

西畴县柏林乡是一个典型的山区乡镇，由于科技文化素质普遍较低的关系，农户在牛的饲养管理方面往往比较粗放，故像瘤胃积食这一类型的内科疾病往往也比较常见。本人自 2006 年至今在基层从事畜牧兽医工作期间，先后亲自开展诊治牛瘤胃积食 96 例，经处理除 3 头继发于严重瓣胃阻塞者死亡外，其余的全部痊愈，总治愈率达 96.8%，医治效果明显。具体情况见表 1。

表 1 2006—2016 年治疗牛瘤胃积食疗效统计表

病　　因	发病数/头	治愈数/头	治愈率/%	死亡数/头	死亡率/%
原发性瘤胃积食	82	82	100	0	0
继发性瘤胃积食	14	11	78.5	3	21.5
合　　计	96	93	96.8	2	3.2

在治疗上采用中西医结合治疗牛瘤胃积食，运用中医健脾行气，加强胃肠蠕动，消除积食；结合西医治疗，达到强心补液，调解体液平衡，预防机体酸中毒。因此为保证疗效，文章中陈述的方法往往不是单独应用，而是两种或三种方法同时并用，甚至四、五方法联合应用。特别是第一、二、三种疗法，更是经常在同一头病牛身上同时或先后实施。病情严重且条件许可者，再加上第四、五种疗法。只有这样，才可能取得好的治疗效果。对于继发性瘤胃积食者，要在认真诊断清楚原发病并认真治疗原发病的基础上，再灵活应用上述各种方法。

参考文献

[1] 于超. 牛瘤胃积食的综合防治措施. 畜牧兽医科技信息，2015(11).
[2] 张亚男. 牛瘤胃积食的综合防治. 中国畜禽种业，2013(11)：64-65.
[3] 严松奎. 牛瘤胃积食的预防与治疗. 北方牧业，2012，2.

第二部分　疫病防控

猪链球菌病防治体会

赵娜

（河北省南和县农业局，河北南和　054400）

养猪业正逐步由传统饲养，向集约化、规模化方向发展，猪链球菌病的发生、流行和防治也发生了变化，特别是近年在四川还发生了感染人的事件。因此，对猪链球菌病的防治，要利用传统理论运用新的防治措施。现将近年来笔者对猪链球菌病防治的体会总结如下：

1　临床症状

本病发生和流行有明显的季节性，春末至秋初为其流行季节，其他时间发病较少。其中以育肥猪和怀孕母猪的发病率高。发病一般以急性型为主，突然发病，体温升高（41～43℃），高热稽留，食欲不振或废绝，精神沉郁，便秘、粪便干硬呈球状，眼结膜潮红、流泪，有浆液性鼻液，间有咳嗽和呕吐；有的出现运动共济失调，站立、行走不稳，左右摇摆，后肢麻痹，前肢爬行，磨牙、昏睡等神经症状；有的表现为关节炎症状，四肢关节肿胀，尤其是腕关节和跗关节更为明显。濒死期有少数病猪颈背部和腹下有点状或斑状充血、潮红。没有作猪链球菌疫苗注射的猪场，发病一般呈急性经过，常在1～3 d内死亡，死亡率达80%～90%，不及时、正确地诊疗会造成巨大的损失。如我县某猪场3 d内360多头育肥猪几乎大都发病，15头母猪有2头发生了流产。生长肥育猪多呈多发性关节炎型。病猪会因治疗不及时而转为亚急型性或慢性型。

哺乳仔猪和保育舍仔猪发病，多呈脑膜炎型，病初体温升高（40.5～42.5℃），不食、便秘、病猪很快出现神经症状，四肢作游泳状或昏睡不醒，死亡率高，死亡率平均在60%左右，有时整窝仔猪全部死亡。

2　病理变化

鼻黏膜、气管、喉头充血及出血，全身淋巴结有不同程度的充血肿胀、出血；肺肿胀、出血，气管充满泡沫；脾明显肿大，质脆，边缘有出血点；有的肾肿大，质脆；心包积液，心内外膜有不同程度的出血；肝瘀血，肿大。有神经症状的猪脑膜充血，出血，脑膜下积液。关节肿大的猪在剖检时关节囊内有积液。

3 诊断

根据临床症状和病理变化，可做出初步诊断。遇到可疑病情，为了进一步确诊，进行化验室检查是非常必要的。

(1)取病死猪脑组织、淋巴结、脾，进行瑞氏染色、镜检，可见到形态一致的单个、成对，有时也可见到4～5个连成短链的球菌。

(2)取病、死猪脑、脾、淋巴结病料，接种于鲜血琼脂平板，置37℃恒温48 h。可见到菌落周围成为完全透明的溶血圈，即为β群溶血性链球菌落。

4 治疗方法

(1)猪链球菌发病初期，首先应在饲料中加入抗生素进行全群预防控制性用药，并适当加大药物用量，抗生素可选用土霉素和金霉素，添加量可控制在0.2%，连用7～12 d。发病后全场立即进行消毒，可选用1%～2%火碱、氯制剂、碘制剂等进行消毒，每天两次，隔离病猪，减少传播。

(2)病猪治疗以肌注大剂量抗生素为原则，可颈部肌肉注射青霉素(5万IU/kg，最高不超过10万IU/kg)加安乃近，也可再配用恩诺沙星(2.5 mg/kg)，2次/d，连用3 d。3 d后未痊愈或有反复的病猪，可再改用肌注阿莫西林油剂继续治疗。

(3)猪场疫情过后，于停药后的7 d应进行猪链球菌疫苗免疫注射。

5 预防措施

(1)在防疫措施中，免疫接种是一项行之有效的措施。仔猪在10日龄进行首免，肌注一头份，到60～70日龄再免疫一次。种猪每年在春秋季两次免疫。

(2)病猪和病愈带菌猪是本病自然流行的主要传染源，分泌物、尿液、血液、肌肉、内脏是散播本病的主要原因。因此，要加强生猪产地检疫和屠宰检疫。加强屠宰场的消毒卫生制度。

(3)链球菌病传染人的教训告诉我们，要教育群众不买卖病猪及未经无害化处理的病猪肉，自养的猪病死后，更不能赠与他人。

(4)改善饲养管理提高动物福利。比如，泔水必须经过煮沸才能喂猪，等等。

6 分析和讨论

(1)猪链球菌病发病急，损失大，应采取积极的防疫措施。

(2)进行免疫接种，应于免疫的前后7 d停止使用抗生素和磺胺类药物，饮用水避免含氯。

(3)猪场一旦发生链球菌病，进行预防性控制性投药是控制本病疫情发展的一项很重要的措施。

(4)猪链球菌对药物,特别是抗生素容易产生抗药性,由于用药剂量不足或病情稍有好转而中途停药,几天后病情又复发,再用同一药物治疗往往收不到效果。必须加大剂量或改用其他药物,规模猪场最好通过药敏试验,选用最有效的抗菌药治疗。

(5)临床诊断时应注意与猪瘟、伪狂犬病的鉴别诊断。临床上也常见猪瘟与猪连球菌病的混合感染。

山羊小反刍兽疫(PPR)防控研究

许小桂[1]　肖和良[2]

(1. 湖南省洞口县石江镇动物防疫站,湖南邵阳　422300;
2. 湖南省洞口县畜牧水产局,湖南邵阳　422300)

摘要:小反刍兽疫(Peste des petits ruminants,PPR)是一种感染山羊、绵羊和野生小反刍兽的严重的烈性、接触性传染病,特征为发热、口腔及舌黏膜糜烂、流泪、流鼻液、腹泻和肺炎。国际动物卫生组织(OIE)将该病列为A类动物疫病,我国将其列入一类动物疫病。湖南省洞口县2014年3月发生山羊小反刍兽疫疫情,通过临床诊断、上报疫情、采样送检、流行病学调查、国家实验室确诊、扑杀、无害化处理、发布封锁令、设立消毒哨卡、疫情监测排查、紧急免疫接种等防控措施,果断科学地处置了疫情,近2年来,加强小反刍兽疫疫苗免疫、监测排查、检疫和科普宣传工作,有效控制了小反刍兽疫疫情,并对全国小反刍兽疫疫情发生规律、防控情况进行了研究。

关键词:小反刍兽疫;湖南洞口县病例;疫情处置;疫苗免疫;检疫;科普宣传;全国防控措施;效果

1　湖南洞口县2014年3月科学处置一起山羊小反刍兽疫疫情

1.1　疫情报告

2014年3月22日,湖南洞口县防治重大动物疫病指挥部(简称指挥部,下同)接到洞口县毓兰镇重大动物疫病防治领导小组的疫情报告,该镇金竹村王某、赵某、朱某3个养殖户的羊从3月11日开始,出现高烧、眼鼻流脓性分泌物、呼吸困难、腹泻等症状,并大批量死亡。3户有发病羊360只,其中死亡234只,发病率100%,病死率65%。

1.2　临床诊断和采集病料送检

洞口县指挥部接到报告后,立即派县兽医局兽医师向某、陈某、林某3人前往该地进行诊断和疫情调查。技术人员通过对病羊和死羊的临床检查和病理解剖,怀疑为重大动物疫病,立即按《动物疫情监测采样规范》,采集病料向省级、国家级实验室送检。

1.3　疫情确诊

3月24日,湖南省动物疫病预防控制中心诊断为疑似小反刍兽疫疫情。3月25日,经国家外来动物疫病研究中心确诊为小反刍兽疫疫情,并经农业部发布了洞口县首次发生小反刍兽疫疫情。

1.4　疫情处置

洞口县指挥部立即启动了《重大动物疫病应急预案》,洞口县人民政府于3月25日发布了洞政令[2014]1号封锁令，严格按照农业部《小反刍兽疫防治技术规范》，组织县畜牧水产局、洞口县毓兰镇人民政府等相关单位人员按应急预案各自职责，组成了流行病学调查、采样、扑杀、消毒哨卡及后勤保障5个工作组开展工作。湖南省兽医局张副局长、湖南省动物疫病预防控制中心黄科长、邵阳市兽医局凌书记、皮副局长、洞口县政府副县级干部李调研员、洞口县畜牧水产局刘局长等领导亲临防控现场、掌握情况、靠前指挥，确保处置有序开展。到3月25日晚上12点，疫点处置工作结束，共扑杀病羊和同群羊395只，补偿农户损失94 800元。并对病死羊、被扑杀羊按国家规定标准进行无害化处理；对排泄物、被污染或可能污染饲料和垫料、污水等按规定进行无害化处理；对被污染的物品、交通工具、用具、禽舍、场地进行严格彻底消毒。同时在掩埋地点设立封锁圈，挂上警示牌，防止人畜进入。3月26日起在疫区金竹村出口设立临时检疫消毒哨卡，从畜牧水产局和毓兰镇政府抽调12名工作人员实行24 h值班。4月17日，经市、县动物疫病预防控制中心检验无疫情符合解除封锁令条件，由洞口县人民政府于发布了洞政令[2014]2号解除封锁令，撤销临时设立的动物检疫消毒哨卡，恢复疫区反刍动物的出入。

1.5 疫情监测排查和紧急免疫接种

从3月26日开始，洞口县全面开展小反刍兽疫排查，并实行日报告和零报告制度。到5月12日全县共排查了23个乡镇、596个行政村和居委会、其中养羊户10 960户、存栏羊34 239只，没有新发病例。4月7日我县共调入小反刍兽疫疫苗1.5万头份，从4月8日开始，我们组织人员对毓兰镇39个村存栏的1 167只羊和全县所有存栏20只以上的102户规模养羊场进行了紧急免疫接种，全县共免疫512场(户)，免疫羊13 615只。

1.6 流行病学调查

经调查，确认此起疫情是由洞口县洞口镇养殖户肖某3月4日从长沙市宁乡县喻家坳乡玉山村李某家中，调入了14只“湘中黑山羊”(其实为“金堂黑山羊”)，又转销给毓兰镇金竹村的王某、赵某、朱某3个养殖户，在没有采取任何防护措施的情况下，就和自己家中饲养的山羊混群而引发感染。而李某是从四川省金堂县三星镇家畜交易市场购入210头山羊，陆续分批销往湘潭、益阳、邵阳洞口、永州等地，销售198只羊给15个养殖户，其中有10个户发生小反刍兽疫确诊病例，发病率55.1%、死亡率71.8%，都进行了疫情处置。因此洞口县此次疫情为输入性小反刍兽疫。

2 洞口县近2年来对山羊小反刍兽疫防控情况

针对2014年3月洞口县发生的小反刍兽疫疫情，洞口县每年在春、秋季动物防疫会议以及乡镇站长会议上，布置小反刍兽疫防控工作。一是进行小反刍兽疫疫苗免疫。以原发生小反刍兽疫疫情的又兰镇金竹村为半径，5公里区域含毓兰镇、花园镇、花古乡、古楼乡19个村的山羊以及全县存栏20只以上的规模养羊场进行小反刍兽疫疫苗免疫，年免疫小反刍兽疫疫苗1.2万只以上。二是每年对小反刍兽疫2次以上排查监控。三是对养羊户进行小反刍兽疫防控知识科普宣传。每年下发《小反刍兽疫防控知识》资料1万余份，发到村、组、户(养羊户)。每年基层农技推广(养殖)补助项目技术培训班上重点讲授小反刍兽疫防控知识，2016年8月培训班上有120个牛羊养殖户参加。四是进一步加强了检疫监管。2014年4月以来各乡镇强化了对山羊及产品调运检疫监管，对已调入我县非疫区山羊，详细登记来源、种类、数量、去向、用途等，并对运载工具严格消毒，对已调入非疫区山羊要实行隔离、监测，确认无疫后方可合群。从2014年4月起到至今禁止所有贩运户、养殖户跨县调运羊只，县内限制羊只异动，销售商品羊要报检，严防小反刍兽疫疫情再次发生。实践证明，采取以上措施，防止了小反刍兽疫疫情发生。2014年4月后到至今，在洞口县再没有发生一起小反刍兽疫疫情。

3 小反刍兽疫防控知识科普宣传

3.1 病原体和流行特点

小反刍兽疫也称羊瘟、假性牛瘟，是由副黏膜病毒科麻疹病毒属小反刍兽疫病毒引起的，以发热、口炎、腹泻、肺炎为特征的一种急性接触性传染病。传染源多为患病动物及其分泌物、排泄物以及被其污染的草料、用具和饮水等；主要通过直接或间接接触传播，感染途径以呼吸道为主，饮水也可以导致感染。本病一年四季均可发生，高发期在4～5月。根据2014年、2015年疫情情况分析，这两年的3～5月为疫病高发期，可能与上半年山羊引种调运高峰期有关。

3.2 临床症状

山羊临床症状较典型，绵羊症状一般较轻微；突然发热，体温高达40～42℃，病羊口腔内膜轻度充血，继而出现糜烂，初期多在下齿龈周围出现小面积坏死，严重病例迅速扩展到齿垫、硬腭、颊以及舌部，坏死组织脱落形成不规则的浅糜烂斑；病初有水样鼻液，此后变成大量的黏脓性卡他样鼻液，阻塞鼻孔造成呼吸困难，鼻内膜发生坏死，眼流分泌物，出现眼结膜炎；严重的支气管肺炎和尖叶性肺炎，咳嗽、呼吸紧张；多数病羊发生严重腹泻或下痢，造成迅速脱水和体重下降、消瘦；食欲减退；怀孕母羊可发生流产。潜伏期一般为4～6 d，最长可达到21 d，《国际动物卫生法典》规定潜伏期为21 d；发病率达60%以上，病死率可达50%以上。

小反刍兽疫应与牛瘟、蓝舌病、口蹄疫、羊痘等临床鉴别诊断。小反刍兽疫同时具有高热、口炎、腹泻、肺炎、病死率高5个特征，牛瘟、蓝舌病、口蹄疫、羊痘即没有。

3.3 实验室诊断

血清学检测方法：抗体检测可采用竞争酶联免疫吸附试验(ELISA)和间接酶联免疫吸附试验(ELISA)。病原学检测方法：病毒检测可采用琼脂凝胶免疫扩散、抗原捕获酶联免疫吸附试验(ELISA)、实时荧光反转录聚合酶链式反应(RT-PCR)、普通反转录聚合酶链式反应(RT-PCR)，对PCR产物进行核酸序列测定可进行病毒分型。也可用ELISA检测小反刍兽疫抗体试剂进行定性检测，简单方便。疑似患病动物的病料需经国家外来动物疫病研究中心进行确诊。

3.4 流行病学调查

山羊高度易感，绵羊次之，牛呈亚临床感染，野生动物中野羊易感，猪可被实验性感染，未见人感染该病的报道。

研究表明：小反刍兽疫1942年首次在非洲报道发生，随后蔓延至大部分中东国家和中亚、远东地区。中国2007年7月首次报道小反刍兽疫疫情，中国西藏的阿里地区革吉、日土、扎达、改则4个县发生小反刍兽疫。西藏2007—2008年扑杀及无害化处理染疫及同群羊

111 967 只。我国早期发生小反刍兽疫地区,均位于中国边境地区,可能与周边国家发生该疫情有很大关系。如新疆周邻 8 国,其中与巴基斯坦接壤的培什布尔干野生动物自然保护区,野生动物很容易越过边境进入我国,西藏与印度、尼泊尔、缅甸等 PPR 感染国家接壤,其家养或野生动物通过交通要道进入我国,将 PPR 传入。因此我国将 PPR 列入 13 种国家外来动物疫病疫种之一。

2014 年为全国小反刍兽疫暴发期。据农业部兽医局 2014 年 5 月 15 日发布的疫情消息,2014 年 1～5 月全国先后有 22 省市(直辖市)暴发小反刍兽疫疫情,先后依次发生为:新疆、甘肃、内蒙、宁夏、辽宁、湖南、安徽、江西、江苏、广西、吉林、重庆、四川、湖北、浙江、山西、黑龙江、贵州、云南、陕西、河南、广东,占 31 个省的 71.0%,小反刍兽疫疫情已死亡羊和捕杀羊只 65 526 只。其中云南楚雄州 2014 年 3 月 8 日至 4 月 27 日,共有 10 县市 41 个乡镇 141 个村 259 个组 503 户发病羊 11 977 头,死亡 1 605 头,共扑杀病羊及同厩羊 12 067 头,占全国的 1/6。

3.5 防控措施

鉴于小反刍兽疫是外来和输入性动物疫病,采取的防控措施是"把好四关":一是把好"入场关",确保引进羊只无疫。引进羊只时,要搞清楚羊只的来源和背景,不要购买没有检疫证明的羊只。羊只调入后,至少要隔离观察 1 个月,确认健康无病后,方可混群饲养。二是把好"管理关",提高养殖场所生物安全水平。要在当地畜牧兽医部门指导下,建立健全防疫制度,加强防疫管理。做好相关场所及设施设备的清洗消毒工作。对过往车辆以及场区周围的环境、场舍、用具、工作人员的衣帽鞋等进行严格的消毒;采取全进全出的饲养模式,杜绝羊群与野生羊等接触;严禁一切外来人员、无关人员进入或参观动物养殖场区。羊群转场、放牧时,要防止交叉感染。三是把好"防疫关",确保免疫密度和质量。在农业部批准实施免疫的地区,要在当地兽医部门的指导下做好免疫接种工作,并做好疫苗免疫效果和风险评估。四是把好"扑疫关",鉴于小反刍兽疫是外来和输入性动物疫病,发生一起疫情扑灭一起,对染疫羊和同群羊一律实施扑杀无害化处理,防止死灰复燃。

4 对全国小反刍兽疫防控研究与预测

我国为养羊大国,年羊的饲养量达 6 亿只,必须控制和消灭对羊业危害最大的疫病——小反刍兽疫。2014 年,全国按照农业部《小反刍兽疫防控应急预案》《小反刍兽疫防治技术规范》《小反刍兽疫消毒技术规范》处置疫情,控制住小反刍兽疫疫情。2014 年下半年疫情减少,2015 年只发生 7 例:湖南衡阳(5 月)、广西河池(5 月)、吉林辽源(5 月)、贵州六盘水(5 月)、西安(5 月)、江西赣州(8 月)、贵州安顺(9 月)。2016 年只发生 1 例:江苏南通(1 月)。农业部 2015 年 12 月发布《全国小反刍兽疫消灭计划(2016—2020 年)》,只把西藏和新疆小反刍兽疫列入国家强制性免疫疫种(免疫地区),并每年对西藏、新疆进行小反刍兽疫免疫效果及风险评估。2016 年 7 月农业部发布公告,从 2017 年起把小反刍兽疫调整为全国性强制性免疫疫种。2016 年 3 月农业部制订了《农业部无小反刍兽疫区标准》。我们相信,在国家农业部统一指挥下,上下努力,万众一心,中国一定能提前在 2020 年前消灭小反刍兽疫,为全世界控制和消灭小反刍兽疫做出贡献。

参考文献

[1] 陈桂华.洞口县山羊感染小反刍兽疫的调查与体会[J].湖南畜牧兽医,2014,(03):28-29.
[2] 王昌建,唐小明,何世成,等.湖南省一例小反刍兽疫疫情的流行病学调查报告[J].畜牧兽医科技信息,2014(10):27-29.
[3]王乐元,次真,吴国珍,安荣祥,等.中国西藏小反刍兽疫的发生状况与防控[J].畜牧兽医学报,2011,42(5):717-720.
[4] 刘永宏,赵丽,曹胜波,等.小反刍兽疫在中国的流行趋势及应对措施[J].动物医学进展,2015,36(1):110-113.
[5] 陶鑫,毕峻龙,蔡丽,等.关于楚雄州小反刍兽疫疫情防控的思考[J].上海畜牧兽医通讯,2015(5):56-58.

家畜狂犬病及综合防控措施

李彦军[1]　魏银鸿[1]　王永红[1]
张全文[1]　李晓婷[1]　张红芳[1]　蒋玉军[1]　祁军业[2]

（1.内蒙古阿拉善右旗畜牧兽医站，内蒙古阿拉善　737300；
2.内蒙古阿拉善右旗巴彦高勒苏木农牧业服务中心，内蒙古阿拉善　737300）

狂犬病（俗称恐水症、疯狗病）是由狂犬病病毒引起的人畜共患急性传染病。主要通过患病动物咬人或动物传播，也可由带病毒的唾液、脏器经受伤的皮肤、黏膜感染。潜伏期波动很大，6 d至10年不等。一旦发病，多数在3～5 d发生死亡，死亡率100％。

1　发病情况

从2014年2月初开始，我旗塔木素布拉格苏木、阿拉腾敖包镇相继出现骆驼、牛、羊、家犬不明原因发病、死亡病例。最初几例为种公驼，以后逐渐以母驼、奶羔偏多，死亡率100％。现统计死亡骆驼84峰，牛18头，羊15只，家犬12只，给农牧民造成了很大的经济损失。

2　流行病学调查

经我们调查，该地区家犬非常正常，没有狂犬病史记载。野狐狸种群数量非常大，尤其近两年在自然界随处可见不明原因死亡的狐狸，牧户的草圈、车库、柴垛中也发现不少野狐狸尸体。有些野狐狸非常猖獗，直接在人面前攻击家畜、家犬。有一家2只犬和野狐狸打架，一只犬被野狐狸咬伤之后，第三天出现精神沉郁，口流唾液症状而死亡。有一头家犬在先后咬死了十几只野狐狸后，也出现相同的症状死亡。有一峰种公驼发病前8 d主人看见它被野狐狸阻拦、攻击，头部被野狐狸抓伤流血。有一只牛舔食死亡的野狐狸第三天开始发病。有一只野狐狸直接进入住户院内，牧户驱赶时，它蹿上屋顶和人周旋。也有些野狐狸直接与人对抗，不躲避。

野狐狸一般很狡猾，不会轻易被人看到。现在进入住户院内、直接进圈吃羊、和狗打架，这些表现都非常异常。我们怀疑这个地区的野生狐狸可能发生了狂犬病。

3　临床症状

3.1　骆驼

（1）病驼体温变化不大，35～36.7℃。行为异常，比如平常非常乖的骆驼不让人接近，口吐白沫，追撵、啃咬其他骆驼等。

(2)无目标地奔跑,跑累了趴下休息一会儿后起来接着再跑,直到衰竭死亡。

(3)异常鸣叫,无意识的乱叫,声音嘶哑。疑似身体某个部位非常疼痛。

(4)全身大量出汗,似水洗样,肌肉颤抖。啃咬木桩。

3.2　牛

(1)发病初期,口流大量唾液,好像口蹄疫。不吃不喝,体温变化不大,蹄部正常,口腔、舌黏膜正常。

(2)5 d 左右出现间歇性发疯的症状,追撵、顶撞牛群,直到无力卧倒,趴卧一段时间后又开始,使人不敢接近。

3.3　羊

(1)精神沉郁,不吃不喝,趴卧不起。

(2)后期主要表现为口流涎水,不攻击人。

3.4　犬

(1)最初走路摇摆不稳,尾巴下垂,不吃不喝,喜欢趴卧。

(2)后期主要表现为口流唾液,目光痴呆,不攻击人。

4　化验室诊断

根据临床症状和流行病学调查,我们怀疑为狂犬病。采集病驼、病牛,死狐狸脑组织。送往中国科学院长春兽医研究所检测,确诊为草原型狂犬病。

5　综合防治

5.1　消灭传染源

(1)隔离、扑杀发病动物。

(2)发动牧民采取多样化措施消灭野生狐狸,减小种群数量。5～6 月,两个苏木镇组织了 200 人左右的灭狐队,给每人购买意外伤害保险,消灭了 700 只左右野狐狸。

5.2　紧急免疫

(1)对疫区内的家犬、牧民、专业人员进行狂犬病疫苗免疫。

(2)专业工作人员在工作时,要注意消毒和自身安全,有破损伤口的不要接近病畜和处理污染物。

5.3　加强消毒灭源

(2)对不明原因死亡、发病死亡、扑杀的病畜及野狐狸、野兔进行焚烧后深埋。

(3)对病畜污染的圈舍进行彻底消毒。先将圈舍内饲草、粪便等污染物清理、焚烧后,使用复合亚氯酸钠消毒液进行全面消毒。

5.4　加大宣传工作力度

印发狂犬病相关的知识材料,让牧民充分认识到该病的危险性和危害性。同时,加强心理疏导,打消人们的恐慌,维持社会稳定。

6 小结

(1)由于当前没有骆驼、牛等牲畜的狂犬病免疫疫苗,没有特效免疫办法,只能让牧民加强饲养管理,看护好自家饲养的家畜。同时注意自身防护和安全,防止被病畜咬伤,造成自身感染。

(2)这次暴发的狂犬病,发病高峰期主要集中在3～6月份(骆驼产羔后的1～2个月),8、9月各发病1例。由此说明,政府组织的灭狐活动对狂犬病防控起到了很大的作用,降低了野狐狸种群密度,减少相互传播,撕咬其他家畜的频率,使后期每月的发病率明显回落。

(3)经过了很长时间的摸索,我们逐渐掌握了种公驼、母驼发病率高的原因:当野狐狸袭击驼群时,种公驼为了保护驼群,首先冲在前面第一个和野狐狸搏斗,最容易受到伤害。母驼产羔季节,野狐狸疯狂抢食胎衣、驼羔,母驼在保护驼羔时也容易受到伤害。

(4)我们初期注重家犬的狂犬病,忽略了野狐狸也是犬科,同样传染狂犬病。

奶山羊乳房炎的综合防治

王克生[1]　赵富余[2]　陈岩[3]

(1.山东省龙口市兰高镇畜牧兽医工作站,山东龙口　265709;
2.山东省龙口市畜牧兽医工作站,山东龙口　265701;
3.山东省龙口市徐福街道畜牧兽医工作站,山东龙口　265713)

摘要:奶山羊乳房炎大多是由细菌和真菌的感染,造成乳腺腺体与乳腺叶间结缔组织发炎,特征为乳腺、乳池、乳头局部发生各种不同性质的炎症,乳房红肿、发热、疼痛、坏死等,影响泌乳机能和产乳量。

关键词:奶山羊乳房炎;症状;防治

1　病因

奶山羊引起乳房炎的因素很多,主要由以下原因形成:

一是由于环境卫生不良、挤奶时消毒不严,致使病原微生物侵入机体乳汁、血液和淋巴液而引起的乳房组织炎症反应;另外该病多由金色葡萄球菌或链球菌等引起,多见于幼羊吮乳时用力碰撞,损伤了乳头、乳腺体,尤其以挤乳技术不熟练,由摩擦、挤压、碰撞、刺划等机械因素,使乳腺损伤或乳房受到细菌感染所致。

二是泌乳期饲喂精料过多而乳腺分泌机能过强,应用激素治疗生殖器官疾病而引起的激素平衡失调,是本病的诱因。

三是一些疾病的发生可继发引起乳房炎,如结核杆菌病、放线菌病、口蹄疫等;产后感染及其他生殖器官炎症也可引起乳房炎。

2　临床症状

患羊体温升高,有的可达 41～42℃,呼吸、脉搏加快,无食欲,乳腺患部有不同程度的发红、肿胀(增大变硬)、温热和疼痛;乳房皮肤充血发红,不让接近乳房,步态僵硬或有跛行。随后泌乳量减少,乳房上淋巴结肿大,乳汁排出不通畅,泌乳停止或减少、乳汁稀薄,内含凝乳块或絮状物,有的混有血液或脓汁;有些症状严重的,在乳房充血区域出现淡蓝色斑点,2～3 d 后炎性水肿扩散到腹壁和四肢,3～4 d 后乳房开始皮肤变褐、冰冷,甚至出现坏疽、脱落。

2.1　根据发病速度本病可分为

(1)慢性乳房炎。患慢性乳房炎时,多无全身症状,少数病羊体温略高,触诊乳房时,发现大小不等的硬块;乳腺患部组织弹性降低、有硬结,乳汁稀、清淡或混有粒状或絮状凝块,有时挤出的乳汁变稠并带黄色，泌乳量减少。

(2)急性乳房炎。病羊体温升高，最高可达 41～42℃，持续数天而不退，还伴有眼结膜潮红、食欲减退、瘤胃蠕动和反刍停滞，精神不振，起卧困难，有时站立不愿卧地、呼吸和心搏加快等全身症状。乳房淋巴结肿大，乳汁变稀、变红，混有絮状物或脓性物质，患病乳区疼痛、发热、红肿、变硬，有时发紫坏死。

2.2 羊乳房炎根据自身发病的症状

可分为隐性乳房炎与临床性乳房炎两种：

(1)隐性乳房炎时病原菌已侵入乳房，只有通过监测才能根据乳质变化来进行判断结果；患病羊体温、乳房外观、精神表现正常，挤出的生乳无变化，但在加热后可发现乳汁呈豆腐脑状。

(2)临床性乳房炎可分为：

①浆液性：乳房红肿、热痛，乳上淋巴结肿胀，乳汁稀薄含絮片。

②卡他性：乳房红肿、热痛，初挤出的乳含絮片，后挤出的无异常、乳量减少，可能有全身症状。

③化脓性：乳房急性红肿、热痛，乳汁水样、含絮片和脓样黏液，体温升高 40～41℃，心跳加快，食欲、反刍减少或废绝，卧地小心，有时乳房皮肤破裂流脓，转为慢性时，乳房萎缩硬化，容易转为脓毒败血症。

④出血性：皮肤有红斑，乳上淋巴结肿胀，乳汁剧减，呈淡红色、水样，含絮片、血液。

⑤坏疽性：患侧乳房增大变硬，极痛，充血、发红，不让接近乳房，无食欲，步态强拘，跛行。随后乳房出现蓝色斑点，变紫，周边出现分界线。泌乳停止或呈水样、有絮片，呈灰红色。经 2～3 d，炎症水肿扩张到腹壁和四肢皮肤变褐、冰冷，形成分界线时，最后坏疽脱落

2.3 根据本病的病原类型可分为

(1)链球菌性乳房炎：该菌通过乳头进入乳腺，定居在乳汁和乳导管的表层，不进入组织，青霉素、金霉素、头孢菌素对该型乳房炎疗效很好。

(2)葡萄球菌性乳房炎：它可引起急慢性乳房炎，金黄色葡萄球菌可引起最急性乳房炎、最急性坏性乳房炎；该病对分离菌进行药敏试验，选用适当的抗生素进行全身治疗。

(3)大肠杆菌性乳房炎：临床感染的乳房通常分泌出棕色水样液体，即使一个乳腺受到感染，泌乳也会停止，患羊还可能出现腹泻。

(4)绿脓杆菌性乳房炎：一般为持续感染，该菌可在感染的乳腺内可持续存在 5 个泌乳期，有些感染后很快引起最急性乳房炎并导致毒血症，死亡率很高。

(5)化脓棒状杆菌乳房炎：该型乳房炎多发生在干奶期，该菌引起炎症的特点是形成大量的、带恶臭的脓性渗出物，感染的乳房通常失去泌乳能力，病羊可出现全身症状，该类型的患羊一般要淘汰。

(6)异常型乳房炎：6-1 支原体可引起严重的乳房炎，虽然出现严重的乳房局部感染，但一般不出现全身症状，对本病没有良好的治疗措施，对患病羊应隔离或淘汰。6-2 星型诺卡氏菌可引起破坏性乳房炎，特点是发病急、厌食、感染的乳房明显肿大甚至出现肉芽肿性炎症，形成可触知的结节，用呋吗唑酮-青霉素合剂灌注治疗，常可取得良好的效果。

3 诊断要点

根据临床症状，如体温升高、食欲废绝等，结合乳房部位的炎症反应，通过乳汁形态、颜色的变化、乳房的脓肿、水肿和腐烂，即可作出诊断，但轻型乳房炎和隐性乳房炎症状不明显，需做一些辅助检查，如无菌采取患侧乳房的乳汁做 pH 的判定、涂片革兰氏染色镜检以及在实验室进行病原微生物的分离和鉴定来确诊。

4 治疗方案

治疗该病以抗菌消炎、解热镇痛为主，改善血液循环为辅，既要做好局部炎症的治疗，又要控制好全身的继发感染。

一是局部治疗，乳房炎初期可用冷敷，中后期用热敷或用红外线灯照射，每日 2 次，每次 15～20 min；也可用 10%鱼石酯酒精或 10%鱼石脂软膏外敷。除化脓性乳房炎外，外敷前可配合乳房按摩和抗生素适当并用。

二是对乳房极度肿胀，高烧全身性感染的患羊，可采取乳池冲洗，并采取肌肉、静脉、乳池注射抗生素的方式，及时用卡那霉素、庆大霉素、青霉素、安乃近等药物对乳区局部和全身进行治疗。

三是对重症除乳区治疗结合全身疗法外，如果长时期治疗无效，而怀疑为特种细菌感染时，可采取奶汁样品，进行细菌培养，进行药物敏感实验，在病原确定以后，选用适宜的抗生素进行治疗；如果乳房坏疽，最好进行切除。

四是凡由感冒、结核、口蹄疫、子宫炎等病引起的乳房炎，必须同时治疗这些原发病。

根据兰高镇兽医站多年的临床经验，采取以下治疗措施，可收到满意的疗效。

①取减食疗法，为了暂时制止泌乳机能，可行减食法，即减少精料给量；少喂多汁饲料，限制饮水。主要喂给优质干草，如苜蓿及其他豆科牧草等，故在病羊食欲减退时，不要设法促进食欲。

②伴有体温升高时，可以静脉注射 5%葡萄糖 500 mL、庆大霉素 40 万～80 万国际单位、安乃近 2 g、维生素 C 10 mL，同时用青霉素 480 万单位，0.5%普鲁卡因 10 mL，在乳房基底部或腹壁之间，用封闭针头进针 4～5 cm，分 3～4 个注射点注入，每天封闭 1 次，同时肌肉注射链霉素 100 万国际单位，每日 2 次。

③如果乳房炎很顽固，可对乳池内进行冲洗、注入抗生素，间隔 12 h 进行 1 次，连用 2～3 次。首先将乳房内的乳汁挤净，然后用乳头针头通过乳头将 0.9%生理盐水 500～1 000 mL 注入乳池，并均匀抖动，将乳池冲洗干净后，将乳池内的残留液体排净，而后用无菌生理盐水 100 mL 将 160 万单位青霉素 8 支、0.5%普鲁卡因 10 mL 稀释均匀，注入乳池内，停留 12 h 后，将乳房内的药乳挤出。

5 预防措施

(1)虽然养殖户们希望奶量尽量增加，但应尽量避免乳房中奶汁潴留的情况发生。如果奶量较大，小羊哺乳时，将吃不完的奶存留在乳房内，便有降低乳腺抵抗力的倾向，故对这种母羊应当经常挤奶或让其他羔羊吃奶，或者减少精料使奶量减低，避免余奶潴留。此外，枯草季节要适当补喂草料，避免严寒和烈日暴晒，乳用羊要定时挤奶，根据奶量高低决定每日挤奶次数及挤奶间隔时间，每次挤奶应力求干净。一般奶羊每日应挤奶 2 次，高产山羊可挤 3～4 次，产奶量特别高的山羊，甚至可以增加到 5～6 次。

(2)保持羊体及环境的清洁卫生：①经常洗刷羊体(尤其是乳房部)，以除去松疏的被毛及污染物。②每次挤奶以前必须洗手，用温开水或漂白粉溶液浸过的布块清洗乳房，然后再用净布擦干，挤完奶后，应用次氯酸盐溶液(含 4%有效氯)或碘伏溶液(5 000～10 000 mg/kg)擦拭浸泡乳头。③改善羊圈的卫生条件，使羊舍保持清洁、干燥、通风、保温，定期消毒棚圈、定时清除粪便及不干净的垫草，供给洁净干燥的垫草，使乳房经常保持清洁；避免把产奶山羊及哺乳羊放于寒冷环境，尤其是在雨、雪天气时更要特别注意。④哺育羔羊的奶山羊，最好增加其运动量，这样不但可以预防乳房炎，而且可以避免其他疾病的发生。⑤怀孕后期不要停奶过急，停奶后将抗生素注入每个乳头管内；分娩前如乳房过度肿胀，应减少精料及多汁饲料。⑥挤奶时，防止粗暴挤奶，发现有乳房炎时要及时隔离治疗，对病羊要隔离饲养，单独挤乳，防止病菌扩散。在挤病羊奶时，应另用一个容器，病羊的奶应该毁弃，以免传染，并经常清洗及消毒容器。

参考文献

杜向鹏，温志医. 奶山羊乳房炎的防治[J]. 榆林科技，2011(2)：31-33.

规模化猪场主要细菌病的防控技术

张栋

（山东省动物疫病预防与控制中心，山东济南　250022）

摘要：规模化猪场的细菌病日益严重，猪链球菌、副猪嗜血杆菌、大肠杆菌、巴氏杆菌 4 种细菌已经成为影响我国养猪生产的主要病原菌，严重威胁规模化养猪业的健康生产和经济效益。文章针对猪链球菌病、副猪嗜血杆菌病、致病性大肠杆菌病、猪肺疫 4 种猪场主要细菌疾病的临床症状、剖检病变以及综合防控技术作以详细阐述。

关键词：规模化；猪场；细菌病；防控

当前规模化猪场的细菌病在规模化猪场有上升的势头，其中链球菌、副猪嗜血杆菌、大肠杆菌、巴氏杆菌为最主要的 4 种病原菌。中国工程院院士、中国畜牧兽医学会理事长陈焕春教授在第一届中国兽医临床大会上指出，通过对湖北、湖南、河南、安徽、福建、广东等 19 个省市 1 752 个猪场送检的 6 793 份病料进行了细菌病原检测，共分离鉴定 6 238 株细菌，其中链球菌 1 850 株、副嗜血杆菌 1 281 株、致病性大肠杆菌 782 株、巴氏杆菌 396 株，并强调这 4 种细菌已经成为影响我国养猪生产的主要病原菌。另外，胸膜肺炎放线杆菌、沙门氏菌等常见病原菌引起的猪传染性胸膜肺炎、猪副伤寒等疾病严重威胁规模化养猪业的健康生产。因此，规模化猪场在重视猪的病毒性疾病防控的同时，一定要加强细菌性疾病的预防工作，以确保猪只的健康生长。

1　发病原因

细菌性疾病普遍的存在，主要原因：

（1）猪群中仍然存在病毒性疾病，同时免疫抑制病也严重影响机体健康；

（2）滥用抗生素造成耐药性菌株的大量出现，对疾病的防治增加难度；

（3）饲喂发霉变质的饲料，加上饲养环境较差，造成霉菌毒素损伤机体，导致胃肠道菌群失调而产生腹泻类疾病；

（4）免疫预防与药物保健不合理、不科学，存在误用、滥用的现象；

（5）猪场卫生环境较差，消毒不及时，生物安全措施不健全、落实不到位。

以上各种因素的存在很容易导致猪场细菌性疾病的发生和流行，造成了这几年来细菌性疾病在猪场的发病率和死亡率较高的态势。

2 猪场主要细菌性疾病

2.1 猪链球菌病(Swine Streptococcosis Diseases,SSD)

2.1.1 临床症状

在临床诊断上,猪链球菌病主要表现为败血症、脑膜炎、关节炎和淋巴结脓肿。目前,在猪群中发生蓝耳病、猪瘟、圆环病毒病及伪狂犬病等感染时,常见链球菌继发感染,仔猪发病表现为败血症和脑膜炎,发病率为30%左右,死亡率可达80%。育肥猪发病表现为化脓性淋巴结炎和关节炎。生产母猪发生子宫内膜炎和乳房炎,造成繁殖障碍。

2.1.2 剖检变化

急性败血型:血凝不良,皮肤有紫斑,黏膜、浆膜皮下出血。鼻黏膜紫红色,充血及出血。喉头、气管充血,常见大量泡沫。肺充血肿胀。全身淋巴管有不同的肿大、充血和出血。心包积液,淡黄色,少数可见轻度纤维素性心包炎,心内膜有出血点。有的可见轻度的纤维素性胸膜炎。腹腔有少量淡黄色积液,部分有较轻的纤维素性腹膜炎。多数病例脾肿大,少数增大1～3倍,呈暗红色或紫蓝色,软而易脆裂。胃和小肠黏膜有不同程度的充血和出血。肾脏肿大、充血和出血。

脑膜炎型:脑膜充血、出血,少数脑膜下充满积液,脑切面可见白质和灰质有明显的小点出血,其他与败血型变化相似。

心内膜炎型:心瓣增厚,表面粗糙,在二或三尖瓣上常见有菜花样赘生物。

关节炎型:关节囊内外有黄色胶冻样液体或纤维素性脓性物质。

2.2 副猪嗜血杆菌病(Haemophilusparasuis,HPS)

2.2.1 临床症状

急性型病例早期临床症状表现为精神沉郁、食欲废绝、体温41℃左右、呼吸急促、呈犬坐式呼吸,症状严重者死亡较快。慢性型猪只体温稍有升高,咳嗽、腹式呼吸、拉稀、逐渐减食、消瘦、关节肿大、跛行等临床表现。耐过型猪表现为被毛粗乱、咳嗽、呼吸困难和生长迟滞等。

2.2.2 剖检变化

猪胸腔内有多量的淡红色液体及纤维性渗出物;心包膜内奶酪样渗出物,心包膜与心脏粘连,有的伴有心包炎,严重的呈绒毛心;肺脏病变表面覆有大量纤维素性渗出物,还有多处结缔组织包围的小化脓灶,全肺出血且呈暗红实变,肺纹理增粗。

2.3 致病性大肠杆菌病(Enteropathogenic E. Coli,AEEC)

猪大肠杆菌病根据其病原、临床症状、病理剖检及流行病学特征的不同,可分为仔猪黄痢、仔猪白痢和仔猪水肿病。

2.3.1 仔猪黄痢

仔猪黄痢是引起1～7日龄的仔猪发生的一种急性、高度致死性的疾病。临床上以剧烈腹泻、排黄色水样稀便、迅速死亡为特征。剖检病理变化常见尸体脱水表现皮肤干燥、皱缩,口腔黏膜苍白。最显著的病变为肠道的急性卡他性炎症,其中以十二指肠最为严重。

2.3.2 仔猪白痢

仔猪白痢是由大肠杆菌引起的10日龄左右仔猪发生的消化道传染病。临床上以排灰白色粥样稀便为主要特征,外观变化表现为消瘦和脱水等,发病率高而致死率低。猪肠道菌群失调、大肠杆菌过量繁殖是本病的重要病因。剖检可见部分肠黏膜充血,肠壁菲薄而带半透明状,肠系膜淋巴结水肿。

2.3.3 猪水肿病

猪水肿病是由溶血性大肠杆菌毒素所引起的断奶仔猪眼睑或其他部位水肿、神经症状为主要特征的疾病。该病多发于仔猪断奶后1～2周,发病率5%～30%,病死率高达90%。剖检变化可见全身多处组织水肿,特别是胃壁黏膜水肿是本病的特征。大肠肠系膜、结肠肠系膜胶冻状水肿也很常见。此外,大肠壁、全身淋巴结、眼睑和头颈部皮下亦有不同程度的水肿。

2.4 猪肺疫(Swinelungplague,SP)

2.4.1 临床症状

病初体温升高达40～41℃,痉挛性干咳,鼻孔流出黏液,伴有脓性结膜炎。呼吸困难,常做犬坐姿势。病程4～6 d,不死者转为慢性。病猪后期持续咳嗽,呼吸困难,关节肿胀。时发腹泻,呈进行性营养不良,极度消瘦,最后多因衰竭致死,病程2～4周。

2.4.2 剖检变化

主要表现为肺部炎症。肺小叶间质水肿、增宽,有不同发展时期的肝变区,呈大理石样外观。支气管内充满分泌物。胸腔和心包内积有多量淡红色混浊液体,内混有纤维素。胸膜和心包膜粗糙无光泽,上附纤维素,甚至心包和胸膜或者肺与胸膜发生粘连。胸部淋巴结肿大,支气管、气管内有多量泡沫样黏液。

3 综合防控措施

3.1 加强饲养管理,提高机体抗病力

坚持采用"自繁自养、全进全出"的原则,做到管理科学化、规范化,及时清粪,搞好猪舍环境卫生,定期消毒,最大限度地减少病原微生物对猪场的污染,防止疫病的扩大传播。同时应降低各种应激因素对猪群的影响,以避免应激给猪瘟的发生带来有利条件。同时要避免不同日龄和不同生长阶段的猪只混群饲养,以减少交叉感染和持续性感染的发生。

3.2 建立生物安全体系,做好卫生、消毒工作

全面落实各项生物安全体系各项措施,防止病原侵入猪场。猪舍要保持清洁卫生、干燥通风、冬暖夏凉,最适温度为18～22℃,相对湿度为60%～70%。猪舍进出门前设消毒池及消毒间,供人员与物品进出消毒之用。猪舍每周消毒1次,饲养管理用具与物品每天要清洗干净,定期消毒。猪舍周围环境用2%火碱溶液进行消毒,每月消毒1次,尽可能降低病原微生物的传入,避免对猪舍的污染与侵袭。

3.3 制定科学合理的免疫程序

接种疫苗能够有效抵抗疾病感染,也是猪场预防疾病最基本、最重要的手段。制定适合本

场的免疫程序，需要根据本场疫病实际发生情况，考虑当地疫病流行特点，结合猪群种类、年龄、饲养管理、母源抗体干扰及疫苗类型、免疫途径等各方面的因素和免疫监测结果等。

3.4 严禁饲喂发霉变质的饲料

据有关研究表明，近几年来由于饲料原料不合格或玉米严重霉变，已成为猪场细菌病（尤其是腹泻）的发病诱因。霉变玉米中含有大量的黄曲霉毒素、赤霉烯酮、呕吐毒素，猪日粮中含有霉变的玉米时，猪吃后对猪的影响主要表现在以下三个方面：一是降低猪的采食量，原因是含有霉变玉米的日粮适口性不好。二是影响猪的健康，如仔猪出现腹泻，拉黑色水样稀便。三是引起猪的免疫力下降，从而导致细菌病的发生。

3.5 做好药物保健，增强猪群的非特异性免疫力

在饲养过程中可根据猪群生长发育的不同阶段可能发生的各种疾病，有针对性地在饲料或饮水中添加某些有效药物如黄芪多糖、健胃散、益生素等，可有效的抑制肠道有害菌群的生长繁殖，保持肠道菌群平衡，提高动物机体的免疫力与抗病力，从而减少猪场细菌病的发生与流行。

3.6 治疗原则

目前，猪病大部分是由多种病原混合感染与继发感染而引起的，加之免疫力低下，在临床上多见因发生病毒血症和细菌性败血症而引起急性死亡，发病率与死亡率很高，临床上治疗疾病的难度很大。因此，临床上治疗用药首先要注重提高机体的整体免疫力，采用抗病毒疗法、抗细菌疗法和对症治疗相结合的综合方法进行治疗，做到用药对路、方法科学、方案可行，则会收到明显的疗效。

参考文献

[1] 邓博文. 引起猪免疫抑制的病毒性疾病及其防制措施[J]. 中国畜牧兽医，2007(5)：117-119.

[2] 张安云，王红宁，黄勇，等. 猪链球菌病及综合防治措施[J]. 四川畜牧兽医，2005(增刊)：101-104.

[3] 高倞. 猪副猪嗜血杆菌病及其综合防控措施[J]. 中国畜牧兽医文摘，2015(8)：128.

[4] 马冬雪，姚瑶，胡爽，等. 猪致病性大肠杆菌致病机制及综合防治研究进展[J]. 安徽农业科学，2010，38(17)：9013-9015，9033.

[5] 王阜生，宋岩松. 浅谈猪肺疫的综合防治措施[J]. 中国畜禽种业，2013(6)：84.

[6] 陈四年. 猪场生物安全体系的建立. 福建省畜牧兽医学会 2010 年学术论文集[C].

对生猪疫病防控工作的思考

徐维国

（四川泸县喻寺畜牧兽医站，四川泸县　646107）

摘要：饲养生猪的过程当中，实行良好的生猪疫病防治措施，能够显著提升生猪饲养的经济效益，同时也是确保公共卫生安全事业以及保证生猪健康成长的主要途径。在本文当中，将针对生猪发生疫病防治工作的常见问题展开分析，由此阐述强化疫病防控的必要性以及现实意义，在此基础之上提出保证生猪的疫病防治具体工作措施，旨在有效促进生猪养殖行业快速且健康地发展。

关键词：疫病防控；生猪养殖；解决措施

如今在我国范围内伴随着不断普及的科学养殖观念，生猪养殖的农户针对常见疫病的防治以及所使用的药品类型等方面都有一定的基础性认知，不过在具体进行生产和实践的过程当中，依然存在着一定的漏洞以及问题，假如不能保证良好的综合性防控，就可能会令养殖户面对极大的经济损失。所以，在生猪的疫病防控的过程当中，必须要对可能存在的问题展开深入的分析，同时采取一定的解决方式。

1　在生猪的疫病防控当中可能出现的弊端

1.1　致病病原体不断增加，耐药性不断提升

原有的病原体的基础之上，因变异或者是一些其他的原因造成病原菌的种类不断增加，比方说流感病菌，就是在变异过程当中形成的新病毒毒株，令原来的疫苗疗效大幅度下降，部分疫苗甚至直接失去效力。与此同时，生猪养殖户饲养的过程当中随意使用抗菌药物，并且长期性地使用同一种药物，或者是饲料生产厂商在生产饲料的过程当中加入了大量抗菌型的药物，会令病原菌耐药性提升，还有一定的可能会造成新病原体形成。

1.2　生猪养殖户忽视整体健康水平

最近这几年，很多饲养户单纯地追求高生产率，生猪饲养的过程当中不可避免地使用了一些合理性比较差的方式，例如高密度养猪、限制活动、药物使用过多等，而且还存在诸如过度依赖药物疫苗造成猪群的整体健康情况不佳等问题，猪群整体的非特异性免疫能力比较低下，一旦出现一点致病苗头就会导致疫病接踵而至。因此，作为生猪饲养人员而言，不要单纯地追求生长的速度，需要强化科学饲养以及科学管理的力度，加强猪群整体的健康程度，提升非特异性的免疫能力。

1.3　越来越频繁的外界病毒传入

如今社会整体经济水平不断提升，交通呈现出明显的便利性，生猪和相关的产品进行贸易

交流的频率也变得越来越高了，生猪进行引种和外部销售、猪苗外界购入等变得愈发频繁起来，因此传播疫病病毒的隐患也随之大大升高了，导致外来的疫病在短时间内侵入，出现非常严重的后果。

2 如何提升生猪疫病防控工作水平

2.1 强化饲养管理，切实提升生猪体质

对生猪进行饲养管理的工作内容主要包括在生产过程当中的引种、饲养以及免疫消毒等，各个环节都可能会对饲养造成重要影响，饲养人员的日常任务就是采取科学且合理的饲养方式来确保猪体生长速度以及健康水平，避免疫病可能会对其形成的不良影响。

2.2 对免疫程序进行规范，避免疫病的危害

养猪场需要制定出满足本身基本特征的免疫程序，由于很多疾病出现之后是很难进行特效治疗的，因此必须要依靠免疫程序来进行提前保护。免疫程序没有严格的标准，可以按照各个养猪场的实际情况进行适当的调整，不过对于一些危害比较严重的疫病类型必须要包括，比方说猪瘟、口蹄疫、蓝耳病、猪细小病毒等。在养猪场的周边地区出现具备传染性的疫病的时候，必须要在短时间内进行紧急免疫。预防工作当中，除常见疫苗之外，还可以在饲养的过程当中适当地使用药物，特别是在疾病流行期间使用，例如四环素和强力霉素等都可以，还可以采用适量板蓝根、鱼腥草、葛根等进行水煎后饮用，防控效果也比较理想。

2.3 对消毒以及引种隔离要健全完善的制度

消毒在疫病预防工作当中是比较重要的一项影响因素，生猪饲养人员需要建立起正确且科学的消毒理念，在进猪舍前设置一个消毒池，每个进出人员都需要依照消毒制度进行消毒，无疫情期间需要每星期进行一次消毒，在疫情流行期间，需每天进行一次消毒。

无论是在任何时候，养猪人员都需要拥有正确且科学的防控疫病的意识，同时加强控制疫病风险的力度，在引进猪苗或者种猪的时候必须要选择没有疫病发生的区域购买，同时需要对当地疫病历史进行了解，在购买之前仔细查看猪苗的检疫证明，保证猪苗没有病毒携带的情况之后才能够放心购买。在购买之后，对新购入的猪进行 3～7 d 的隔离，待确实没有异常之后，才能够和其他的生猪进行混合饲养。同时，及时向所在地的畜禽防疫机构提出补防申请。养猪户绝对不能因为便宜或者是其他的原因，购入一些来历不明且没有合法证明的生猪；针对生猪发病的情况，需要等到其彻底康复之后，行以彻底的消毒之后才进行补栏，严格禁止在生猪的病情还没有痊愈的情况下就进行补栏，很可能会导致疫病范围扩大。

2.4 妥善处理死亡猪体

因疾病而死亡的生猪往往会成为疫病传播的主要源头之一，针对因流行性疫病而死亡的生猪更需要进行妥善处理。针对此类病死生猪处理的时候需要保证：严禁流通、严禁食用、严禁转运、严禁私自处理，必须要依照相关单位的要求对其进行深埋或者是焚烧，避免因病死猪所导致的疫病大面积传播。

除此之外，在进行生猪疾病防治的过程当中，一旦发现生猪存在患病隐患或者征兆，需要立刻通知防疫人员进行确诊并采取应对措施，提升疫病防治的综合效率，将可能会出现的损失降低到最低的程度，保证养殖户基本利益。

3 结语

总的来说，当前对生猪进行疫病防治的过程当中依然有较多的弊端存在，所以必须要针对这些问题采取对应的措施来进行有效的处理，由此来确保防治疫病的工作能够顺利地进行。防疫单位以及养猪人员需要共同进行努力，并加强药物预防以及购买生猪途径等环节的监管力度，令生猪的疫病防治能够满足饲养的实际需求，降低发生疫病的概率，切实有效地提升经济收益，这也是生猪饲养行业的主要经营目的。

参考文献

杨志能. 从当前猪病流行趋势谈加强生猪疫病防控工作的对策措施[J]. 畜禽业，2011(03).

对当前畜间布病防控的几点探讨

吕开龙[*]

（新疆巴里坤县花园乡兽医站，新疆巴里坤　839200）

近几年，由于对畜间布病管控的差距各地区布病的感染范围也在迅速地扩散蔓延。特别是在草场宽阔的养殖牧区，在没有防护的情况下，农牧民、养殖场养殖人员感染布病，人数逐年上升，因此，做好养殖业密集地区畜间布病的防控工作尤其重要。在防控畜间布病方面，坚持以人为本，群防群控，科学规划，制度管理，坚决制止用传统落后甚至是迷信的方法手段进行防治布病患病人群，或对畜间布病防护，抓住关键环节，长远计划限时消灭畜间布病。

1　牛羊布氏杆菌病

1.1　布氏杆菌病特征

布氏杆菌病是一种人畜共患的慢性传染病。人患病后主要特点是，波浪式发热、多黏性盗汗，头痛、失眠，全身关节肌肉痛，男性出现单侧睾丸肿胀压痛。在动物，常侵害母畜生殖系统，怀孕母畜流产，种公畜性欲降低，睾丸炎为特征。

1.2　病原

患布病动物是最主要的传染源。布氏杆菌主要存在于病畜的生殖器、内脏和血液。布氏杆菌对外界的抵抗力很强，在干燥的土壤中存活 37 d，在 −12℃以下和胎儿体内可存活 6 个月。用 5%的生石灰水、84 消毒液 15 min 可杀灭。

1.3　传播途径

布氏杆菌主要感染牛羊，感染的家畜症状不明显。母畜流产或分娩的死胎、羊水、胎盘、分泌物中含大量布氏杆菌，传染特别强。在患病动物皮毛、奶、粪尿中含有大量布氏杆菌病。人通过与病畜接触，服用没有煮熟奶、肉品，或吸入含菌的尘土进入眼结膜也可感染。患病的牛羊在同群畜中感染更快。

1.4　症状

本病不显症状，怀孕母畜流产。流产多发生于怀孕后的第三、四个月，流产母畜产死胎，胎衣不下，继发子宫内膜炎，反复流产。公畜睾丸肿胀，消瘦，奶牛产奶量下降，失去饲养价值。

2　严格管理活畜异地调运监管

异地活畜调运，是当前畜间布病感染的主要途径。在防控布病或人的感染上必须严格按

---

[*] 作者简介：吕开龙，男，汉族，本科，长期从事畜牧兽医和动物疫病防治工作。

照规定审批活畜异地调运手续,对不符合规定的要坚决不予出具调运手续,把牢活畜调运的关口,是防止布病输入性传染的关键。这主要原因:一是负责活畜调运审批的管理部门对调运活畜审查不严,没有按制度规定进行监管,监管人员意识不强随意审批。二是行政干预,违规调运。三是养殖场或养殖户私自偷运,逃避监督检查。出现以上现象都有一个共同的特点,就是在调运活畜当中:

①没向当地兽医主管部门按时申请申报调运活畜的数量品种或隐瞒数量品种产地。②没有按照规定在调运活畜前进行布病结核病的化验室监测。③所在动物产地主管部门,没有按照规定进行化验室血清监测,或出具的监测报告未经化验室监测,或私自造假。④养殖场养殖户和兽医主管部门媾和,人情往来,执法犯法,不按照《动物防疫法》的规定进行操作。

3 对种畜进行严格管理,定期按时监测

(1)对引进的种公羊经二次布病血清化验室复检,确认合格的必须严格登记造册,才能配种使用。

(2)农牧区在配种季节开始前统一进行一次布病血清监测。逐村逐组,养殖场合作社养殖大户的种公羊,一个不漏地进行登记血清监测,对监测出阳性布病的种公羊必须扑杀,所在同群羊全部进行抽血检查,对监测出的布病羊一律进行扑杀。同时,对监测出阳性畜的养殖场合作社养殖户的同群羊 45 d 后再进行一次布病血清监测,直至全部净化为止。

(3)对繁育场的种畜出场调运异地的必须采集血清进行化验室监测,凡检出阳性布病的羊群 3～6 个月内不应出售种畜,直到达到净化标准方可向外出售。

(4)抓好种畜布病监测管理是防控布病向羊群深部扩散感染的首要保证。要对每个养殖场合作社养殖户进行布病预防的宣传。坚持防重于养,不能只顾数量,放松质量。要求他们无论从什么地方引进的种畜必须有产地的布病监测报告,就是本地群与群之间的调换种羊也必须有 3～6 个月监测详细登记记录。

4 抓好散养户布病的入户统计监测工作

(1)当前在农牧区散养户养殖规模小地域分散交通不便,多集中在常年留守家里的老人等养殖户,是一个很大的隐患。他们部分不配合或逃避当地兽医部门的监测检查,加上防疫工作不彻底就会留下感染的隐患风险。必须积极和当地行政主管部门做好思想工作,一个不漏地对饲养的牛羊做布病监测,杜绝因牲畜得病给人感染布病。

(2)做好散养户牲畜活畜交易和屠宰前检疫。对出售的牛羊宰前必须报检检疫,加大力度对乡村私屠乱宰现象的管理,活畜交易的牛羊等动物进入交易场所必须持当地兽医部门出具的有效产地检疫证明,确属经过布病监测合格的动物方可进行交易。

5 抓好阳性布病动物畜群的管理

(1)对监测出布病的阳性羊经通知畜主后要及时进行扑杀,不能拖延时间。有的农牧民由于嫌隔离麻烦或对布病的恐惧,私自将布病牛羊出售或宰杀出售,给人感染布病带来很大风

险，要严格登记，村组监管，落实监测数和扑杀数一致的再发放布病补贴，对明知故犯的养殖户或工作人员要追究其责任。

(2)对监测出布病的阳性牛羊畜群，除阳性畜以外的的同群畜应隔离养殖，45 d后定期进行布病监测。如果二次复检仍然有阳性畜，要继续复检净化直至全部净化为阴性正常畜。同时，对临近的畜群或已经出售饲养的活畜要跟踪检查，确认无阳性畜方可同群饲养。

(3)做好饲养人员布病检查。养殖场合作社养殖大户在聘用养殖人员和技术员时必须进行布病检查，已经感染布病的人员不得从事动物饲养等服务工作。已经从事养殖的人员要定期进行布病的血清学监测，保证不让患布病人员从事养殖。目前，一些养殖场出现了人员感染布病的现象，要及时劝退，因布病是人畜共患病，感染布病的人同样会导致动物感染，交叉感染隐患更大。

猪瘟与猪圆环病毒病混合感染及其处理措施

管菊[1*]　熊永波[1]　黄锦萍[1]　高娴[1]　许进红[2]　杨涛[3]

（1.云南省红河州个旧市大屯镇农业综合服务中心，云南红河　661017；
2.云南省红河州个旧市动物疫病预防控制中心，云南红河　661000；
3.云南农业大学动物科学技术学院，云南昆明　650201）

摘要：某猪场发生以20～50 kg育成架子猪反复呕吐，高热，不食，连续投药6 d效果不佳，并出现死亡，经过流行病学调查，临床症状观察，病理剖检后送实验室诊断，结果为猪瘟、圆环病毒混合感染的猪疫病，经过综合防控，疫情得到了有效控制。

关键词：猪瘟；圆环病毒；混合感染；诊断；治疗

1　发病情况

某猪场饲养生猪758头。其中，公猪9头，能繁母猪90头，肥猪66头，育成架子猪308头，断奶仔猪163头，哺乳仔猪122头。9月20日育成架子猪首先发病，其他猪陆续出现少数发病，共发病99头，发病率13%，其中发病公猪2头，能繁母猪1头，肥猪2头，育成架子猪75头，断奶仔猪1窝8头，哺乳仔猪1窝11头；死亡27头，死亡率27%，其中育成架子猪18头，断奶仔猪1头，哺乳仔猪8头。经兽医视检可见玉米颗粒有轻微霉菌感染情况。2014年9月24日，该场打来电话求诊。

2　临床症状

2.1　育成架子猪

首先发病，查用药与不用药的病猪体温，检查体温在40.5～41.5℃，病猪初期出现呕吐不食，后期精神沉郁，眼神呆滞，趴睡，扎堆，其中部分猪被毛倒竖，眼敛浮肿，有酱油色泪斑，眼结膜充血；有个别猪在耳朵、下颌、腋下、四肢末端、臀部可见出血斑，部分连成片状的出血斑块，有8头猪先后出现背部、侧腹部有针尖状呈铁锈色毛孔出血点，濒死期出现神经症状，四肢呈游泳状划动乱蹬。

2.2　仔猪

在育成架子猪发病6 d后出现病例，8日龄哺乳仔猪神经症状明显，有的呈犬坐惊悚状，打

---

* 作者简介：管菊（1976.12—），女，个旧市大屯镇农业综合服务中心主任，高级兽医师，主要从事基层畜牧兽医科技推广工作。

颤，有的盲目行走，步态不稳，哼叫，检查体温 40.5～41℃，渴饮；断奶仔猪眼睛分泌物增多，上下眼睑粘连成一条黑线，被毛倒竖，可见脊背部、侧腹部有针尖状铁锈色出血点，有个别猪出现神经症状，眼神呆滞，倒地不起，四肢呈游泳状，后出现神经症状的仔猪全部死亡。

2.3 公猪、能繁母猪、育肥猪

发病后期，主要表现大便干结，不食，体温在 40℃以上，发现发病的母猪所带哺乳仔猪全部发病，其病程反复约 1 周，其他大猪对症治疗 5～7 d 后逐步恢复，无其他明显可见临床症状出现。

3 病理变化

3.1 育成架子猪

颌下淋巴结外呈紫黑色，切面可见白色坏死灶，呈红、白相间的大理石斑纹，扁桃体有白色坏死灶，喉头、气管严重出血，全肺呈紫黑色，有黄色胶冻样浸润，肺门淋巴结外呈紫黑色，切面呈大理石状，心包积液增多，心肌有出血斑，肝脏有出血点、斑，脾脏边缘呈黑色梗死，肾脏红、白色镶嵌，肠管充盈，肠系膜淋巴结肿胀呈条索状，外观白红相间，切面外围出血发红，中间肿胀白色，胃底弥漫性出血，十二指肠弥漫性出血，回盲部有纽扣状溃疡，膀胱弥漫性出血点、斑。

3.2 哺乳仔猪

颌下淋巴结、肺门淋巴结、腹股沟浅淋巴结和腘淋巴结肿胀呈紫黑色，切面呈红、白相间的大理石斑纹，扁桃体有白色坏死灶，心肌质地变软，心耳可见针尖大小出血点，肝脏明显出血，脾脏边缘有锯齿状黑色梗死，大脑顶叶、肾脏皮质、膀胱内膜有针尖状出血点，肠管充盈，肠系膜淋巴结肿胀呈条索状，切面呈大理石状样变。

4 实验室诊断

采取病猪颌下淋巴结、肺门淋巴结、肺脏、脾脏送实验室经 PCR 进行猪瘟、蓝耳、伪狂犬、圆环病毒抗原检测，猪瘟、圆环病毒结果为阳性，蓝耳、伪狂犬结果为阴性。

经过流行病学调查，结合临床症状、病理剖检、实验室诊断，综合判定为猪瘟、圆环病毒的混合感染。

5 处理措施

(1)全场封闭隔离消毒，每天早上使用 23%的过氧乙酸按照 1∶500 的比例进行带畜喷雾消毒，下午使用食用醋煮沸进行熏蒸消毒，全场环境采用 5%的大碱消毒。

(2)采用本场自制的猪瘟、圆环病毒猪病血清按照 0.5 mL/kg 进行紧急治疗；同时使用青霉素＋链霉素、林可霉素、氟苯尼考、替米考星、瘟热清开灵＋青霉素、畜疫安＋青霉素等分别对症注射治疗；全群投喂替米考星 3 d 后，换氟苯尼考＋阿莫西林＋七清败毒颗粒连续投药 5～7 d，同时以电解多维、葡萄糖饮水，调节机体免疫，以有效控制继发感染。

(3)加强猪瘟、圆环病毒病等监测，对全场公猪、能繁母猪采样进行猪瘟、圆环等病原学监测，淘汰阳性感染猪；加强饲养管理，合理调整免疫程序；按照 1∶1 000 的比例添加麦特霉胶素，吸附饲料中的霉菌毒素，控制霉菌污染。

6　讨论

（1）该猪场虽然进行程序化的计划免疫，但是，猪瘟免疫程序不合理，其仔猪于 42 日龄断奶，猪瘟首免于 56 日龄进行，70 日龄进行猪瘟二次加强免疫，首免时间过晚，而两次免疫间隔时间过短，在第一次免疫抗体刚刚产生阶段，又注射相同的抗原，造成免疫抗体中和后导致人为免疫失败。

（2）该猪场几年来采样监测中发现有猪圆环病毒感染情况，但由于没有进行跟踪管理措施，存在由于该病导致免疫抑制后影响免疫抗体产生的问题。

（3）猪场使用的饲料原料（玉米等）在高温高湿季节，没有采取添加脱霉剂等措施，长期饲喂霉变饲料容易导致免疫失败。

参考文献

[1] 张琦，李书华，王淑杰，等. 猪圆环病毒感染诊断方法研究进展[J]. 动物医学进展，2008(06)：90-93.

[2] 孙伟，杨瑛，王平荣，等. 猪瘟免疫程序及其免疫效果研究[J]. 畜牧与兽医，2003(06)：28-30.

浅析猪副嗜血杆菌病的发病特点及防治技术

张海鹏[1]　杨霖[2]　张文贤[2]　李莉[3]　代红俊[4]　张伟贤[5]

(1.玉溪市红塔区动物卫生监督所,云南玉溪　653100;
2.玉溪市华宁县动物卫生监督所,云南华宁　652899;
3.红河州泸西县动物卫生监督所,云南红河　652400;
4.云南快大多畜牧科技有限公司,云南玉溪　653100;
5.玉溪市峨山县动物卫生监督所,云南峨山　653200)

摘要:猪副嗜血杆菌病又称多发性纤维素性浆膜炎和关节炎,也称格拉泽氏(格来西氏)病。猪副嗜血杆菌病菌广泛存在于环境中,健猪鼻腔、咽喉等上呼吸道黏膜上也常有本病菌存在,发病无明显季节性。可侵害感染2周到4月龄的猪,尤以5～8周龄的断奶保育仔猪最为多见,有时哺乳仔猪也会发病,尤其是免疫水平较低的初产母猪产下的仔猪更易感染。副猪嗜血杆菌对抗生素极易产生耐药性。一般条件下难以分离和培养本菌,尤其是使用抗生素治疗过的病猪的病料更是困难,这一生物学特性给本病的实验室诊断和免疫工作增加了较大难度。发病率一般在10%～15%之间,致死率约为50%,当混合感染严重时则死亡率会更高,给生猪养猪带来巨大损失。

本文就猪副嗜血杆菌病的病原、病原特性、鉴别诊断、防治思路做了分析总结,旨在为广大临床兽医、生产者提供防治参考。

关键词:猪;副嗜血杆菌病;特点;防治;技术

1　病原

副猪嗜血杆菌属革兰氏阴性短小杆菌,形态多变,有15个以上血清型,其中血清型5、4和13最为常见。本病菌对外界抵抗力不强,干燥环境易死亡。60℃可存活5～20 min,4℃可存活7～10 d,常用消毒药可将其杀灭。

2　流行特点

病猪和带毒猪是本病的传染源,一般通过呼吸系统传播,也可通过消化道传染。2周到4月龄的猪都可能发生感染,以5～8周龄的断奶保育仔猪最为多见,有时哺乳仔猪也会发病,尤其是免疫水平较低的初产母猪产下的仔猪更易感染。发病率一般在10%～15%之间,致死率约为50%,当混合感染严重时则死亡率会更高。但本病菌广泛存在于环境中,健猪鼻腔、咽喉等上呼吸道黏膜上也常有本病菌存在,发病无明显季节性。当猪体健康良好、抵抗力强时,病原不呈致病作用,而一旦猪体健康水平下降、抵抗力弱、环境条件恶劣、强烈应激因素,特别是疾病因素应激作用于猪体时,病原就会大量繁殖而出现临床症状,加剧了原发病的病程或使病情复杂化。

3　临床症状

一般在仔猪保育阶段多发,主要表现为短促咳嗽(每次 2～3 声),体温升高(40.5～42℃或更高),精神沉郁,食欲减退,有的无明显症状突然死亡。随着病情发展,咳嗽喘气加剧、呼吸促迫,有的鼻孔流出脓性分泌物,眼睑皮下水肿,部分病猪出现多处关节肿痛,跛行,不愿站立,扎堆嗜睡,食、饮欲废绝。有的皮肤潮红而后紫蓝,耳尖或边缘发绀,有时突然死亡。偶见脑膜炎,出现神经症状。

转入慢性后,多见厌食,咳嗽喘气日渐加重,呼吸困难,渐进性消瘦,被毛粗乱,皮肤苍白或发绀、便秘下痢交替出现,四肢无力或跛行、最后终因衰竭而死亡,部分耐过的猪也因发育不良而成为僵猪。

母猪常见产期延长,有时流产,产后无奶,便秘。有的出现高烧,呼吸困难而发生急性死亡。小猪初生体重小,常于 3 d 内就发病,高烧昏睡,呼吸急促,顽固性下痢,最后衰竭而死亡。

4　剖检变化

特征性的剖检变化是:胸膜炎、腹膜炎、脑膜炎、心包炎、关节炎等多发性炎症。并有纤维素性或浆液性渗出。腹腔积满淡红色浑浊腹水,豆腐渣样淡黄白色的纤维素性渗出物附着于肠黏膜和肝脾表面;胸腔大量积水;心脏包裹一层厚厚的绒毛样被膜,心脏与胸腔壁粘连,肺萎缩;全身淋巴结肿大,尤以腹股沟淋巴肿胀最为明显。

5　诊断

本病又多继发于各种原发病之后,一旦发生误诊,会延误最佳治疗时间,扩大经济损失。生产中,可根据流行病学和临床症状加以鉴别诊断。

5.1　与蓝耳病、附红体病或弓形体病的鉴别

本病常出现高烧、皮肤潮红、耳朵发绀、呼吸困难等症状,易被误诊为蓝耳病、附红体病或弓形体病。蓝耳病常伴有明显的母猪流产和种猪的一系列其他繁殖障碍,而本病危害主体只是 2 周至 4 月龄的仔猪和生长猪;附红体病或弓形体病的体表出血与本病的体表皮肤潮红发绀有明显区别。

5.2　与猪流行性感冒的鉴别

本病常出现高烧、喘咳和呼吸困难等症状,易被误诊为猪流行性感冒。猪流行性感冒多发于冬春季节,发病急剧、一旦发生,很快在猪群中传播蔓延,病猪精神委顿和咳嗽喷嚏症状明显,若无继发、并发症,很少出现体表耳朵发绀症状,一般 7 d 左右会康复自愈,很少出现死亡。

5.3 与猪传染性胸膜肺炎的鉴别

本病常出现体温升高、喘咳和呼吸困难等症状易被误诊为猪传染性胸膜肺炎。猪传染性胸膜肺炎时。喘咳和呼吸困难症状明显，程度剧烈，有时呈犬坐张口呼吸姿势。而本病病猪咳声轻微，且每次只表现2～3声短咳。

5.4 与圆环病毒感染的鉴别

本病常出现渐进性消瘦、被毛粗乱等症状易被误诊为圆环病毒感染。圆环病毒感染用抗生素治疗无效，而本病在病初用敏感药物施治疗效尚可。

5.5 与链球菌病的鉴别

本病常出现关节肿痛、跛行和神经症状等易被误诊为链球菌病。链球菌病虽有关节炎及脑膜炎症状，但典型的皮肤潮红、耳朵发绀症状却很少发生。

5.6 与猪喘气病的鉴别

本病常出现喘咳和腹式呼吸症状易被误诊为喘气病。喘气病多为个别少量发病，病程较缓和。呈连声咳嗽，用支原体敏感药物治疗有效，本病则呈两三声短咳，且多伴有体表、耳朵发绀、关节肿痛和脑膜炎等症状。

6 防治措施

日常预防。本病的治疗，若在感染中后期，效果较差。因此，做好日常预防工作，尽可能消除各种应激因素，控制其他疾病的流行，才是最佳方案。养殖场要在加强饲养管理、改善环境条件、消除应激因素、强化生物安全措施等前提下，着重做好两件事。

6.1 药物预防

由于本病通常是作为继发或并发病发生，与支原体混合感染较为常见，因此要强化呼吸道疾病的防制，在饲料中添加针对支原体有特效的药物组合(如：泰乐菌素、泰万菌素、支原净等)，对控制本病的发生、流行和减少猪病的危害具有十分重要的意义。

6.2 疫苗免疫

使用疫苗防治本病是最有效的办法之一，病情反复发作或严重的猪场，更应抓紧抓好免疫注射。由于本病的血清型多，需选用副猪嗜血杆菌多价灭活苗进行免疫。

7 发病后的防控措施

7.1 隔离病猪

猪场发生疫情一旦确诊为本病后。应立即将猪舍内所有病猪隔离，转移到远离猪群的栏舍内关养，并指定专人护理，不得串栏，工具专用。病猪舍内的人行道用酚制剂消毒液进行消毒，栏内每天用碘制剂消毒液带猪消毒3次，杀灭病原。出入口消毒池每天更换3%～4%烧碱药液，防止病原散播。

7.2 带猪消毒

严格消毒被病猪污染了的原栏，彻底冲洗干净后，用“安灭杀”消毒药水带猪严格消毒，每天 1～2 次。一旦发现新病例立即隔离、消毒并治疗。

7.3　药物治疗

治疗前做药敏试验，并根据本病菌易于产生耐药性的特点，采取及早用药、联合用药和中西药相结合的方式进行治疗。临床上一般选用喹诺酮类、头孢类、增效磺胺类、阿莫西林、氟苯尼考、土霉素、四环素、多西环素等敏感药物。

7.4　淘汰处理

症状严重的垂危病猪要果断淘汰，并和病死猪一起严格进行无害化处理，防止病原扩散。

猪气喘病最新流行特点及防治

赵全信

（云南省大理市太邑乡农业综合服务中心畜牧兽医组，云南大理 671001）

摘要：近些年，随集约化、规模化养猪进行，加上各种不良应激的出现，气喘病呈现仔猪发病率高，成年猪多数阴性感染；发病面积扩大，发病率上升；混合感染病例居多，发病季节性明显等最新流行症状。文章在系统介绍猪气喘病流行特点、典型症状、病理剖检的基础上，就防治此病做汇总阐述，以供同行参考和借鉴。

关键词：气喘病；防治；要点

1 猪气喘病最新流行特点

1.1 仔猪发病率高，成年猪多数阴性感染

较以往，猪气喘病不同日龄阶段，均有易感性。但是，这些年，成年猪发病多数为隐性感染，不表现明显症状。比较而言，仔猪发病率有上升态势。尤其在 25～45 日龄阶段，此时仔猪面临断奶、分群等应激，此时管理不善，极易导致仔猪抗病能力降低，诱发此病。而且，仔猪感染病例，这些年均有上升态势。

1.2 发病面积扩大，发病率上升

这些年，随生猪养殖规模化发展，异地引种及市场频繁交易的进行。再加上，引种检疫措施不当，实验室检疫流于形式，很多病猪未经准确识别，即被引进规模猪场。较传统散养而言，规模化猪场一经出现感染病例，较造成更大面积的传染，带来的危害是不言而喻的。

1.3 混合感染病例居多，发病季节性明显

近些年，冬春季节发病率尤高。此时，气温较低，养猪户为保证舍温，忽略了通风管理，导致舍内空气恶化。再加上，不能规范的控制养殖密度，必然导致此病频发。这些年的流行病学调查显示：在卫生条件较差的猪场，此病发病率有上涨趋势。而且，在这种环境下，猪场可导致多种病原菌滋生，一旦管理不善，极易继发其他感染症，降低机体抗病能力，加大诊治难度。

2 临床症状

此病潜伏期，短则 3～5 d，长则 11～16 d，更长的达 1 个月。根据病程的长短不同，可细分为 3 种类型：

（1）急性型：多见新疫区，突然发病，精神萎靡，呼吸加快，每分钟达 60～120 次。严重的，

张口喘气,明显的腹式呼吸。随着病程的加剧,咳嗽的次数,少而沉,有时伴有痉挛性咳嗽。体温多数正常,继发其他感染,可达 40℃以上,病死率尤高。

(2)慢性型:多见老疫区,以架子猪、育肥猪多见。典型症状,早期干咳,后期痉挛性咳嗽。特别在早晨、傍晚、进食前后等,痉挛性咳嗽尤为明显。部分呈现腹式呼吸,会随着季节、饲养条件的变化,症状有轻有重。病猪多数食欲良好,体温趋向正常,极度消瘦,病程达 2～3 个月,有的达半年以上。

(3)隐性型:多见老疫区,不出现任何症状,偶见咳嗽和气喘。全身症状表现良好,生长发育趋向正常。经实验室 X 射线,可见肺炎病灶。

3 病理变化特征

猪支原体病原主要侵害猪的肺脏。急性死亡病例,肺脏有不同程度的水肿和气肿。病程较长者,肺心叶、尖叶、中间叶及膈叶前下缘呈对称性淡红色或灰红色的"胰变"或"虾肉样变",病变部界线清楚,切面多汁,组织致密,可从小支气管挤出灰白色、浑浊、黏稠的液体。肺门和纵膈淋巴结显著肿胀,呈灰白色,切面湿润,淋巴组织呈弥漫性增生。若继发感染,可引起肺部的纤维素性、化脓性或坏死性病变。

4 猪气喘病的防治

4.1 预防为主,阶段用药

此病常年流行区域,建议根据疾病流行特点,与常发季节、换季时节、断奶时节,策略性提早用药预防。公猪用药支原泰妙,每吨饲料用 1 kg,每周 1 次,经 2～3 周,预控效果较好;母猪用药,产后 3 d,配种前 7 d,用支原泰妙,每吨饲料 1 kg,拌料饲喂 1 周,预控效果较好;仔猪用药,断奶前用泰舒平,每吨饲料用 1 kg,拌料饲喂 1 周,康复效果较好;保育猪、育肥猪,用药土霉素碱,混饲每吨 400～800 g,经 1～2 周连续饲喂,康复效果较好。

4.2 科学用药,遏制疫情

有感染病例呈混合感染,及时选择药敏药物,加强护理及早康复。常用治疗药物,按照如下:盐酸土霉素可溶性粉剂,每吨饲料用 100 g,经 3～5 d 治疗,康复效果较好。重症病例,配合用支原泰妙(每吨饲料 1 kg)和德利米先(每吨饲料 1 kg),经 1～2 周康复治疗,可达到康复效果。对于混合感染病例,先用泰乐菌素和磺胺二甲嘧啶的混合制剂,拌料,每 250 kg 用 100 g;混水,每 200 kg 用 100 g。重症病例,可加倍用药。为提升疗效,与混合感染病例,可同时肌肉注射氟苯尼考注射液,每千克体重 0.2 mL。间隔 48 h,注射 1 次,连续用药 2 次;或者,用盐酸土霉素注射液,每公斤体重用 0.1～0.2 mL,每天 1 次,连用 3 d。

4.3 免疫接种,增强体质

有效免疫接种,是预控此病的关键。此病常发区域,根据流行情况,可做预防性接种。成年猪接种,用气喘病弱毒冻干疫苗,每年接种 1 次;后备种猪接种,用气喘病弱毒冻干疫苗,配种前接种 1 次;仔猪接种,可与 1～2 周龄,免疫接种 1 次;已感染病猪,可尝试用猪气喘免化冻干苗,腹腔内接种,预控效果较好。预防接种的同时,注意消毒管理。定期清洁,及时清扫,确保舍内清洁卫生。所有污物，集中堆积，无公害化处理。消毒工作例行具体，每周至少1～2周。使用消毒试剂，像卫康、可佳、科安等，都是不错的选择。

4.4 改善环境，减少应激

日常科学饲养，加强管理制度。根据养殖实情，控制饲养密度。注意通风管理，冬季处理好保暖间的关系。总之，尽量减少各种不良应激，对于有效预控此病是至关重要的。平时控制转圈频率，减少不同日龄阶段混养次数。仔猪断奶后，早期不要急于换圈、换料。与原圈舍饲养3～7 d，逐渐过渡到保育舍。仔猪断奶前后，尽量不要打疫苗，避免不良应激，诱发气喘病。

探讨肉牛规模化养殖中的疫病综合防治

孙晓勇

(重庆市丰都县兴义镇畜牧兽医站,重庆　408219)

摘要:主要研究肉牛规模化养殖疫病综合防治措施,介绍了肉牛规模化养殖工作的常见疫病和疫病防治工作现状,在此基础上,对肉牛规模化养殖的疫病综合防治工作方法进行了探讨。

关键词:肉牛规模化养殖;疫病综合防治

肉牛规模化养殖显著扩大了养殖规模,增加了养殖户的经济效益,但是规模化养殖也增加了疫病传播的风险,如果不接受及时有效的治疗,可能会造成肉牛大规模死亡,研究肉牛规模化养殖中疫病综合防治措施,对推动肉牛养殖业发展有重要意义。

1　肉牛规模化养殖疫病

1.1　常见疫病

1.1.1　牛皮蝇蛆

牛皮蝇蛆是肉牛常见疫病,成年蝇蛆在肉牛体内产卵,会影响肉牛食欲和牛肉精神状态,可能导致肉牛出现乱跑乱窜的情况。牛皮蝇蛆一般通过肉牛口服驱虫液治疗,并通过打疫苗的方式有效防治,春天细菌滋生,可以适当增加注射虫克清的次数。

1.1.2　牛疥癣

牛疥癣是牛眼以及牛脖子周围常见疫病,严重者可能蔓延至肉牛全身。该病发病早期症状为身体某一部位奇痒,随着病情的发展,肉牛身上将会逐渐出现各种肿块。牛疥癣治疗需要将病牛和健康牛隔离,积极清理清扫牛舍,并使用敌百虫消毒液撤离全面清洗牛舍,2 d 1 次。

1.1.3　腹腔丝虫病

腹腔丝虫病是一种个别肉牛发病疫病,随着病情的发展,个别肉牛将会出现生长缓慢营养不良的情况。一般腹腔丝虫病可以使用虫克清药剂驱虫处理治疗,防治方法类似牛皮蝇蛆,在春天细菌滋生时加强虫克清药物注射。

1.2　肉牛规模化养殖疫病防治工作形势

近些年,肉牛的规模化养殖业快速发展,养殖规模持续扩大,增加了肉牛产量,提高了养殖水平和养殖户收入的同时,也增加了疫病传播的风险。近些年肉牛养殖疫病发病率有上升趋势,抗生素等药物的广泛使用导致致病菌耐药性逐年增强,抗生素抗菌活性持续下降,牛群疫病抵抗力逐渐下降,疫苗对肉牛保护率也逐渐降低。肉牛传统疫病频发,受到治疗药物以及其他不稳定性因素的影响，动物性疫病突发过程中变异也更加频繁，和传统养殖模式相比，规模化养殖模式增加了养殖疫病散发性，疫病传播形式也更加多样，疫病防治工作难度更高。例如母牛子宫内隐藏牛瘟等疫病，会导致母牛流产，影响牛只繁殖能力。疫病在传播与感染过程中，急性疫病可能逐渐发展为慢性疫病，导致牛只生长缓慢，饲料转化率下降，虽然牛只感染后死亡率下降，发病病情也得以显著环节，但是病死牛只解剖将难以准确判断疫病类型，给针对性防治工作的开展增加了难度。

2　常见疫病防治措施

2.1　传染性疾病防治

2.1.1　防疫观察

新购置肉牛要接受有效的检疫，派遣经验丰富的兽医组织开展现场检疫，购买之前首先要对肉牛健康状况进行详细全面的了解，重点询问牛肉布病和结核病发病情况，以及是否有注射牛5号病疫苗，新购置肉牛要持续观察30 d以上，观察是否有布病、结核病症状，防范病牛进入大群成为传染源。

2.1.2　消毒管理

牛场、路面圈舍、饲养用具以及牛体都要接受定期消毒，圈舍内每天都要清扫两次，确保圈舍干净清洁，且每半个月都要大规模清扫一次，并全面消毒，喷洒2%～3%苛性钠溶液。肉牛出售之后，圈舍内要进行一次彻底大清扫与消毒，15 d内不能使用，空气净化之后才能开始再次使用继续养殖。肉牛饲槽每日喂养结束之后也要仔细清理，确保饲槽干净整洁，并定期对牛体进行清洗消毒，防范疫病发生。

2.1.3　防疫注射

肉牛防疫注射疫苗以动物5号病疫苗最为关键，要做到牛群接种率100%，4个月至2岁肉牛肌肉注射2 mL肌肉注射疫苗，2岁以上犊牛注射3 mL，不足4个月犊牛无需注射。

2.1.4　免疫检疫

免疫检疫工作主要面向牛群牛布病、结核病，一般在春秋季节进行，2次/年，以净化为主，检测出阳性病肉牛需淘汰处理，保证牛群检疫合格率。

2.2　常见病多发病防治

2.2.1　病原控制

根源控制是肉牛规模化养殖疫病防控工作最重要最有效的措施，也是预防控制工作最关键的环节，首先，规模化养殖肉牛需要选择通风条件优秀的场地，并保证水源充足清洁，并配套设置完善的消毒、温度控制设施，肉牛养殖场一定要远离工业重污染区域，充分利用条件优势降低疫病传播的风险。

2.2.2　卫生工作

加强肉牛养殖工作能够有效降低疫病引发率，从而有效阻断病毒传播途径。养殖场相关人员需要将场地卫生和消毒工作当做日常工作开展，全面彻底清扫养殖场所，按照正确用法配置消毒药剂，保证药剂的有效性，每天清扫牛舍 2～3 次，从而彻底切断病毒传播途径。

2.2.3　科学饲养管理

遵守相关制度与质量标准开展科学的肉牛养殖和管理工作，降低疫病染病和传播风险。养殖户需要根据牛肉的生长发育情况和不同的发育阶段，满足肉牛营养需求，冬夏季则要做好温度控制工作，根据当地当季养殖场实际情况，加强通风，保持牛舌内干燥，防止内外因素导致牛只出现突发生理现象。养殖技术人员要积极接受药物使用技术培训，了解肉牛疫病动态，掌握疫病防治技术，确保疫病突发时能够采取有效措施控制损失，防止疫病蔓延。

3　肉牛规模化养殖疫病综合防治

3.1　养殖场管理

根据肉牛规模化养殖的场地条件要求选择合适的养殖场地，充分考虑到土质地质、坡度、与市场距离等多方面因素。养殖场布局要尽量紧凑整齐，便于饲养员管理。肉牛生活区尽量布置在场地内坡度较高的位置，加强通风，生产区则应该布置在养殖场地的中心，并且要地处隔离区上风向位置，隔离区则应该布置在场地中地势较低的位置，消除隔离区对正常肉牛饲养的影响。牛舍安排方面，则要综合考虑温度、湿度以及高矮等难题，要求方便饲养，同时保证生产率。

3.2　消毒处理

新购置犊牛、种牛需要进行消毒并隔离观察至少一周，确认安全无疫病之后方可混入大群，后期养殖要求每隔一周消一次毒，疫病多发季节可增加消毒频率至 1 次/d。饲养使用的用具设备和肉牛健康有直接关系，消毒不当可能成为疫病传播途径，因此饲养用具在每次喂养结束之后都要进行彻底清洗，每隔一日消毒一次。

3.3　驱虫

肉牛规模化养殖要重视饮水管理和寄生虫杀灭工作，每隔一个月，使用 0.2 mg/kg 阿维菌素肌肉注射，发病病牛可以补充盐酸氨，25～50 mg/kg 灌服、混饲，1 次/d，持续 7 d，并配合药物驱虫，使用敌百虫等驱虫药剂处理病牛患病处。

3.4　传染病防控

新购置肉牛首先隔离观察一周，发现个别牛只有疫病症状，立即隔离检查，及时上报牛疫病防治中心，找寻疫病解决方法，避免大规模疫病传染，确保免疫检疫工作能够正常开展，春天以及秋天要注意进一步加强疫病防范工作，并对牛群进行免疫注射，提高肉牛免疫抵抗力，并对肉牛进行跟踪检疫，1 次/年，发现问题需要立即处理。

4　结语

肉牛规模化养殖更要重视疫病防治工作，通过加强消毒、防疫以及疫病监测等措施有效防范疫病的扩散，才能够有效控制疫病的传播，减少疫病给养殖户造成的经济损失。

参考文献

[1] 罗文萍.肉牛疾病防治过程中易忽视的技术要点[J].中国畜牧兽医文摘,2016(08).
[2] 达瓦·敖特哈,宋文婷.肉牛规模化养殖疫病综合防治技术探究[J].当代畜牧,2016(20).
[3] 欧红环,王兴贞,李雪玲.综合防治在肉牛规模化养殖疫病的应用[J].畜牧兽医科学(电子版),2017(01).
[4] 格日乐其木格.西门塔尔肉牛疫病综合防治措施[J].中国畜牧兽医文摘,2016(07).
[5] 孔学民,唐国策,缪冬梅,等.新疆大地上的现代畜牧业之歌[J].中国畜牧业,2015(15).
[6] 袁涛,张文波,李珊.应用生物安全集成技术设计建造规模化肉牛场的研究与推广[J].中国草食动物科学,2016(06).

羊小反刍兽疫疫情的分析与防控思考

余长贵

（重庆市石柱土家族自治县万朝镇畜牧兽医站，重庆　409103）

摘要：羊小反刍兽疫，为山羊、绵羊易感的反刍动物常见的急性接触性疾病，此病严重威胁到畜牧养殖业的健康可持续发展。文章由此，就小反刍兽疫流行、小反刍兽疫症状、小反刍兽防控思考等几方面，就羊小反刍兽疫疫情的分析与防控思考做要点阐述，以供参考和借鉴。

关键词：小反刍兽疫；防控；思考

1　前言

小反刍兽疫（peste des petits ruminants，PPR）俗称羊瘟，又名小反刍兽假性牛瘟（pseudorinderpest）、肺肠炎（pneumoenteritis）、口炎肺肠炎复合症 stomatitis-pneumoenteritis complex），是由小反刍兽疫病毒（PPRV）引起的一种急性病毒性传染病，主要感染小反刍动物，以发热、口炎、腹泻、肺炎为特征。

2　小反刍兽疫流行

小反刍兽疫，又称羊瘟，为小反刍兽疫病毒感染而诱发的高度传染性疾病，此病流行典型特点为高度接触。发病后典型症状：体温骤升，肺部炎症、口腔炎症、明显腹泻等。所有易感群体中，山羊和绵羊易感性高，致死率高，而且以山羊发病率高，多数经直接或间接接触感染，经呼吸道传播感染为主。此病流行季节，四季皆发。致病病毒更多寄生在羊排泄物中，在被粪便污染的墙壁、饲料、饮水等，同样有检测出含致病病毒的可能，为同圈中感染此病提供可能。

此病流行期长短不一，多数在 4～6 d，也有潜伏 10 d 后发病的可能。本地调查的养殖羊群中，多数对此病毒抵抗力较弱，而且自身病毒毒力较强，可以说，只有在 pH＞11 或 pH＜4 的环境中，才能失去毒力活性。而对被病毒污染的器具中，超过 50℃的环境中，持续冲洗 1 h 方可杀灭病毒。同样，可经 2％火碱、苯酚等化学消毒药剂处理，杀毒效果更好些。

3　小反刍兽疫症状

根据病程分为最急性型、急性型、慢性型。根据症状可分为一般型、肺炎型、胃肠型、混合型。

最急性型，次型少见。羊只不分大小突然发病死亡。病程稍长的，食欲废绝，全身虚弱，卧地不起。常在 1 d 内死亡。

急性型，此型最为常见 。发热，体温升高到 40～42℃，眼红肿，初期流泪，数天后流脓性眼屎。鼻孔初期有黏长的鼻液，中后期呈脓性堵塞在鼻孔周围。口腔初期清口水多，舌头齿龈表面湿滑，隐约可见大小不等的红色丘疹，随着病程逐步扩大、出现大小不等的浅表丘疹组织脱离、溃烂、表面露出红色的肌肉组织表性的破溃面，严重的齿龈发生深入型坏死以致牙齿脱落。齿龈溃烂变黑色，以后随着病情的好转逐渐愈合。咳嗽，舌苔厚、白色，此时口腔口敷有白色泡沫，持续数天。从只吃温水、柔软的草、流质饮食可看出病羊咽喉疼痛。呼吸困难，急促，咳嗽、气喘，听诊湿啰音特别明显。

慢性型，多在老疫区见到，防疫不确实，免疫期已过，免疫时不满 3 个月或体质太瘦弱以致抗体滴度太低而发病。病羊一般呼吸道感染症状，口腔、咽炎、眼部炎症，经过对症治疗，能康复。

根据症状分型也只是相对的，实践中以混合型多见，其中肺炎型病情较重，死亡率较高。

根据临床症状诊断不难，关键是发病初期可疑病例立即上报，做微生物学检查诊断确诊，以便尽早启动甲类传染病应急防控方案。

4　小反刍兽防控思考

对小反刍兽疫疫情而言，目前尚且无特效疗法。临床用药施治，应以预控继发感染症为主。此病流行初期，尝试用小反刍兽疫血清，紧急注射。后期，用复方黄芪多糖等抗病毒能力强的中药剂，能更好地缩短病程。康复治疗期间，肺炎、肠胃炎、生殖道炎症等为常见多发继发病，尝试用庆大霉素、青霉素、头孢类抗生素防治效果更好些。注意对症施治，口腔部有糜烂性溃疡，用 10%盐水、食醋、双氧水冲洗，而后涂抹 1%～3%硫酸铜、1%～2%明矾或 5%碘甘油，效果不错。出现高热症状，用安乃近注射。出现低热症状，用柴胡、金银花等中药剂解热。患病后期，脱水严重，体质孱弱，注意补水、补碱、补充矿物质、补能量，注意保护脏器。由此，考虑到此病威胁，以及康复治疗的难度，采取综合预控措施，为遏制小反刍兽疫扩散蔓延的关键。

4.1　病畜隔离封锁

未见小反刍兽疫养殖区，一旦有新患病病例出现，务必紧急隔离，及时封锁疫区，严格消毒管理，控制此病的扩散和蔓延。

4.2　隔离同时接种疫苗

养殖区出现小反刍兽疫规模流行，单靠捕杀、封锁、隔离等应急措施，往往难以取得可观的防控预期效果。在此基础上，建议配用接种防疫疫苗。

4.2.1　接种异源疫苗

小反刍兽疫病毒与牛瘟病毒的抗原有着很大的关联性，可尝试用牛瘟病毒弱毒疫苗接种，刺激机体产生较强的抗牛瘟抗体，来抵御小反刍兽疫病毒的攻击，起到很好的免疫防疫效果。

4.2.2　接种同源疫苗

除异源疫苗外，PPR 弱毒苗为不错的选择。常见的弱毒苗，有 Nigeria7511 弱毒疫苗和 Sungri/96 弱毒疫苗，接种后无任何毒副作用，同时能免受毒株的攻击感染。

4.2.3　嵌合体疫苗及其他

嵌合体疫苗是用 PPRV 的糖蛋白基因替代牛瘟病毒表面相应的糖蛋白基因。这种疫苗对 PPRV 具有良好的免疫原性，但在免疫动物血清中不产生牛瘟病毒糖蛋白抗体。

重组亚单位疫苗麻疹病毒属的表面糖蛋白具有良好的免疫原性。无论使用 H 蛋白或 N 蛋白作为亚单位疫苗，均能刺激机体产生体液和细胞介导的免疫应答，产生的抗体能中和 PPRV 和牛瘟病毒。

活载体疫苗将 PPRV 的 F 基因插入羊痘病毒的 TK 基因编码区，构建了重组羊痘病毒疫苗。重组疫苗既可抵抗 PPRV 强毒的攻击，又能预防羊痘病毒的感染。

4.3　建立健全防病机制

发现疑似病例，及早隔离，及时上报，送诊病料组织，确诊患病病型。及时控制疫情，做到"早""快""严""小"。同时，通知临近单位，做好协防联防工作。

确诊为此病流行，立即颁布封锁令，禁止活羊及产品流向市场。更禁止其他人畜、用具等进入封锁区，追踪所有封锁前贩运、宰杀的可疑羊只，查明情况后，根据实情做进一步处理。需要宰杀的，照章对尸体做无公害处理。不需宰杀的，消毒排泄物，羊只隔离观察，不得随意变卖，待封锁得到解除后，方可交易到市场买卖。

扑杀病羊及其无害化处理：经各级业务部门确诊为本病后报政府部门立即在早期、发病地区实施扑杀工作并进行无害化处理。特别是扑杀数据要按普查数据逐一核对进行，扑杀资金补偿要公开、公平，最好按羊只体重核实计算，如果不分大小补偿，有的农户把高价值的病羊隐瞒不报，而把没有发病的价值低于补偿标准的弱小羊充当病羊扑杀牟利。中后期继续流行，扑杀已经无意义，有的地方病畜杀完了才没有疫病，造成了资金的浪费、产生了农村社会矛盾、导致政府和业务部门形象受损，防控工作失败。

普查疫区内所有羊只，首先，"面"上普查，取得宏观数据。其次，"点"上普查，直接入户调查。通过比较分析，获得真实基数。避免两种情况的出现，一是隐瞒病情，遗留价值大病羊，继续传播疫患。二是，因捕杀补偿金低，而变相将病羊贩卖给其他地区。将此项工作做好做具体，将为控制疫情打下基础。

严格彻底消毒，隔离病羊、可疑羊，清理场地分泌物、排泄物，用 2%烧碱溶液、0.015%三氯异氰尿酸溶液，严格彻底消毒。

建立免疫带，避免疫情扩散，疫区、威胁区羊只，紧急注射小反刍兽疫苗，禁止到疫区牧场放牧。羊只 3 月龄内、体质瘦弱的，紧急接种后，需在解除封锁后，再加强免疫 1 次。

解除封锁，最后 1 只病羊痊愈、死亡或急宰，经严格彻底消毒后 2～3 周，报请相关部门，经审核同意后，方可解除封锁。早期被污染的草场，间隔 2～3 个月后，方可安排放牧。病羊痊愈后 3 个月，方可安排到非疫区放牧。

参考文献

[1] BANYARD A C, PARIDA S, BATTEN C, et al. Global distyibution on of peste des petits ruminants virus and prospects for improved diagnosis and control[J]. J Gen Virol, 2010, 91(12): 2885-2897.

[2] 王志亮,包静月,吴晓东,等. 我国首例小反刍兽疫诊断报告[J]. 中国动物检疫,2007,24(8):24-26.

[3] ARZT J, WHITE W R, THOMSEN B V, et al. Agricultural diseases on the move early in the third millennium[J]. Vet Pathol, 2010, 47(1): 15-27.

[4] MUTHUCHELVAN D, SANYAL A, BALAMURUGAN V, et al. Sequenceanalysia of the nucleoprotein gene of Asian lineage peste des petits ruminants vaccine virus[J]. Vet Res Commun, 2006, 30(8): 957-963.

[5] 蒋梅,杨仕标,张念祖. 小反刍兽疫的流行趋势与防控[J]. 动物医学进展,2007(28):88-91.

第三部分　饲养管理

养羊业中氨化秸秆的加工利用

库牧斯

（甘肃省酒泉市阿克塞县畜牧兽医局，甘肃酒泉　736400）

摘要：在养羊业发展现状深入调查的基础上，分析和提出了现实条件下氨化秸秆的加工利用在现代养羊业中的重要意义。从提高农作物秸秆饲用价值的方法及途径，氨化秸秆的作用机理，氨化秸秆的优点，氨化秸秆饲喂效果等几个方面阐述了氨化秸秆在养羊中的使用效果，详细地说明了秸秆的加工方法，希望能够大力应用和发展相关技术，以期提高养羊业的科技水平，促进养羊业健康快速发展。

关键词：养羊业；秸秆；氨化；加工；利用

1　提高农作物秸秆饲用价值的方法及途径

秸秆的主要成分是粗纤维，粗纤维中的纤维素、半纤维素可以被草食家畜消化利用，木质素则基本不能被利用。秸秆中的纤维素和半纤维素有一部分与不能消化的木质素紧紧地结合在一起，阻碍牲畜消化吸收。氨化的作用就是切断这种联系，使秸秆易于被牲畜消化吸收。

1.1　秸秆氨化方法

目前采用较多的氨化方法：窖池法和氨化炉法，有的地方还利用塑料袋或大缸进行氨化，每种方法可利用不同的氨源进行氨化。

1.1.1　窖池法

多以尿素为氨源。

①砌池：池的大小根据饲养家畜的种类和数量而定，一般每立方米池（窖）装切碎的风干秸秆（麦秸、稻秸、玉米秸）150 kg 左右，一头 200 kg 的牛，年需氨化秸秆 1.5～2 t，池的形式有多种多样有地上池、地下池，还有半地下池。目前，使用较多的是双联池，即在池的中间砌一隔墙可轮换处理秸秆；②备料：先将玉米秸切成 3～5 cm 长，麦秸和稻草无须切碎，用一固定的装池容器，如草筐、称量秸秆，再算出秸秆的总重量；③溶解尿素：先按每 100 kg 风干秸秆用 5 kg 尿素的比例，称出所需尿素的重量，然后在相当秸秆总重量 60% 的水中充分溶解，搅匀待用；④装池：一种方法是干池前先将已溶解好的尿素溶液均匀地喷在摊开的秸秆上，然后装池；另一种办法是向池中一层一层地装入秸秆，层层喷洒尿素溶液，但不论采用哪种办法，都必须边装边踩实。一般要装得高出地面 40 cm 以上；⑤密封：池子装满踩实后，用塑料膜覆盖严密，上

面覆土，四周边缘用土封严踏实。

1.1.2 氨化炉法

有土建式和集装箱式两种，它不受气候影响，每天一炉，按计划生产。经试验，该法效果良好，集装箱式氨化炉投资较大，氨化炉由炉体、加热装置、空气循环系统和草车等组成。炉体为金属箱，加热装置由电热管和控温仪组成，电热管外装有防护罩，防止秸秆在电热管上着火燃烧。空气循环系统由风机和相应管道组成，基作用是使炉内空气对流，达到氨气浓度和温度均匀的目的。炉内外装有草车轨道，秸秆装车后推入中进行快速氨化处理。氨化时炉内温度为85～95℃，故除了化学作用外，还有高温物理作用，其工艺流程：

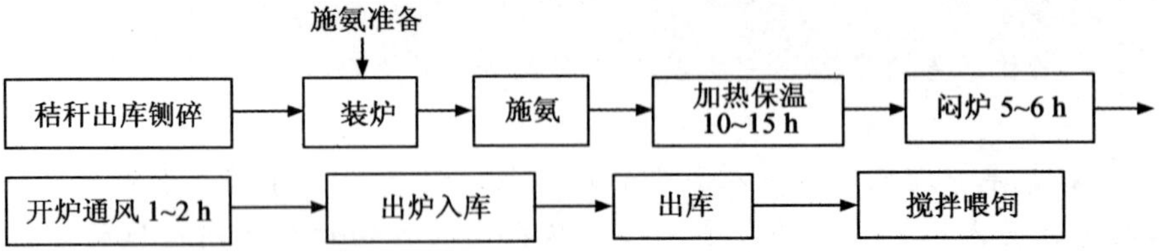

在氨化工作中注意：

①施氨要均匀，炉要密闭，不得泄漏；②炉内秸秆不得触及电热网，以免发生火灾；③加热时先启动通风机后接通电热器；④出炉后秸秆至少要待 24 h 之后饲喂，以免残氨损伤牲畜眼睛。

1.2 氨化秸秆品质鉴定

氨化秸秆品质鉴定的主要方法有感官鉴定法、化学分析法和生物技术法三种。

1.2.1 感官鉴定法

氨化好的秸秆，质地变软，呈棕黄色或浅褐色，发亮、释放余氨后有糊香气味。如果氨化后的秸秆颜色同氨化前基本一样，说明没有氨化好，但仍可以饲喂。如果秸秆颜色为白色、灰色甚至黑色，发黏或结块，说明秸秆已发霉变质，不能再喂羊。

造成发霉变质的原因是秸秆含水率过高，密封不严或开封后未及时晾晒所致。

2 氨化秸秆的作用机理

2.1 氨化秸秆的作用机理

秸秆氨化可以提高秸秆的消化率、营养价值和适口性，是由于氨化对秸秆可以起到碱化、氨化和中和作用。

2.1.1 碱化作用

氨化用氨水是氨、水和氢氧化氨的混合体，一部分氨溶于水，与之结合成为氢氧化氨；同时一部分氢氧化氨又分解出游离氨。氢氧化氨是碱性溶液，可以使木质素与纤维素、半纤维素分离，使纤维素、半纤维素部分分解，细胞膨胀，结构疏松。随之在牛羊瘤胃中的微生物直接与之接触，纤维素酶将其分解，使家畜可以利用。同时，少部分的木质素被溶解成为羟基木质素，使消化率提高。

2.2.2　氨化作用

氨遇到秸秆,就与秸秆中的有机物质发生化学变化,成为铵盐(醋酸铵)。铵盐是一种非蛋白氮化合物,是瘤胃微生物的氮素营养源,在瘤胃中的瘤胃脲酶的作用下,铵盐被分解成为氨,同瘤胃中的有机酸作为营养物被瘤胃微生物利用,产同氮、氧、硫等元素合成氨基酸,再进一步合成菌体蛋白。每千克秸秆可以形成 40 g 铵盐,在瘤胃中形成等量的菌体蛋白。铵盐可以替反刍家畜蛋白质需要量的 25%～50%。

2.3.3　中和作用

氨与秸秆中的有机酸结合,消除了醋酸根,中和秸秆中的潜在酸度。由于瘤胃呈中性,pH 为 7 左右,中和作用使瘤胃微生物更加活跃,故可以提高消化率。同时,铵盐改善了秸秆的适口性,可促进乳脂肪和体脂肪的形成。

3　氨化秸秆的优点

将秸秆进行氨化处理后再喂羊,有以下几个方面的好处:①若用氢氧化钠碱化处理秸秆,会使羊饮水量增大,排尿量增多,尿中的钠量大大增加,施肥后使土壤碱化,而氨化处理后的秸秆牛尿中含氨量有不同程度的提高,对保持土壤肥力有好处;②氨化处理可以提高秸秆有机物质消化率 10%～12%,粗蛋白质含量由 3%～4%提高到 8%或更高。③氨化秸秆的能量含量虽比氢氧化钠处理的秸秆能量提高稍有逊色,但也接近于氢氧化钠处理的秸秆;④氨处理后的秸秆能使羊的食入量增大,适口性也好,采食时间较不处理者大大缩短;⑤处理的成本低,经济效益高,方法简便易行;⑥氨可以防止饲料的霉变,能杀死野草籽,能很好地保存水分较多的粗饲料。宜春高新技术专利产品开发中心对本文具有编著权,凡转载者请通知本站。

4　小结与讨论

农作物秸秆,为反刍家畜养殖业的发展提供了充分的饲料资源。但由于秸秆直接利用效率低,因此在农村每年有 70%以上的秸秆被作为燃料或废弃。对秸秆进行加工调制,不仅能增加其营养价值,还能提高消化率,而且还可以使农作物秸秆变废为宝,促进养羊业的发展。

在我国提倡发展节粮型畜牧业、以及退耕还林、退耕还草的政策下,养羊业已经成为促进农民增收致富的重要途径。所以充分利用农作物秸秆和其他农副产品等再生资源发展秸秆养羊,不仅可以生产肉、乳、皮、毛等多种产品,而且使农作物秸秆和农副产品实现第二增值,目前在饲料价格猛涨的条件下,可以降低养羊成本,提高资源利用率,促进了农牧业可持续发展和良性循环。

参考文献

[1] 郝景琦. 氨化秸秆的加工[J]. 中国草食动物科学，1988(3).
[2] 陈杰. 氨化秸秆及其在奶牛业中的应用[J]. 中国奶牛，1992(1):20-21.

仔猪运输应激的研究现状

张培晏

（广元市元坝区畜牧食品局，628021）

摘要：本文从仔猪运输应激的症状、病理特征、常见生理指标变化及引起仔猪运输应激的因素进行了综述，并结合实际生产情况提出了保健措施，旨在为生产实践提供指导。

关键词：仔猪；运输；应激；保健

仔猪运输应激是指在仔猪装运过程中受到应激因素的刺激，引起生产性能下降、持续高热、急性死亡的应激综合征。据统计美国每年约有35%的养猪业遭受运输应激，经济损失4亿～5亿美元。

1 仔猪运输应激的症状

1.1 运输途中症状

运输中，车辆颠簸震摇，仔猪受折腾和惊扰异常剧烈，猪群呈惶恐姿态，经短时间骚动后，继而蜷缩伏卧。约1 h后，少数仔猪出现浅表呼吸，肌肉紧张，流涎或呕吐。随着刺激加深，大部分仔猪静卧，产生晕眩，对外界反应迟钝。

1.2 运抵下车后症状

运输到养殖场下车后，仔猪多精神沉郁或不安，呼吸加快，甚至张口呼吸，食欲不振，体温升至41℃持续不退，病猪卧地挣扎，四肢作狗爬状态。全身肌肉颤抖，皮肤潮红或出现不规则的苍白区和红斑区，心搏过速，体重减轻2%～5%；病情稍重的仔猪不能站立，不食，出现下痢和呕吐，严重者数小时后虚脱死亡。

1.3 初期隔离后症状

隔离饲养2 d后，多数逐渐恢复正常，但少数严重的仔猪仍然精神沉郁，喜静卧，食欲不振，便秘，严重者站立不稳，全身震颤，口鼻干涩，可视黏膜发绀，体温升至40.5～41.0℃，并持续数天，最后四肢僵硬、虚脱、昏迷死亡，病程一般7～10 d。有少数仔猪并发副伤寒，减食到不食，先便秘后拉稀，粪便呈淡黄色，病程较长，后期呈弛张热，腰背弓起，后腿软弱无力，强迫其行走时，则行走蹒跚，仔猪逐渐消瘦，最后衰竭而亡。少数在机体自身调节后复康，但均不同程度地掉膘或成为僵猪。

2 临床病理特征

经临床剖解发现因运输应激死亡的仔猪，肌肉温度比正常的明显升高，一般可达42℃以上，肌肉切面粗糙无光泽。各脏器有不同程度的淤血，以肝脏、肾脏最为严重。脑膜充血，喉头、支气管轻度水肿，肺充血和水肿，心腔扩张。肾盂内含大量的略呈淡红色的液体；大肠主要是盲肠和结肠出血性浸润。肌肉多数苍白、松软、有水渗出，特别是腰部背最长肌明显，其次为臀肌和肩胛肌。一些由于长时间饥饿和长途运输的仔猪肌肉会出现暗色发硬。取背最长肌浸出液用试纸测定pH一般在5.2～5.82；血清总蛋白和球蛋白在运输停止时升高($P<0.01$)，运输停止后第1～5 d降低甘油三酯在运输后第1～2 d升高；血清钠在运输后第1～3 d降低，血清钾在运输后第1～5 d降低($P<0.01$)；血清CK和AST在运输停止时和运输停止后第1 d活性升高，LDH只能保持1 d活性升高；血清白蛋白、葡萄糖、胆固醇和血乳酸等在运输后都有不同程度升高，但统计学检验差异不显著。取心血、肝、脾等病料涂片染色镜检，只见少量葡萄球菌、大肠杆菌。

3 产生仔猪运输应激的因素

3.1 温度

温度过高过低都会引起仔猪的抵抗力下降，容易感染疾病、出现生理代谢紊乱。在炎热夏季的中午高温时段运输或装载密度过大都会造成，因运输车厢内水分、粪尿蒸发及外界高温的影响，形成车厢内小气候的高温高热，引起仔猪体温调节紊乱，体内积热而发病。

3.2 空间容量

为了节约运输成本而高密度运输会造成仔猪相互拥挤，造成皮肤受伤、仔猪相互攻击。

3.3 车辆颠簸

车辆在行驶过程中的颠簸震摇，使仔猪受折腾和惊扰异常剧烈，仔猪因长时间卧腹，前庭感受器受强烈刺激而产生晕眩。车辆行驶时颠簸和紧急刹车，使仔猪相互挤压、碰撞、惊恐不安。

3.4 饥饿和缺乏饮水

由于运输途中不便投料和供水，使仔猪较长时间处于饥饿和缺水状态，造成体组织耗损，体内代谢产物蓄积，产生脱水及代谢性的中毒。

3.5 仔猪品种

研究表明应激与猪的品种密切相关。据报道长白猪对运输应激很敏感，而杜洛克及某些地方品种，如陆川猪等对应激有较强的耐受性。

4 仔猪运输综合保健措施

在运输前3～5 d内，给仔猪饮用营养物，如电解多维、维生素C等，以提高体质。选购膘情好，个体较大的仔猪，在14 d以前免疫过的仔猪。选择适宜的运输时间，炎热天气尽量早晚或夜间运输，若白天需加强降温防暑措施；寒冷天气尽量中午行车，若早晚或夜间行车，需采取保暖措施，春秋季节气候温和，是长途运输仔猪的最佳季节。仔猪饱食后不宜马上装车启运，应休息1～2 h后装车启运，途中行车不宜过快，特别是遇到路面不平、弯道以及刹车时，驾驶要舒畅平稳。

4.1 口服补盐液配合其他药物进行预防

[配方1] 30%安乃近10 mL×0.5支，青霉素钠盐80万×1支，链霉素100万×0.5支，注射水混合每日两次肌注。

[配方2] 氯霉素5 mL×1支，每日两次肌注。

[配方3] 口服补液按常规配制现配现用，仔猪100 mL/kg，胃导管投服，一日两次，连续2 d。

4.2 中草药保健

据研究许多中草药如黄芪、党参、延胡索、柴胡等具有抗应激作用，并能减少应激反应对机体造成的损伤。冬季选用驱风散寒的药物，如干姜、肉桂，避免运输体力消耗，正气损伤，加用黄芪、党参、白术、山药等。夏季补给一些清热解暑类药物，如藿香、薄荷、炒扁豆等。临床实践证实，用加味大承气汤预防治疗其效果良好，其配方为：生大黄（后加）、厚朴、天冬各20 g、元参，芒硝（冲服）各60 g、枳实、麦冬各15 g。

4.3 肌肉注射镇静剂

盐醋氯丙嗪是预防和治疗应激的最常用药物，研究证明其效果较好。剂量为0.2～0.4 g/头，一次性肌注。巴比妥盐类也有不错的预防效果。

4.4 抗过敏药物预防

地塞米松为最常用的药物，使用剂量为7～10 mg/头，一次性肌注。

5 小结

随着现代养猪业的发展和进出口贸易的剧增，仔猪运输应激的防治显得越来越重要，直接关系到一个国家、一个地区的养殖综合技术水平。仔猪运输应激的防治是实际生产中重要的一环，直接影响到整个养猪业的发展。而仔猪运输应激又是一种综合征，所以要采取全面、有效的保健措施，做到“预防为主、防重于治、防治结合”。通过运输前加强仔猪的饲养管理提高机体抵抗力，增强对环境的适应能力，并合理运输等关键措施，做到有效降低仔猪运输应激综合症的发生。

参考文献

[1] 张榜. 仔猪运输引起的应激及防治办法[J]. 畜牧兽医杂志，2006，25(5)：49-51.

[2] 高得仪，韩博，王清兰，等. 猪运输应激血液生化指标变化[J]. 中国兽医学报，1996，16(3)：

285-289.

[3] 周道雷，李保明，施正香.断奶仔猪运输前后的体重变化[J].动物生产，2007，43(23)：56-58.

[4] 韩博，高得仪.复方氯化钠散防治仔猪高温运输应激的机理研究[J].畜牧兽医学报，1995，26(3)：261-267.

[5] 尚红玉，陈学友.口服补盐液配合其他药物治疗仔猪长途运输应激病[J].中国动物检疫，2003，20(3)：29.

河北小尾寒羊生长发育、生产性能的测定及比较分析

崔宏宇　王晓燕　赵新明

（河北省张家口市动物卫生监督所，张家口　075000）

摘要：将试验羊按照不同年龄阶段分群，在相同的环境条件下饲养。通过对河北小尾寒羊的生长发育和生产性能的测定，对本品种进行一次综合的评定。同时，在同样的条件下对山东小尾寒羊以及国外的品种羊进行相同的比较分析。目的是通过对河北小尾寒羊的测定，为对其进行选种选配和保重利用打下良好的基础。结果表明：河北小尾寒羊在4牙时（2岁）体重为44.55±5.32，体高为67.07±4.58，体长为75.38±6.46，胸围为84.23±2.73，管围为8.42±0.4，已经达到成年水平；同等年龄的母羊产双羔的泌乳力高于产单羔母羊的泌乳力，河北小尾寒羊的单羔泌乳力高于国外品种；肉用指数的范围：河北小尾寒羊的为0.66～0.91，山东小尾寒羊的为0.53～0.87，河北小尾寒羊的肉用率高于山东小尾寒羊。

1　引言

1.1　小尾寒羊概述

小尾寒羊是中国乃至世界著名的肉裘兼用型绵羊品种，具有早熟、生长快、体格大、产肉多、裘皮好、遗传性稳定和适应性强等优点。主要分布于河南新乡、开封地区，山东的菏泽、济宁地区，以及河北南部、江苏北部和淮北等地。

1.2　不同品种小尾寒羊的特征

鲁羊（山东小尾寒羊）突出的特点是腿高而细，鼻梁隆起，耳大下垂，脂尾呈圆扇形，尾尖上翻紧贴在纵沟中，尾长不超过飞节；公羊头大，有粗大的螺旋形角（抱腮），角根粗壮呈三棱形，颈粗短，前胸发达，鬐甲高并生有较长的发毛。成年公羊体高可达95～110 cm。母羊头小，颈细，多数有角，角细小，形状不一，有镰刀状、鹿角状和姜芽状。

河北小尾寒羊主要特点是体长而腿短，平均体高为65～70 cm，有很强的产肉能力和放牧性，同时有很强的繁殖能力，河北小尾寒羊无论公羊还是母羊均无角，尾型较宽，鼻梁较低，胸宽较深，适应性强，耐粗饲能力高。

无角道赛特羊具有早熟，生长发育快，全年发情和耐热及适应干燥气候等特点。公、母羊均无角，颈粗短，体躯长，胸宽深，背腰平直，体躯呈圆桶形，四肢粗短，后躯发育良好，全身被毛白色。

萨福克羊产于贡国英格兰东南的萨福克、诺福克、剑桥和艾赛克斯等地。该品种体大，骨骼坚强，早熟，生长发育快，产肉性能好。母羊母性好。公、母羊均无角、颈粗短，胸宽深，背腰平直，后躯发育丰满，成年羊头，耳及四肢为黑色，被毛含有色纤维。四肢粗壮结实。

1.3　研究目的

现阶段国内对河北小尾寒羊的生长发育和繁殖性能的研究欠缺，因此本实验主要通过对不同年龄段的河北小尾寒羊（包括出生、断奶羔羊）的生长发育（主要有体重、体高、体长、胸围、管围）和生产性能（主要为泌乳性能）测量来对其进行综合的评定，并通过与山东小尾寒羊及一些国外羊（包括萨福克、道赛特、杜泊）比较来表现出河北小尾寒羊在生产性能方面突出优点和不足之处，从而为有目的地选种选育打好基础，同时也对我们本地品种的留种保重工作有很大的意义。

2　试验材料与方法

2.1　羊的品种及来源

试验动物包括：河北小尾寒羊、山东小尾寒羊及一些国外品种羊（包括萨福克、道赛特、特克赛尔）。

河北小尾寒羊有 105 只，主要是在沧州和保定地区收购而来，所以具体年龄不详，只能根据其牙齿的数量来估计年龄。国外品种 55 只，主要购买于其他种羊场。

2.2　试验设计

（1）将试验羊按要求进行分群，在相同的条件下进行饲养。

（2）对不同年龄的羊进行体重、体高、体长、胸围、管围等体尺的测量，详细记录所得数据。

（3）对新生羔羊进行初生重的测量，并且在生长过程中分别测量其 2～3 周的体重，以便分析其母亲的泌乳性能。

（4）对实验羊进行体尺指数的计算。

体尺指数：即一种体尺与另一种体尺的比率，用以反映各部位发育的相互关系和比例。常用的体尺指数有：

体长指数：用于说明体长和体高的相对发育情况，如生长发育受阻，则体高较小，因而体长指数加大。其计算公式为：体长指数＝（体长/体高）×100％。

胸围指数：用于表示体躯的相对发育程度。其计算公式为：胸围指数＝（胸围/体高）×100％。

体躯指数：用于表示体重发育程度。其计算公式为：体躯指数＝（胸围/体长）×100％；管围指数＝（管围/体高）×100％。

（5）根据羔羊 2～3 周的增重来计算其母亲的泌乳性能，泌乳力为羔羊 2～3 周增重乘以 5。

（6）对实验羊进行肉用指数的计算

本实验借鉴了在牛生产中应用极广的肉用指数来对河北小尾寒羊和山东小尾寒羊进行对比。牛肉用指数（beef purpose index，BPI）指是活重（kg）与体高（cm）之比值（kg/cm），也就是每单位（cm）体高所承载的活重数量（kg），也是由体量评价牛只的一个无偏估计值。“活重体高比”在国外简称“重高比”(WHO-weight to height ratio)。一直以来，国外仅依此比率研究特定品种内的特征特性和对环境的反应。

(7)对所得数据进行整理分析，以获的预期的试验目的。

3 试验结果与分析

3.1 不同年龄段河北小尾寒羊的体重体尺

表1 河北小尾寒羊体重体尺的测量分析

年龄/牙	数量/只	性别	体重/kg	体高/cm	胸围/cm	体长/cm	管围/cm	尾宽/cm
0	9	母	40.07±6.01	65.44±2.29	82±3.25	74.89±7.21	7.94±0.32	14.9±1.58
与4牙母羊比较			90%	96.9%	95.7%	97.7%	93.4%	87.1%
2	13	母	44.55±5.32	67.07±4.58	84.23±2.73	75.38±6.46	8.42±0.4	16.77±2.8
与4牙母羊比较			100.1%	100.0%	98.3%	98.3%	99.0%	98.0%
4	9	母	44.5±6.48	67.52±3.71	85.66±3	76.66±3.9	8.5±0.35	17.11±3.03
以4牙为100%			100%	100%	100%	100%	100%	100%
6	11	母	51.41±2.83	66.54±5.52	86±5.47	77.81±7.87	8.31±0.5	16.78±2.94
与4牙母羊比较			115.5%	98.5%	100.4%	101.5%	97.8%	98.1%
8	6	母	64.73±13.72	70.75±3.22	93.66±5.43	87±7.85	8.75±0.42	18.3±2.13
与4牙母羊比较			152.2%	104.8%	109.3%	113.4%	102.9%	107.0%
10个月	1	公	61.6	78	90	78	9.5	—
2	1	公	79.6	83.5	103	91	10	—
4	1	公	94.6	85	105	94	10.5	—
6	1	公	91.2	83	107	86.2	11	30

注:(0牙:1岁以前;2牙:1～1.5岁;4牙:2～2.5岁;6牙:3～3.5岁;8牙:4岁以上)

河北小尾寒羊在4牙时母羊基本都已经产过2胎羔，身体各个机能都已经发育完善，是生长和生产的一个非常重要的阶段。从表1中可以明显地看出:2～4牙体重和体尺没有太多的变化，2牙的体重占4牙体重的100.1%，体高占100.0%，体长占98.3%，胸围占98.3%，管围占99%，尾围占98%。说明当羊2牙(1岁)时身体基本停止生长。

我们可以看出在羊成年后由于体长和宽深的增加而引起了体重有个增长的过程，其中最高体重达到了88.4 kg。

由于条件的限制，在试验中只测了5只公羊的数据，但是我们也能在其中看出其生长趋势。试验分别对2牙、4牙、6牙的三只不同年龄的公羊进行了测量，从数据中可以看出随着年龄的增长其体重体尺也随着相应的增长，并且在生长势上强于母羊。

3.2 体尺指数分析

根据表1计算4牙时各个体尺指数为：

体长指数:用于说明体长和体高的相对发育情况，如生长发育受阻，则体高较小，因而体长

指数加大。其计算公式为：=（体长/体高）×100%

体长指数=（76.66/67.52）×100%

=113.5%

胸围指数：用于表示体躯的相对发育程度。其计算公式为：

胸围指数=（胸围/体高）×100%.

胸围指数=（85.66/67.52）×100%

=126.9%

体躯指数：用于表示体重发育程度。其计算公式为：体躯指数=（胸围/体长）×100%。

体躯指数= （85.66/76.66）×100%

=111.7%

管围指数=（管围/体高）×100%

=（8.5/67.52）×100%

=12.6

3.3　肉用指数分析

牛肉用指数（beef purpose index，BPI）指是活重（kg）与体高（cm）之比值（kg/cm），也就是每单位（cm）体高所承载的活重数量（kg），也是由体量评价牛只的一个无偏估计值。

通过借鉴牛肉用指数对河北小尾寒羊和山东小尾寒羊进行产肉率的比较，见表2、表3分析：

表2　河北小尾寒羊的肉用指数(体重/体高)

年龄	性别	平均体重	平均体高	肉用指数
2	母	44.55	67.07	0.66
4	母	44.5	67.52	0.66
6	母	51.41	66.54	0.77
8	母	64.73	70.75	0.91

表3　山东小尾寒羊的肉用指数(体重/体高)

年龄	性别	平均体重	平均体高	肉用指数
2	母	39.7	75	0.53
4	母	48.4	76	0.63
6	母	54.3	75	0.72
8	母	66	75.5	0.87

通过表2和表3的对比可以看出在各个年龄阶段河北小尾寒羊的肉用指数都大于山东小尾寒羊。所以，我们可以客观地看出在产肉性能方面河北小尾寒羊是高于山东小尾寒羊的。

3.4 本地羊与国外羊泌乳性能比较

表 4 河北小尾寒羊单双羔泌乳力比

	窝次	初生平均重	8 日龄平均体重	21 日龄平均体重	平均每胎 8～21 日龄总增重	平均泌乳力
产单羔母羊	5	3.36±0.35	4.88±0.53	6.83±0.87	1.95	9.75
产双羔母羊	5	2.6±0.58	3.69±0.88	4.72±0.84	2.06	10.3

表 5 国外品种单双羔泌乳力

	窝次	初生平均重	8 日龄平均体重	21 日龄平均体重	平均每胎 8～21 日龄总增重	平均泌乳力
产单羔母羊	21	4.49±0.91	6.02±1.11	7.94±1.67	1.92	9.59
产双羔母羊	3	3.91±0.47	4.98±1.05	6.73±1.58	3.52	17.6

根据表 4 和表 5 数据可以看出在同等饲养条件下无论国内品种还是国外品种产双羔的泌乳力远高于产单羔的泌乳力。

国外品种双羔泌乳性高于国内品种，由此我们可以看出国外羊身上还有很多需要借鉴的东西。所以在以后的育种工作中要充分利用国外品种的优良基因，通过杂交以改良其这方面的不足，使河北小尾寒羊在生产性能方面有一个很大的提高。但是在单羔的泌乳性能方面我们国内羊高于国外羊，说明河北小尾寒羊在泌乳性能方面有很大的发展前景。

4 讨论

本实验主要通过对河北小尾寒羊生产性能、生长发育情况研究，并与山东小尾寒羊及国外品种比较，客观的对本品种进行一次综合的评定和估计。

4.1 生长发育与生产性能

据报道小尾寒羊的体尺、体重生长速度以 12 月龄前较快，特别是 6 月龄以前。公羊周岁内体重平均月递增率 12.16%，母羊为 10.41%。体高、体长、胸围、管围等主要体尺指标也是 12 月龄前增长较快，12 月龄以后各项体尺的生长发育速度转慢。小尾寒羊早期生长发育快，6 月龄体重一般可达 18 月龄体重的 50%～62%，6 月龄的体高、体长等其他体尺指数可达 18 月龄的 80%以上，母羊的发育速度比公羊要快，12 月龄体重可达 18 月龄的 80%以上，其他指标则可达 18 月龄的 95%以上。因此，根据体重和体尺的发育，小尾寒羊在 9 月龄左右即可配种怀孕，并正常产羔。从体尺指数的变化情况看，小尾寒羊体高、体长发育较为均衡，变化范围在 93%～99.5%，随年龄的增加呈递增趋势，而母羊则在 95.5%～97.5%，变化幅度小。其他几项体尺指数的变化也较小，表明小尾寒羊的体躯发育是成比例同步进行的。

通过对测定数据分析，我们得出河北小尾寒羊的体尺、体重生长速度以 12 月龄前较快。胸围、管围等主要体尺指标也是 12 月龄前增长快，12 月龄以后各项体尺的生长发育速度转慢。所以，在羔羊出生后 10 d 左右一定要给其进行补饲，以增强其瘤胃机能，同时从 10 日龄开始实行早期补饲训练，羔羊能较早形成主动采食精料的习惯，对母羊泌乳减少和断奶造成的应激反应较轻，增重也明显优于未训练羊，还可增强羔羊生活能力和对环境的适应能力，对培育壮羔，提高育成羊的等级，发挥其优良性能有重要作用。

河北小尾寒羊在4牙时(2岁)达到成年。由表1可看出4牙以后各个体尺都已经基本停止生长，只有体重在6牙和8牙时仍然有一个快速的增长。所以，我们认为河北小尾寒羊在体重的增长方面性能非常显著，我们可以利用这个特点将后备母羊提前开产，在以后的饲养过程中，通过补偿生长来弥补由于提前开产而造成的影响，这样不仅没有影响羊的生长发育，而且还提高了产羔胎次。

4.2　河北小尾寒羊和山东小尾寒羊的区别

小尾寒羊是一个非常笼统的概念，在此品种内包括很多种像山东小尾寒羊、河北小尾寒羊、湖羊、滩羊等。而其中最有代表性的就是山东和河北的小尾寒羊品种，现在人们一谈到小尾寒羊第一印象就是鲁羊(山东小尾寒羊)，其实山东小尾和河北小尾有着本质上的区别。下面对这两个品种进行一个讨论：

鲁羊(山东小尾寒羊)突出的特点是腿高而细，鼻梁隆起，耳大下垂，脂尾呈圆扇形，尾尖上翻紧贴在纵沟中，尾长不超过飞节；公羊头大，有粗大的螺旋形角(抱腮)，角根粗壮呈三棱形，颈粗短，前胸发达，髻甲高并生有较长的发毛。成年公羊体高可达95～110 cm。母羊头小，颈细，多数有角，角细小，形状不一，有镰刀状、鹿角状和姜芽状。山东小尾寒羊在繁殖性能方面非常突出：山东小尾寒羊性成熟早，可以常年发情配种，繁殖周期短，产羔率高。公、母羊一般都在5～6月龄性成熟，母羊6～7月龄，公羊10～12月龄即可开始配种繁殖。

河北小尾寒羊主要特点是体躯小而腿短，平均体高为65～70 cm，有很强的产肉能力和放牧性，同时有很强的繁殖能力；河北小尾寒羊无论公羊还是母羊均无角，尾型较宽，鼻梁较低，胸宽较深，适应性强，耐粗饲能力高。

4.3　肉用指数分析

下面引用牛生产中常用到的"肉用指数"对河北小尾寒羊和山东小尾寒羊的产肉性能做出分析。

牛肉用指数(beef purpose index，BPI)指是活重(kg)与体高(cm)之比值(kg/cm)，也就是每单位(cm)体高所承载的活重数量(kg)，也是由体量评价牛只的一个无偏估计值。"活重体高比"在国外简称"重高比"(WHO-weight to height ratio)。一直以来，国外仅依此比率研究特定品种内的特征特性和对环境的反应。

山东小尾寒羊主要特点是体躯高大平均体高为80 cm，成年公羊可达到95～110 cm，而河北小尾寒羊平均身高为65～70 cm，现通过"肉用指数"公式对其进行计算，在相同的情况下河北小尾寒羊肉用率远大于山东小尾寒羊。

综上所述，两个品种都有各自的特点，都是我国的重要物种资源。然而，人们对河北小尾寒羊的认识和评价方面没有突破传统的观念，将其与山东小尾寒羊混为一谈，而忽略了本品种的一些优良的性状。为了更好地保护这一优良的地方品种，希望人们在今后的选种选育以及保种引种方面做出积极的努力。

4.4　泌乳力的分析

由表4和表5中的数据可以看出不同日龄阶段的产双羔的母羊的泌乳力远高于产单羔的母羊，所以，为满足羔羊生长发育对养分的需要，保持母羊的高泌乳量。在加强母羊放牧的前提下，应根据带羔的多少和泌乳量的高低，搞好母羊补饲。带单羔的母羊，每天补喂混合精料 0.3～0.5 kg；带双羔或多羔的母羊，每天应补饲 0.5～1.5 kg。对体况较好的母羊，产后 1～3 d 内可不补喂精料，以免造成消化不良或发生乳房炎。

我们还可以看出国外的品种在双羔得泌乳力方面远高于国内产双羔的品种，所得数据差异太大，我们分析这种现象主要是由于补饲条件存在着差异而造成的。

母羊产羔后泌乳量逐渐上升，并且在 4～6 周内达到泌乳高峰，10 周后逐渐下降(乳用品种可维持更长的时间)。随着泌乳量的增加，母羊需要的养分也应增加，当草料所提供的养分不能满足其需要时，母羊会大量动用体内贮备的养分来弥补。泌乳性能好的母羊往往比较瘦弱，这是一个重要原因。3 d 后逐渐增加精饲料的用量，同时给母羊饲喂一些优质青干草和青绿多汁饲料，可促进母羊的泌乳机能。

5 结论

本实验所得到河北小尾寒羊的体尺、体重生长速度以 12 月龄前较快。胸围、管围等主要体尺指标也是 12 月龄前增长快，12 月龄以后各项体尺的生长发育速度转慢。我们认为河北小尾寒羊在体重的增长方面性能非常显著，我们可以利用这个特点将后备母羊提前开产，在以后的饲养过程中，通过补偿生长来弥补由于提前开产而造成的影响，这样不仅没有影响羊的生长发育，而且还提高了产羔胎次。

通过引用牛生产中常用到的“肉用指数”对河北小尾寒羊和山东小尾寒羊的产肉性能做出分析，在相同的情况下河北小尾寒羊肉用率远大于山东小尾寒羊。

经本地品种与国外品种泌乳力的分析比较，发现国外的品种双羔的泌乳力方面远高于国内产双羔的品种，由此我们可以看出国外羊身上还有很多需要借鉴的东西，但是在单羔的泌乳性能方面我们国内羊高于国外羊，说明河北小尾寒羊在泌乳性能方面有很大的发展前景。

提高外购仔猪成活率的注意事项

高雅丽[1]　张志刚[2]

（1.廊坊职业技术学院，河北廊坊　065000；
2.廊坊市动物疫病预防控制中心，河北廊坊　065000）

据众多养殖户反应，外购仔猪进场以后10～15 d就开始发病，甚至出现大批死亡，由此带来巨大损失，为了提高养殖户的经济效益，顺利养猪，养好猪、多养猪、多卖猪，外购仔猪时应该注意以下几点内容。

1　仔猪购进前的准备

（1）根据饲养面积和经济能力，确定购进数量。

（2）提前10～15 d做好各圈舍的消毒工作。

（3）注意事项：

①了解仔猪的日龄、免疫情况、断奶时间、猪饲料的饲喂情况等。

②从正规的规模养猪场购买，不盲目购猪，就近购买原则。

③不要同时从多家养猪场购买仔猪，以免造成疾病交叉感染。

④不从交易市场购买仔猪。从交易市场贩运的仔猪可能有价格优势，但来源复杂，部分仔猪可能是疾病的隐性感染者，以后可能会导致疫病暴发。

2　选猪

（1）看猪的精神。健康仔猪看见人不会害怕，走路稳重欢快，抬头眼观四方，嘴里在吃东西样不停地咀嚼，会朝人面前走；如果看见人表现出后退、惊叫、闪躲、畏缩、低头、垂尾、呆滞不肯走动等现象就不是健康的仔猪。

（2）看猪的眼睛。这点很容易辨别，健康猪的眼睛清澈明亮，眼睛四周很干净；反之猪的眼睛有分泌物，潮红，有泪斑则不是健康的仔猪。

（3）看猪的毛色和蹄爪。健康仔猪毛顺有光泽，皮肤粉红；毛色杂乱无序，皮肤发白或发黄都是不正常的。蹄爪要粗壮直立，两腿关节要一样大；卧蹄或关节肿大或不对称都不健康。

（4）所选仔猪日龄要适中，最好是在断奶后10～15 d。

3　运输中应注意的问题

（1）选择适合的运输车辆，根据购进仔猪的数量确定车辆的大小，尽量选择带有猪框，具有防风遮雨设施的车辆。

(2)运输车辆在出发前和到达目的地时都应彻底消毒。

(3)仔猪启运前一定不要喂得过饱,并且在饲料或饮水中添加抗应激的药品。

(4)防止运输途中拥挤、踩踏受伤。车辆要平稳行驶,避免颠簸或急起急停。

4 购进后的注意事项

(1)仔猪进舍前用消毒液对猪身进行一次喷雾消毒。

(2)合理分群,精心调教。仔猪进场后,按性别、体重、强弱进行分群,使同一栏舍内的仔猪尽可能整齐一致,防止倚强凌弱,便于以后能集中出栏上市。

(3)购进仔猪后,不能给予饲料,等仔猪充分饮水和休息 4 min 以后再喂饲料,及时供给清洁饮水,冬季可给予温水,夏季可给予凉水,最好在饮水中添加抗应激药物,让仔猪充足饮用,以补充电解质,防止脱水。

(4)饲喂。仔猪购进前几天最好能喂原来熟悉的饲料,第一周喂料应坚持少喂勤添,每天喂 5 次左右,喂量以仔猪能在 10～20 min 时间内吃完为度,并在饲料中添加酵母菌等有益菌,饲喂一周,防止仔猪出现消化不良或腹泻。正常情况下,一周后逐渐过渡到完全使用本场配制的饲喂小猪料。饮水中添加维生素或抗应激药物。第 2、3 周在饲料中添加抗生素和维生素,控制继发感染,让仔猪平稳过渡。

(5)疫苗接种。结合购进仔猪地的免疫情况和本地免疫情况,适时有选择性地接种疫苗。有条件的猪场可先对购进仔猪进行抗体检测后,再根据抗体水平进行免疫接种,切不可盲目接种。

(6)把握恰当的驱虫时间。仔猪在 70～80 日龄时饲料中添加驱虫药做第一次驱虫效果较好,以后根据实际情况再驱第二次。

5 预防

为防止外购仔猪大规模的发生疾病,可注射头孢噻呋钠和补血药一次,既可补铁,又可抗菌。此方案可有效控制因运输应激、环境变化等造成个别猪只抵抗力降低而感染发病。

3636 高效养猪技术研究与推广

刘贵巧　张玉梅　王静

（河北省巨鹿县农业局，河北巨鹿　055250）

摘要：3636 生猪高效养殖技术是一种具有较高经济、社会和生态综合效益的养殖模式。3636 高效养猪技术简单说，就是一窝猪用 3 包教槽料，6 包保育料(3 包 10％小猪预混料，6 包 10％中大猪预混料。运用此项技术可提前 15～30 d 出栏，节约饲料 20％～30％，每头猪多赚 150～200 元。3636 高效养猪技术将各阶段的用料期全部延长，这将换料带来的应激与断奶、注苗、转群等带来的应激反应完全避开，防止了各种疾病的诱发，零风险养猪，使仔猪的死亡率从 8.6％降到 0.5％。

猪粮安天下，生猪生产是农业的重要组成部分。近年来，随着国家对养猪业的扶持力度不断加大，我县养猪业由传统养殖向技术集约、资源高效、环境和谐型转变，逐步迈向高产、优质、高效、生态、安全可持续发展的阶段，全面实现养猪增效、农民增收，提升产品竞争力。

笔者通过十几年的养殖技术推广经验，归纳出猪场不赚钱的主要因素有二：一是饲料因素；二是饲养管理。饲料是养殖生猪的基础，是养猪成败的关键。通常饲料费用占养猪成本的 70％～80％，所以怎样合理地选择利用饲料，提高饲料报酬，降低耗料率，对提高猪场经济效益起到决定性作用。饲养管理好的猪场，可以节约饲料，避免饲料浪费，使投入的饲料最大限度转化为猪的增重；饲养管理好的猪场，猪病发生的少，既可以节省疫苗购置费用，又可以节约预防用药费用和治疗用药费用等。根据以上因素，本人在长期的实践中研究总结出一套 3636 高效养猪技术，在我县已开始推广普及，并取得了较好的反响。

1　概述

3636 高效养猪技术简单说，就是一窝猪(平均按 10 头计算)用 3 包教槽料，6 包 4∶6 的保育料，3 包 10％小猪预混料，6 包 10％中大猪预混料。运用此项技术可实现养猪高收入、高效率、高保险，具体体现在出栏时间提前 15～30 d，节约饲料 20％～30％，每头猪多赚 150～200 元，且 3 个人就可以轻松养殖 1 000 头育肥猪，150 头母猪。3636 高效养猪技术将各阶段的用料期(从教槽—保育—小猪—中大猪)全部延长，这将换料带来的应激与断奶、注苗、转群等带来的应激反应完全避开，防止了各种疾病的诱发，零风险养猪，使仔猪的死亡率从 8.6％降到 0.5％。

2　创新点

在于 3636 高效养猪技术把断奶、转群、注苗与换料给猪造成的应激错开，这样减少了发病诱因,保障了猪的健康生长。3636 高效养猪技术与传统模式相比,就是将各阶段的用料期(从教槽—保育—小猪—中大猪)全部延长,具体说就是一窝猪(平均按 10 头计算)用 3 包教槽料(仔猪在 40 d 可长到 12 kg 左右,此时换料错开了断奶和注苗带来的应激)传统方式只喂 1 包(大约在 30 日龄,体重在 8～9 kg,此时,仔猪还没从断奶的应激中缓过来,又到了打疫苗的时候);3636 高效养猪技术用 6 包 4:6 的保育料(仔猪在 70 d 可长到 35 kg 左右,此时换料错开了二次注苗和转群带来的应激),传统方式只喂 3～4 包(大约在 60 日龄,体重在 28 kg 左右,此时正是仔猪二次注苗的时机,也是仔猪下保育床的转群关键期);3636 高效养猪技术用 3 包 10%小猪预混料(在 120 d 可长到 75 kg 左右),而传统模式也用 3 包小猪料(此时大约在 90 日龄左右,由于前面的两次应激小猪只能长到 45 kg 左右);3636 高效养猪技术用 6 包 10%中大猪预混料(在 165 d 可长到 120 kg 以上),传统养殖方式用 7 包 10%中大猪预混料(此时应在 180～195 d,猪体重达长到 110～120 kg)。用此技术饲喂使出栏时间提前 15～30 d,节约饲料 20%～30%,每头猪多赚 150～200 元。

3 技术路线

3636 高效养猪技术采用了技术集成、示范应用和辐射推广相结合的发展方式。巨鹿县畜牧技术推广中心专业技术人员,在项目猪场大力推广生猪高效健康养殖技术及综合配套养殖技术。同时组织多学科、多部门、多层次专家、推广人员分工合作,解决我县养猪业疫病、环境污染、产品质量安全及生产水平等问题,促进养猪业的健康发展。具体从三方面着手:一是坚持示范场的带动作用。建起一批技术先进的标准化示范猪场。二是引进高产配套系母猪在规模饲养户推广。三是营养丰富的优质饲料。仔猪推广全价教槽料、保育期采用 4∶6 的保育料,育肥猪和母猪推广 10%或 12%的预混料自制配合料。依靠龙头企业带动科技进步,推广合作社+农户等产销体系,建立无公害肉猪生产基地 ,推广无公害肉猪生产技术规范。

4 技术关键

养猪成败的技术关键其实就是饲养管理,虽然非常关键,但往往一些细节又容易被忽视,因此猪场中养殖效益好的往往就是那些心细、勤快、充满爱心的饲养员,而并不是那些眼高手低的实践家。心细能让饲养员敏感地感觉气象变更,从而对猪的管理相应转变,勤快则让饲养员在猪的饲养环境呈现不良景象时及时去改善。在饲喂中要做到“四定”“四净”,即定时、定量、定温、定质;圈净、料净、槽净和体净。

3636 生猪高效养殖技术是一种具有较高经济、社会和生态综合效益的养殖模式。它是根据猪的生物学特性,以保护生猪健康、人类健康和生态健康为目标,运用动物生理学、营养学、生态学原理来指导养殖生产,为生猪提供良好的、有利于健康生长发育的生态环境和安全营养饲料,最终生产出质量安全的猪肉产品,以实现消费者食用最大化、生产者利益最大化和政府社会福利最大化。

参考文献

[1] 中央农业广播电视学校.高效养猪技术宝典.北京:农业教育声像出版社,2013.
[2] 养猪场饲喂要定时、定量、定质、定温.养殖巴巴网养猪技术频道.

生猪健康养殖模式综合配套技术的研究与推广

肖和良[1]　黄保国[1]　郭武[2]　周继军[3]　刘建华[3]

（1.湖南省洞口县畜牧水产局，湖南洞口　422300；2.湖南省洞口县山门镇动物防疫站，湖南洞口　422300；3.湖南省洞口县石江镇动物防疫站，湖南洞口　422300）

摘要：生猪健康养殖模式，就是对有利于生猪高效、安全生产养殖的方法、措施、技术，加以总结归纳集成，称为模式，范围很广，覆盖了生猪生产全过程。笔者运用南方农村猪场通风模式和控温技术现状调查、湖南洞口县黔邵花猪地方品种资源保护利用、洞口县节能减排粪污处理工作、母猪年生产力的研究与提高的技术路径等最新研究成果，制订可操作性的《洞口县生猪健康养殖模式综合配套技术规范》，进行生猪健康养殖模式综合配套技术研究与推广科技项目，达到生猪健康养殖目的。

关键词：生猪健康养殖模式；猪群健康；产品健康；环境健康；人类健康；科技课题

1　生猪健康养殖模式

生猪健康养殖模式，就是对有利于生猪高效、安全生产养殖的方法、措施、技术，加以总结归纳集成，称为模式。生猪健康养殖模式范围很广，覆盖了生猪生产全过程，包括猪的品种选育、猪场的建设、种猪的繁殖、饲养管理、饲料安全与营养、猪场的卫生防疫与用药安全、疾病防治、屠宰加工与质量控制、经营管理等方面技术。

2　生猪健康养殖模式综合配套技术

中国幅员辽阔，因气候不同，南北方养猪方式不同，对生猪健康养殖模式理解偏重不同，产生各式不一的生猪健康养殖模式综合配套技术。

北方的辽宁省畜牧技术推广站推广的生猪健康养殖模式综合配套技术，获得 2015 年辽宁省科技进步奖，是将阳光猪舍、优良品种、优质无药饲料、科学饲养管理等多项技术集成。阳光猪舍就是保温猪舍，含有卷帘、电地热、天窗、地窗、增效料槽、可调节饮水器、正压通风机和喷淋设备，可升降的卷帘被揭开时，温暖的阳光照进了猪舍里，且空气流通效果好，称阳光猪舍。主要以阳光猪舍面积完成多少为验收单位，确定完成生猪健康养殖模式综合配套技术达标项目。北京市农林科学院畜牧兽医研究所实施了“生猪标准化健康养殖技术的研究与推广”项目，以“养殖方式转变”“肠道健康”和“饲料营养与安全”为切入点，开展了生猪标准化健康养殖技术研究与推广工作。

南方的安徽省制订了生猪健康养殖技术规程（DB34T1133—2010），湖南省常德市制订了生猪健康养殖技术规范，规定了生猪健康养殖过程中猪场规划建设、猪只引进、饲料、兽药、各类猪饲养管理、防疫消毒、废弃物处理等技术要求。

广西柳州市推行生猪高架床健康养殖技术，生猪每增重 500 g 节约养殖成本 1 元以上，养殖户每头猪可多赚 200～400 元，同时达到加强疫病防控、节能减排、增效增收的效果，实现经济效益与环境保护双赢。

湖南省畜牧水产局将生猪健康养殖模式综合配套技术作为湖南省养殖业 41 项主推技术之一，并排在第 4 项。并做出了科学的描述：生猪健康养殖模式综合配套技术是根据生猪品种的生物学特性，以保护生猪健康、人类健康和生态健康为目标，运用动物生理学、营养学、生态学原理来指导养殖生产，将阳光猪舍、优良品种、优质无药饲料、科学饲养管理等多项技术集成配套应用到生猪生产环节中，既能改善猪舍环境、提高猪的抗病力和生产性能，又能改善猪肉品质、保证猪肉产品质量安全。与传统养殖模式相比，生猪健康养殖模式可使仔猪成活率、断奶窝总重、断奶个体均重、保育猪日增重、育肥猪日增重有所提高，料肉比、仔猪发病率和死亡率有所下降。生猪健康养殖模式是适合全国生猪养殖的一条增产、增收的有效途径。

3 湖南洞口县生猪健康养殖模式综合配套技术

湖南洞口县是全国养猪大县，年出栏 200 万头以上，2015 年来，将生猪健康养殖模式综合配套技术定位于“四个健康”：猪群健康、产品健康、环境健康、人类健康。围绕这“四个健康”，制订可操作性的《洞口县生猪健康养殖模式综合配套技术规范》，组织生猪生产全过程。

3.1 猪群健康

品种优良、环境友好、营养全面、程序免疫，严格消毒。

3.1.1 品种优良

按照品种要求选择性状优良、发育良好生猪品种（组合）。如杜×长×大三元优质商品猪。如大（长）×黔邵花猪，生产二元优质商品猪。

曾晓建、肖和良、黄保国等对湖南洞口县黔邵花猪地方品种资源保护利用做了研究：黔邵花猪为湖南地方优质猪种之一，洞口县地方猪种属于黔邵花猪一种。其肉质细嫩、香脆、甜润、肥而不腻，食用时不需要添加任何调味品，原汁原味，特别味美可口。国家级保种区绥宁县存栏黔邵花猪能繁母猪在 5 000 头以内，主产区洞口县从 1983 年的黔邵花猪能繁母猪 17 783 头，减少到 2015 年的 1 712 头，减少了 10 倍，表明黔邵花猪品种资源锐减，为下降态势。黔邵花猪品种资源锐减的原因主要是利用黔邵花猪母本与国外良种猪本父，生产内二元、内三元，产生瘦肉率、生长速度提高的杂交组合，只注意杂交利用，未注意黔邵花猪地方品种产品开发和品种资源保种保护，经 20～30 年，黔邵花猪品种资源逐年减少。必须加强对洞口县黔邵花猪地方品种资源保护利用。

3.1.2 环境友好

提供猪群生活的舒适小环境。

通风模式和控温技术：双列式猪舍各类猪舍高度要适中，高了造成增加猪舍成本和冬天保温成本；低了空气质量不好，增加夏天降温和通风成本。以屋檐高为计高单位，保育舍高2.6～2.8 m，怀孕舍高 3 m 左右，产仔舍高 2.6～2.8 m，肥猪舍高 3.3～3.6 m，为高度适中。猪栏地面要有坡度，以利排尿水，防积水。10～20 m^2 的猪舍坡度在 5°～10°。可能向四角当中一个角走低，以防积尿水。按各个阶生长与生产要求安排栏舍面积：保育舍每间 10 m^2 左右(3 m×3.5 m)，传统母猪舍 7 m^2(2 m×3.5 m)，育肥舍 20 m^2 以上(5 m×4 m)。

猪场面积设计：猪舍总建筑面积按每出栏一头商品育肥猪 1.0～1.2 m^2 计算，猪场的其他辅助建筑(办公室、饲料加工车间、兽医室等)总面积按每出栏 1 头猪需 0.12～0.15 m^2 计算，猪场的场区占地总面积按每出栏一头商品猪 3.0～4.0 m^2 计算。如饲养 550 头母猪(万头商品猪)的自繁自养场，需猪舍建筑面积为 1 万～1.2 万 m^2，总占地面积为 3 万～4.8 万 m^2，即 45～72 亩之间。以上计算是采用工厂化养猪模式的设计，不是工厂化养猪模式，总面积相应大 1 倍。而考虑疾病的传播风险问题采用多点隔离饲养，总面积相应大 1.5 倍以上。

3.1.3 营养全面

各种物质的含量和比例能全面满足猪营养需要的日粮(饲料)叫全价日粮(饲料)。按照各个阶段(仔猪、小猪、中猪、育肥猪、空怀母猪、怀孕母猪、哺乳母猪、种公猪)猪的饲养标准配制各类全价配合饲料，并定时定量饲喂。有条件的猪场，母猪每天补充青绿饲料 4 kg 以上。

3.1.4 程序免疫

仔猪免疫程序：①7 日龄注射注射伪狂犬病弱毒疫苗一头份；②15 日龄肌注 1 mL 猪瘟弱毒冻干疫苗；③20 日龄肌注划蓝耳病(PRRS)灭活苗一头份；④30 日龄肌注猪丹毒、猪肺疫二联苗一头份；⑤35 日龄肌注口蹄疫灭活疫苗一头份；⑥40 日龄肌肉注射一头份或口服 4 头份仔猪副伤寒菌苗；⑦50 日龄皮下注射 1 头份或口服 4 头份猪链球菌弱毒株冻干活疫苗；⑧60 日龄肌肉注射 2 mL 猪瘟弱毒冻干疫苗(加强苗)。

生长肥育猪的免疫程序：①3 月龄以上补注口蹄疫疫苗 2 头份、高致性病猪蓝耳病活疫苗 2 头份；②每年 10 月份注射猪传染性胃肠炎、流行性腹泻二联灭活疫苗或弱毒苗；③受到口蹄疫威胁的地区应用 O 型口蹄疫油乳剂灭活苗：50 kg 以上猪注射 3 mL；25～50 kg 猪注 2 mL；10～25 kg 猪注射 1 mL。

母猪(种公猪)免疫接种程序：按免疫程序接种猪瘟、口蹄疫、蓝耳病、猪丹毒、猪肺疫等常规疫苗外，还要免疫细小病毒、伪狂犬病、日本乙脑、黄白痢工程疫苗等种猪疫苗，防止母猪流产、死胎、木乃伊胎现象，减少仔猪黄白痢发生率。细小病毒：后备母猪配种前 1 个月免疫 1 次(1 头份/头)，种猪每年 3 月份免疫 1 次(1 头份/头)。伪狂犬病：后备母猪配种前 2、6 周免疫各 1 次(1 头份/头)，种猪每隔 4 个月免疫 1 次(1 头份/头)。日本乙脑：每年 4 月份免疫 1 次(2 mL/头)，黄白痢工程疫苗：产仔前 2 个月免疫 1 次(2 mL/头)。

3.1.5 严格消毒

栏舍入口必须有消毒设施，每天消毒栏舍，2～3 d 消毒一次，消毒药物轮换品种，如氯制剂和酚制剂交替使用，避免产生耐药性，造成消毒效果不佳。

3.2 产品健康

严格执行兽药休药期制度。在饲料中不得添加“瘦肉精(盐酸克伦特罗)”等违禁激素药物，上市活大猪肉品质量好，无药物残留，为无公害产品。

国家制定兽药休药期制度。休药期指畜禽最后一次用药到该畜禽许可屠宰或其产品(乳、蛋)许可上市的间隔时间。就是在畜禽出栏前，针对不同的畜禽和兽药品类，在一定期限不能使用各类兽药，否则肉类产品会产生对人体健康有害的药物残留。收集部分抗菌素休药期(在猪日期)：如青霉素类(28 d)，链霉素(18 d)，双氢链霉(18 d)、庆大霉素(40 d)，泰乐菌素(21 d)，土霉素(28 d)，四环素(10 d)，甲砜霉素(28 d)，氟苯尼考(20 d)，林可霉素(6 d)，磺胺嘧啶注射液(10 d)，磺胺二甲嘧啶片(15 d)，磺胺间甲氧嘧啶注射液(28 d)。驱虫药：盐酸左旋咪唑注射液(28 d)、阿维菌素(28 d)、硝氯酚片(28 d)、精制敌百虫片(28 d)。治腹泻常用药氧氯沙星注射液(溶液)(28 d)。经调查，以上 18 类药物为常用兽药占 65%以上，在猪休药期 6～40 d 不等，把这 18 类兽药编入规范中。可见常用兽药休药期大都在 28 d，1 个月左右。

建立肉食品可追溯制度。规模养猪场对养殖投入品(饲料、兽药)进行登记入档，免疫后进行二维码耳标标记并记录入档。这样出现肉食品安全事故，根据耳标追溯到某某猪场第几批猪出现饲喂违禁激素药物问题猪。建立县、乡(镇、街道)、村三级肉食品安全监督员肉食品安全监管体系。县畜牧局饲料管理办、兽药药政股、兽医局防疫股、实验室人员为县级监督员、乡防疫员为乡级监督员、村协防员为村级监督员。乡、村级监督员按所负责的防疫地段指导管理所在地规模场(户)生猪健康养殖，每人负责 3～10 场(户)不等；县级监督员每年对饲料、兽药生产(经营)企业(店)每年进行二次以上抽查，样品送检到省级兽医(饲料)检验所，送检率 5%以上；对规模场(户)的活大猪、县内 8 个定点生猪屠宰场待宰猪，进行尿液检查，抽检率 5%以上，主要试纸(剂、管)定性检验是否含有瘦肉精等违禁激素药物，经定性初检样品送省级检验所定量检查。定量确检样品通过耳标、规模场(户)档案，追查到某某猪场某批问题猪，进行烧毁无害化深埋处理和处罚。加强屠宰场、市场检疫工作，确保上市的肉产品质量。

洞口县开展生猪无公害产品认证工作：2015 年下半年洞口县 8 个猪场申报无公害农产品产地产品认证，为：洞口天井种猪扩繁场、邵阳天然生态农业发展有限公司、洞口峰源畜牧发展专业合作社、洞口县管竹兴发出口猪养殖场、洞口县木瓜林吉猪场、洞口县三星牧业有限公司等 8 个单位参加了申报，正在审批中。到 2018 年规模场生猪无公害产品认证率要达到 60%。

3.3　环境健康

全面落实养殖污染综合防治技术，控制和减少排污总量。采取干清粪、高床养殖、沼气池(发电)、沉淀池、氧化塘、固氮分离、雨污分离、种养结合、建有机肥工厂等养殖污染综合防治技术。洞口县把养殖业节能减排工作总结为“二个项目建设五个技术推广”(规模猪场粪污治理项目建设、生猪标准化规模养殖场项目建设，微生物发酵床养猪技术、沼气工程技术、粪污综合利用新技术、生态养殖技术、蚯蚓养殖技术的推广)，全县共建立沼气池 7 341 个 308 930 m^3，建雨水沟、污水沟各 28 600 m，干粪堆积池 99 360 m^3，三级净化池(或三级沉淀池) 209 390 m^3，氧化塘 31 口 529 亩，建设生猪发酵床 67 200 m^2，建立 372 个无害化处理池(化尸窖)11 160 m^3，整合国家财政资金投入 1.97 亿元，粪污减排 56.8%。

3.4　人类健康

科学划分畜禽养殖区域：为了保障人类健康，将畜禽养殖区域科学划分为：禁养区、限养区、适养区。特别是对生活饮用水一级水源地进行保护，保证人类健康。洞口县禁养区范围为：①生活饮用水水源地一级(平溪江为县城、竹市、石江 3 个集镇取水源)、二级保护区内(半江水库、超美水库)。②风景名胜区(罗溪森林公园)、旅游度假区(半江水库度假村)、文物历史遗迹保护区、自然保护区的核心区和缓冲区。③县境内平溪江、黄泥江、蓼水河、赧水河等县级河流干流及一级支流，两侧 300 m 内区域。④县城建成区内及周边 500 m 范围内，乡镇所在地居民集中地 500 m 范围内的区域及学校周边 500 m 范围内。⑤320 国道、1805 省道、竹城公路、沪昆、洞新高速公路、在建怀邵衡铁路两侧 200 m 范围内的区域。⑥法律、法规规定需要特殊保护的其他区域。在禁养区，严禁新建、扩建各类畜禽养殖场。禁养区内现有的各类畜禽养殖场必须限期搬迁或关闭。经调查洞口县有 281 家养殖场在禁养区范围内须清退。

4 结论

在现有洞口县生猪健康养殖模式综合配套技术推广的基础上，继续加强对生猪健康养殖模式综合配套技术的研究与推广工作，制订和发放《洞口县生猪健康养殖模式综合配套技术规范》，加强技术培训，加大推广力度，达到生猪健康养殖目的。已经制订《洞口县生猪健康养殖模式综合配套技术规范(征求稿)》，正在向前各乡镇动物防疫站、养猪规模户广泛征求意见，修订形成可操作性技术规范，并报县标准质量局批准。洞口县畜牧水产局 2016 年 7 月立项《生猪健康养殖模式综合配套技术研究与推广》3 年(2016—2018 年)科技项目，报洞口县教育科技局立项批准并组织实施。

参考文献

[1] 肖光明，吴买生. 生猪健康养殖技术问答[M]. 长沙：湖南科学技术出版社，2008.

[2] 袁延文. 养殖业主导品种和主推技术[M]. 长沙：湖南科学技术出版社，2014.

[3] 肖岳兵，肖和良. 关于节能减排、粪污处理地方政府应该做哪些工作——以湖南省洞口县为例[J]. 猪业科学，2016，33(06)：46-47.

[4] 肖科，肖和良，等. 南方农村猪场通风模式和控温技术现状调查初报[J]. 猪业科学，2016，33(07)：88-90.

[5] 曾晓建，肖和良，黄保国，等. 湖南洞口县黔邵花猪地方品种资源保护与利用[J]. 养猪，2016(04)：69-72.

[6] 肖和良，肖建龙. 母猪年生产力的研究与提高的技术路径[J]. 基层农技推广，2016，4(03)：100-101.

对生猪料槽饲喂器研究和饲养试验初报

肖志雄[1]　肖和良[2]　贺文俊[2]　王智[2]

（1.湖南省洞口县古楼乡动物防疫站，湖南洞口　422300；
2.湖南省洞口县畜牧水产局，湖南洞口　422300）

摘要：通过调查，湖南洞口县规模化猪场91%以上，都在使用干料槽饲喂生猪，自配饲料占9%用湿料。对干料槽饲喂生猪管理方式，笔者把它总结为3种：粗放式、半粗放、精细化三种管理方式，设计3组饲养试验，对日增重、料肉比、节料对比等效果比较。试验结果：精细化较粗放式日增重提高5.7%，节料13.0%。并对干湿料槽设备和智能化投料系统进行研究，得出保育猪用液态料饲喂器（湿料槽）好处多，生长猪用干湿料槽均可的结论。

关键词：生猪；料槽；管理；饲养试验；效果

养猪业是一个精细化管理工程，就是饲喂过程中投料管理也有讲究。笔者2014—2015年参加生猪出口大县奖励资金项目考评，对存栏300头以上的养殖场进栏数猪计分过程中，发现90%的规模场使用干料槽饲喂猪，并对118个猪场调查统计：晚上干料槽有剩料的场76个占比64%，老鼠在料槽偷吃饲料的场41个占比35%，其中干料槽中剩料发霉变质的场47个占比40%。对干料槽饲喂方法，都认为比湿料投栏方法先进，省料省工，自由采食，一天投一次料，懒汉式管理，忽略了干料槽还存在精细化管理方式。经对干料槽饲喂生猪管理方式的调查，笔者把它总结为3种：粗放式、半粗放、精细化三种管理方式。粗放式管理方式也叫懒汉式管理方式。表现在每天早上在干料槽1次放满饲料，半个月或1个月以上清理1次食槽。半粗放管理方式是介于粗放式管理方式和精细化管理方式之间，在每天早上在干料槽放1次饲料，1周清理1次食槽。精细化管理方式为：根据猪的阶段、头数、料肉比（或参考饲料生产厂家建议料肉比），日增重，计算一天饲料量，如仔猪料料肉比（2.5～2.6）∶1、日增重600～750 g，每头日投料1.38～1.69 kg，生猪各阶段饲料日投料建议量见表1。按量分上、下午在料槽各投放1次饲料，当天晚上清干食槽中饲料。见表1。

表1　生猪各阶段饲料日投料建议量表

	料肉比	日增重/g	每头日投料建议量/kg
保育料	（2.0～2.2）∶1	450～500	0.90～1.10
仔猪料	（2.5～2.6）∶1	550～650	1.38～1.69
中猪料	（2.7～2.8）∶1	600～750	1.62～2.10
大猪料	（3.0～3.2）∶1	850～950	2.55～3.04

生猪干料槽粗放式管理方式存在发霉变质剩料问题，轻者影响肠胃消化功能，重者梅雨天气发生富集霉变饲料中毒案例。晚上剩料被老鼠偷吃，浪费了饲料，还容易被老鼠这个发病媒介传播疫病，造成经济损失。为了验证生猪干料槽粗放式、半粗放、精细化三种管理方式饲养效果，设计了本饲养试验。

1 材料与方法

笔者设计，对干料槽3种饲喂管理方式也分3组进行饲喂对比试验，通过数据统计，得出各组日增重、料肉比，对其进行比较。并分保育、生长期二个阶段，登记用料，体重，即始重、保育期体重，出栏终重（生长期体重），得出保育期、生长期、全程日增重、料肉比。

1.1 试验材料

1.1.1 试验猪品种

选择45日龄杜×长×大三元杂交仔猪360头分3个组各120头，进行保育期、育肥期饲养试验。

1.1.2 试验饲料

统一用湖南恒农集团颗粒饲料，恒农保育料550，恒农仔猪料552，恒农生长料558。其饲料配方和营养水平见表2。

表2 湖南恒农集团颗粒饲料部分组方表

饲料配方（营养水平）	恒农保育料550	恒农仔猪料552	恒农生长料558
玉米	24.5%	50.1%	58.2%
小麦	23%		
大麦			16%
豆饼	20%	21%	6%
鱼粉	6%	7%	4.7%
麦麸		8%	6.3%
高粱	10%	9%	
菜籽饼			4%
全脂奶粉	10.6%		
酵母	2%		
食盐	0.4%	0.5%	0.3%
白糖	1.5%		
碳酸钙		0.4%	0.5%
预混料	2%	4%	4%
组方粗蛋白	20.5%	15.8%	13.9%
组方消化能（大卡/kg）	2 896	3 090	3 210

1.2　试验方法

1.2.1　分组

分为3个组：粗放式管理方式组为对照Ⅰ组、半粗放管理方式组为试验Ⅱ组、精细化管理方式组为试验Ⅲ组。每组都为10栏猪120头。

1.2.2　试验猪场

3个试验组在3个不同地方进行，对照Ⅰ组放在花园木井村尹建山猪场，试验Ⅱ组放在龙江牧场刘长江猪场，试验Ⅲ组放在石江镇马口村王恒万猪场。是因为不改变原有的料槽管理方式。

1.2.3　试验时间

2016年1月5日至2016年9月13日。

1.2.4　主要试验方法

统一用湖南恒农集团颗粒饲料，统一按免疫程序免疫注射。每天登记用料重量，逐栏记录，并注意观察猪的健康状况。出栏日龄为200日龄。对干料槽3种饲喂管理方式分3组进行饲喂对比试验，把粗放式组为对照组，另2组为试验组，分保育、生长期二个阶段，登记用料，体重，即始重、保育期体重，出栏终重(生长期体重)，得出保育期、生长期、全程期日增重、料肉比，然后试验组平均值与对照组平均值进行比较。

2　试验结果

2.1　试验结果

把3组试验数据汇总进行统计得出表3：

表3　洞口县生猪干料槽3种饲喂管理方式饲养试验统计表　kg

项目	45日龄	46～90日龄				91～200日龄				全程期	
	头平	头平	头平用料	料肉比	日增重/g	头平	头平用料	料肉比	日增重/g	料肉比	日增重/g
对照Ⅰ组	13.58	36.6	55.94	2.43∶1	512	122.0	269.01	3.15∶1	776	3.00∶1	699
试验Ⅱ组	13.61	37.9	57.81	2.38∶1	540	125.1	252.01	2.89∶1	793	2.78∶1	719
试验Ⅲ组	13.59	39.7	59.79	2.29∶1	580	128.1	238.68	2.70∶1	804	2.61∶1	739

试验Ⅱ组与对照Ⅰ组比，保育期日增重提高5.5%，料肉比降低2.1%，则节料2.1%；生长育肥期日增重提高2.2%，料肉比降低8.3%，则节料8.3%；全程日增重提高2.9%，料肉比降低7.3%，则节料7.3%。

试验Ⅲ组与对照Ⅰ组比，保育期日增重提高13.3%，料肉比降低5.8%，则节料5.8%；生长育肥期日增重提高3.6%，料肉比降低14.3%，则节料14.3%；全程日增重提高5.7%，料肉比降低13.0%，则节料13.0%。

2.2　试验结果影响分析

本试验200日龄，出栏平均体重125.1 kg，是由于洞口县屠商压级压价，提高出栏重，降低屠宰场头平摊派管理费用，吊架子育肥影响了养猪经济效益，也影响了本试验结果，若提前20～25 d出栏，体重在105～110 kg为最佳出栏体重，精细化管理方式日增重和节料效果更佳。

3 讨论

3.1 对洞口县代养户对料槽管理结果讨论

新五丰2016年进入洞口县开展公司加农户，则代养合同模式。新五丰是湖南老牌出口猪企业，年出口香港、澳门活大猪50万～60万头，在长沙建立肉类加工厂，并建有配送肉类售销网络(店、点)，年销30万头，自己的母猪场PSY指数达28.3头，较洞口县规模猪场平均18.7头，高51.3%，利用这个优势建立母猪场生产仔猪，将仔猪给农户饲养培育商品猪，利用农户猪舍条件和劳力，两者有机结合，取长补短。经过设计，代养户一般饲养水平，只要认真负责，饲养每头商品猪(110 kg左右)有200元代养报酬(工资)为基数，上下浮动。我们对洞口县内2家代养户结算报账单进行对比分析，见表4。

表4 2016年新五丰2户代养户结算报账单情况表

	头数	初重			用料		兽药/元	出栏			代养报酬/元
		重量/kg	头重/kg	金额/万元	重量/kg	金额/万元		头数	重量/kg	金额/万元	
黄桥镇潮水谢某	450	3 870	8.6	25.74	136 241	24.39	17 782	422	45 534	59.19	72 795
竹市镇大水许某	500	4 450	8.9	29.59	142 471	25.50	15 503	479	53 409	69.43	127 894
	950	8 320	8.76	55.33	278 712	49.89	33 285	901	98 943	128.62	200 689

谢某猪场日增重：(45 534－3 870)×1 000÷422÷135＝731 g，料肉比(138 211÷422)：[(45 534－3 870)÷422]＝3.27：1，代养报酬72 795÷422＝172.5元/头，较每头200元下降13.8%。

许某猪场日增重：(53 409－4 450)×1 000÷479÷135＝757 g，料肉比(142 471÷479)：[(52 930－4 450)÷479]＝2.91：1，代养报酬127 894÷479＝267.0元/头，较200元上升33.5%。日增重较谢某猪场高3.6%，料肉比降低11.0%，则节料11.0%，代养报酬提高54.8%。

分析原因：主要是谢某对干料槽管理方式属于笔者描述的粗放式管理方式，他在白天饲养期间，在干料槽放1次饲料，清扫猪舍2个程序花不到1/3时间，2/3时间到麻将馆打牌，舒服得很。这个干料槽管理案例许某猪场日增重提高3.6%，节料11.0%与本试验结果接近，也间接验证了本试验效果。

3.2 对料槽饲喂器历史文化讨论

我们的祖先，把野猪驯化成家猪，千百年来，都是用木盆盛熟料喂猪，改用料槽饲喂器也就是近代的事，据考证，洞口县最早用料槽是1975年，那是人民公社时期发展集体养猪，百头猪场应运而生，建造了部分水泥栏猪舍，但也只是简单长方形水泥食槽。洞口县人民公社时期全县出栏猪30万头左右，洞口县1995年首次突破出栏100万头大关，洞口县2000年达到出栏200万头，5年翻了一番。1995年全部改了水泥猪栏，也大都用上了干料槽饲喂器，小小的干料槽饲喂器派上了大用场。

传统投料是用木盆盛熟料饲喂，这种管理方式，是地方猪饲养方式，煮熟食和投料花时长，散户饲养不计时间落后的1种饲养管理方式，不利于规模化生产；改水泥猪栏后改为拌湿料投喂在栏里，这种投料管理方式较木盆盛熟料饲喂方式又前进了一大步，但拌湿料投喂在栏里，猪脚踩踏饲料在栏里，浪费了10%以上饲料；在水泥饲槽猪嘴巴拱出饲料，浪费5%～8%饲料。洪奇华、陈安国用干湿饲喂器和水泥饲槽作对比试验，在20～90 kg阶段用干湿饲喂器试验组与水泥饲槽对照组相比：末重提高13.2%，平均日增重提高9.7%，平均日采食量提高46%，平均料重比下降了8.4%。干湿饲喂器优于水泥饲槽得到人们共识，洞口县规模化猪场现在都在使用干湿料槽饲喂器了。

3.3 液态料饲喂器讨论

液态料是把饲料充分浸泡，使饲料中可溶性营养成分溶于水，饲料微粒吸水膨胀增加了表面积，变得松软，有利于猪采食和消化吸收，减少饲料浪费，提高饲料转化率，相比干料，液态料饲喂减少了空气中粉尘的数量，在一定程度上抑制了细菌通过粉尘进行传播，有效地降低了猪呼吸道疾发病率。特别是乳猪吃乳阶段，液态料更适合乳猪肠胃消化功能。

贾志伟、张胜利等对小猪教槽有研究，如设计乳猪教槽：根据乳猪生长的高度，通过升降架可以升降，在产床后1/3处放一个固定料槽，料槽内投干料，在固定料槽旁边放一个直径为8 cm的圆形小料槽，小料槽内放水料比为1∶1的糊状料。用细线绳拴在栏杆上，使其可以在固定料槽周围移动，移动半径以不能被母猪踏、压为准，让乳猪边玩边吃，乳猪开始吃料后逐渐减少糊状料的投料次数，增加干料投放次数。干湿结合的教槽方法达到了乳猪早吃料，28日龄断奶不腹泻、不掉膘，提高日增重，缩短出栏时间，减少死亡率的目的。

3.4 现代生猪干湿料槽饲喂器和智能化管理投料系统讨论

生猪干料槽饲喂时，猪吃料吃水来回走动，走动时嘴上带料掉地下，损失少部分饲料，于是就有了干湿料槽饲喂器研制，在料槽上安上自动饮水管道解决这些问题。有些干湿料料槽，安有料斗和垂直料管，料斗下部的底口与垂直料管连接，料斗底口处有一料塞，料塞固定在一中心直杆上，中心直杆穿过垂直料管，下端有放料挡杆，料斗中放入饲料，猪饿时，拱起放料挡杆，抬起料塞，饲料放入食槽中，猪吃食，料杆回位，料塞关闭，放料暂时停止，料吃完后，猪又拱杆放料，直到吃饱。有些干湿料槽安上电脑控制的自动放料系统。

智能化管理投料系统在干湿料槽基础上更先进：智能化电脑能根据猪的二微码耳标，精准识别每头猪体重所处阶段，健康状况，来精准投料，控制每头猪吃料，正好满足每头猪需要，并能把每头猪吃料数量、健康状况数据化记录在电脑里。二维码耳标成为重要的标识，还可成为肉品质量安全追溯体系重要依据，你这头猪吃了什么品牌饲料，注射了或饲料中添加了什么兽药都能记录保存。智能化投料系统投资占总投资的5%左右，如投资2万头猪场需2 000万元固定资产投资，那么智能化投料系统投资在100万元。笔者对干、湿料槽饲喂器和智能化管理投料系统要进行饲养对比试验，为2报、3报，本试验为初报。

3.5 对料槽管理问题讨论

郑晓琳等报道一例8月份料槽中霉菌毒素污染和富集案例，图文并茂，中毒嗜睡图、“采食口屋檐”图，警醒大家注意料槽剩料发霉变质问题。笔者认为，此类问题就发生在笔者描述的对料槽粗放式管理方式上，并提醒：每年 4～5 月为梅雨、潮湿季节，俗称起潮，料槽剩料更容易发生发霉变质。张慎忠等对料槽管理提出：每天消槽 1 次，防止饲料霉变，教料槽防止乳猪粪尿污染，避免 1 次加料过多，注意下料口大小、采食面倾斜度以及饮水器水流速度等。钟为治等提出猪双面自由采食水泥饲喂器下料口低于采食槽外沿 5 cm 为合理落差，较 3 cm 节料。

综合上述讨论，本试验描述的根据猪的生长阶段、头数、料肉比、日增重，每天精确投料，当天晚上清干食槽中饲料，这种对料槽精细化管理方式是目前规模化猪场较先进的一种干料槽管理方式，经百度搜索，对料槽进行精细化管理方式理念和提法，笔者第一个提出，因此本试验也是独创，试验结果对料槽精细化管理方式较粗放式管理方式日增重提高 5.7%，节料 13.0%，也证实了对料槽进行精细化管理方式理念正确性。笔者认为料槽智能化管理投料系统是在人类对料槽进行精细化管理方式研究基础上改进，是大数据管理、电脑精准识别和操作，克服了人类对料槽进行精细化管理方式不足，是当前最先进的一种管理方式，因此料槽智能化管理投料系统是今后规模化猪场对料槽管理技术的推广方向。

4 结论

保育猪用液态料饲喂器(湿料槽)好处多，生长猪用干湿料槽均可，关键在于指导规模化猪场根据猪的生长阶段、料肉比、日增重，每天精确投料，对料槽精细化管理，就是把料槽剩料降至最低程度，防止料槽剩料发霉变质和防老鼠偷吃饲料。

本试验表明，由于料槽问题，生长育肥猪过程至少有 10%～15%的饲料没有被猪吃到胃内(干料槽粗放式管理方式饲料浪费更多)，而是在采食过程中被浪费，最终随污水排出，因此，选用合适的料槽设备，加强对料槽精细化管理式将明显减少饲料浪费及粪污产生，降低生产成本，达到提高经济效益的目的。

参考文献

[1] 洪奇华，陈安国. 应用干湿饲喂器对生长肥育猪生产性能和胴体品质的影响[J]. 上海畜牧兽医通讯，2002，(03)：18-19.

[2] 贾志伟，林松柏，等. 小猪教槽用新料槽的设计[J]. 猪业科学，2012(03)：84.

[3] 张胜利，黄建华，赵建红. 关于猪教槽的探讨[J]. 猪业科学，2014(06)：84-85.

[4] 郑晓琳，张杰，方庆. 料槽中霉菌毒素污染和富集案例分析处理[J]. 中国猪业，2016(01)：52-53.

[5] 张慎忠，张果，张湘琪，等. 料槽对猪生产性能的影响及其注意事项. 中国猪业，2014(10)：65-68.

[6] 钟为治，胡玉敏. 猪双面自由采食水泥饲喂器使用调查与改进[J]. 畜牧与兽医，2014，46(09)：135-136.

湖南洞口县黔邵花猪地方品种资源保护与利用

曾晓建[1]　肖和良[2]　黄保国[2]　陈远清[3]　杨崇源[3]　李云[4]

（1.湖南省洞口县高沙镇动物防疫站；2.湖南洞口县畜牧水产局；
3.湖南省洞口县农产品质量安全检测站；4.湖南恒农集团，湖南洞口　422300）

摘要：对影响湘桂黔三省黔邵花猪品种，从发源、命名、形成历史原因、国家保种区工作做了调查和考证。并对洞口县黔邵花猪地方品种资源二次普查进行总结，从外貌特征、生产繁殖性能、保种、杂交利用、产品开发状况和品种资源锐减原因做了调查和分析。国家级保种区绥宁县存栏能繁花母猪在 5 000 头以内，主产区洞口县从 1983 年的黔邵花猪能繁母猪 17 783 头，减少到 2015 年的 1712 头，减少了 10 倍。表明黔邵花猪品种资源锐减，为下降态势，应引起各级政府和畜牧主管部门高度重视，采取措施，加强保护和拯救黔邵花猪等地方猪纯种资源。

关键词：黔邵花猪；品种资源普查；生产繁殖性能测定；杂交利用；优质地方品种肉品开发；保种建议

1　黔邵花猪品种简介和国家级黔邵花猪保种区保种现状

黔邵花猪为湖南地方品种猪。产于湖南省雪峰山西南部，其繁殖中心产区为新晃县的凉伞、扶罗、隶属、贡溪和溆浦县的龙潭、温水、戈竹坪、横板桥以及绥宁县的东山、俄共、朝仪等地。以往习惯以产地命名，有凉伞猪、龙潭猪、东山猪之称。以上地区都位于黔阳（现怀化市）、邵阳市两地区，其自然生态条件相同，体型外貌以及生产性能类似，毛色均为黑白花，统称黔邵花猪。黔邵花猪适应性强，适用粗放饲养和管理，－6.5～37.5℃都可以正常生长，栏舍条件差也能饲养，不需要建造造价太高的猪舍，抗寒耐热能力强，喂养简便。它们适用野生猪菜、红薯、米糠、蔬菜、荞麦等，生熟都吃。从生下来到出栏销售，全程无需药物保健和治疗。且营养价值高，它肉质鲜嫩、香脆、甜润、肥而不腻，食用时不需要加任何调味品，原汁原味，特别可口。尤其肋骨、筒骨含多种微量元素，深受消费者欢迎。

黔邵花猪已被收录于 1984 年出版的《湖南省家畜家禽品种志及品种图谱》和 2004 年农业部编写的《中国畜禽遗传资源名录》中。

国家级黔邵花猪保种区绥宁县 2006 年仅有黔邵花猪母猪 2 780 余头，种公猪 16 头（7 个血统），至 2009 年 11 月存栏黔邵花猪母猪 9 120 头，种公猪和后备公猪 24 头（血统 14 个）。到 2015 年底，绥宁县黔邵花猪种公猪 35 头（血统 14 个），选留优秀后备公猪 12 头，存栏能繁花母猪近 5 000 头，种猪群恢复工作成效显著。

2 洞口县黔邵花猪品种资源2次普查情况

洞口县地方猪种属于黔邵花猪一种。原产于洞口县西北部山区，由野猪驯养演变而来。过去由于交通闭塞，副业门路少，农户习惯于饲养母猪出售小猪，换取生活资料和生产资料。每遇最好母猪(称座栏猪)一直要养到丧失繁殖能力才换养。由于长期有意识的选择，加之野生青料多，精料不足，逐渐形成适应山区环境条件，耐粗饲，繁殖能力强，抗病能力强优良特性。

2.1 洞口县区域条件

洞口县位于湖南省西南部，雪峰山脉东麓，地理坐标东 110°08′40″～110°57′40″，北纬 26°51′38″～27°22′23″之间，东北面与溆铺县比邻，南与武岗、绥宁交界，东靠隆回，本接洪江市。距邵阳市 110 km，距怀化市 80 km。上瑞高速公路及 320 国道贯穿全境。怀邵衡铁路 2015 年在建，建后贯穿洞口全境。根据洞口县气象局统计资料测试，年最高气温 39℃，最低气温 －3℃，年平均气温 16℃，地质为土层深厚，气温温湿，资水二级资源蓼水河穿过全县，得天独厚的自然环境，非常适合生猪及畜禽养殖。有 8 个山区乡镇，占全县一半多面积，地处雪峰山腺，海拔在 800～1 600 m。

2.2 洞口县第一次农业普查(1983 年)对黔邵花猪品种进行了普查

1983 年洞口县第一次农业普查对黔邵花猪品种普查，存栏黔邵花猪能繁母猪 17 783 头，种公猪 109 头。各地黔邵花猪分布情况见表 1。全县各地均有分布，以高沙、石江、山门，黄桥、洞口、竹市 6 个山外乡镇最多，占 50.3%以上。并对黔邵花猪生产性能做了测定工作，黔邵花猪生产性能测定情况见表 2。

表 1 洞口县 1983 年黔邵花猪种猪存栏情况表 头

乡镇	母猪		公猪	乡镇	母猪		公猪
	头数	占比/%			头数	占比/%	
洞口镇	1 298	7.3	8				
石江镇	1 707	9.6	10				
花古乡	391	2.2	2				
竹市镇	1 138	6.4	7				
又兰镇	782	4.4	4				
水东乡	516	2.9	3				
花园乡	711	4.0	4				
醪田乡	658	3.7	3				
高沙镇	1 832	10.3	12				
石柱乡	516	2.9	3				
茶铺茶场	142	0.8	1				
山门镇	1 512	8.5	6				
黄桥镇	1 458	8.2	10				
岩山乡	498	2.8	3				

续表 1

乡镇	母猪		公猪	乡镇	母猪		公猪
	头数	占比/%			头数	占比/%	
杨林乡	605	3.4	3				
大屋乡	480	2.7	3				
古楼乡	285	1.6	2				
桐山乡	427	2.4	3				
长塘乡	498	2.8	3				
渣坪乡	462	2.6	3				
江口镇	765	4.3	5				
罗溪乡	533	3.0	5				
月溪乡	569	3.2	3				
合计	17 783	100	109				

注：原普查时为 39 个公社，按现在乡镇编制统计，便于对比。

2.3　洞口县 2015 年对黔邵花猪品种进行了第二次普查

2015 年 6 月对黔邵花猪进行了第二次普查，结果为：存栏黔邵花猪能繁母猪 1 712 头，种公猪 13 头，较 1983 年的黔邵花猪能繁母猪 17 783 头，减少 10 倍多。洞口县黔邵花猪第二次普查情况见表 2。洞口县黔邵花猪主要分布在江口、罗溪、渣坪、月溪、长塘、古楼、大屋、桐山 8 个山区乡镇和杨林、醪田、石柱、花园、岩山等山外 5 个乡镇，在山外出现了高沙、石江、山门，黄桥、洞口、竹市、又兰、水东、花古、茶铺茶场 10 个空白乡镇。

表 2　洞口县 2015 年黔邵花猪种猪存栏情况表　　头

乡镇	母猪		公猪	乡镇	母猪		公猪
	头数	占比/%			头数	占比/%	
花园乡	67	3.9					
醪田乡	113	6.6	1				
石柱乡	108	6.3	1				
岩山乡	51	3.0					
杨林乡	226	13.2	2				
大屋乡	116	6.8	1				
古楼乡	58	3.4					
桐山乡	115	6.7	1				
长塘乡	110	6.4	1				
渣坪乡	116	6.8	1				
江口镇	219	12.8	2				
罗溪乡	221	12.9	2				
月溪乡	192	11.2	1				
合计	1 712	100	13				

有关资料统计：2015 年邵阳市、怀化市两地黔邵花猪母猪在 3 万头以内，较 2011 年的 6 万头减少一半，表明黔邵花猪品种资源锐减，为下降态势，应引起各级政府和畜牧主管部门高度重视，采取措施，加强保护和拯救黔邵花猪等地方猪纯种资源。黔邵花猪品种资源锐减的原因主要是利用黔邵花猪母本与国外良种猪本父，生产内二元、内三元，产生瘦肉率、生长速度的杂交组合优势，只注意杂交利用，未注意黔邵花猪地方品种产品开发和品种资源保种保护，经 20～30 年，黔邵花猪品种资源逐年减少。

3　洞口县黔邵花猪品种外貌特征以及生产、繁殖性能测定

外貌特征：黔邵花猪属于肉脂兼用型。体质较紧凑，头部和臀部黑色，四肢和体白色，称“两头黑、中间白”，但眉心至鼻有一狭长白块。体型中等偏小，头较窄长，嘴鼻长直，耳较大且肥厚下垂，向两侧倾垂，颈较细长，背腰平直或微凹，多为单脊，胸较浅窄，肋骨不太开张，腹较大，但少见下垂拖地，四肢结实，后肢有部分卧系。

洞口县黔邵花猪体高、体长、胸围、体重等生产性能情况见表 3。

表 3　洞口县黔邵花猪生产性能测定情况表

	测定头数	体高/cm	体长/cm	胸围/cm	体重/kg
母猪	9	56.8±27.6	89.2±26.4	97.4±10.9	55.0±19.8
公猪	37	60.5±7.73	106.1±16.06	100.7±17.93	69.5±14.32

黔邵花猪性成熟早，公猪 150 日龄 25 kg 开始配种，使用年限 3～4 年，母猪 120 日龄第一次发情，发情周期 20 d 左右，第 2～4 次(140～200 d)发情配种，利用年限 7～10 年，少数 15 年(称座栏猪)。乳头长而较小，排列匀称，奶头多为 12～17 个，四肢较粗壮。尾大较短，肋骨 13～14 对，经产母猪繁殖力强，头年平 2 窝产活仔 19.54 头，培育育肥猪 18.16 头。黔邵花猪繁殖性能调查情况见表 4。

表 4　洞口县黔邵花猪繁殖性能调查情况表　　头、kg

	调查胎数	产仔数	产仔活数	初生窝重	初生个体重	继奶头数	继奶窝重	继奶个体重
初产	19	7.21	7.05	3.68	0.51	6.68	55.13	7.82
二产	19	8.93	8.83	5.63	0.63	8.50	72.49	8.21
经产	19	10.15	9.67	6.29	0.62	9.47	78.81	8.15

4　利用黔邵花猪杂交优势，建立了洞口县商品瘦肉型生产基地县

利用黔邵花猪母本与外国良种公猪父本进行杂交，产生杂交优势，提高其生长速度和瘦肉率。1987 年洞口县申报全国商品瘦肉型猪生产基地县成功，成为全国第一批商品瘦肉型生产基地县，加速了对黔邵花猪品种利用。黔邵花猪、内二元猪、内三元猪屠宰测定情况见表 5。

表 5　洞口县黔邵花猪、二元、三元猪屠宰测定情况表

项目	黔邵花猪	二元杂交猪	三元杂交猪
测定头数	18	18	18
宰前重/kg	88.14	90.98	91.45
胴体重/kg	64.83	68.03	71.45
胴体长/cm	86.40	90.17	96.33
屠宰率/%	71.26	76.79	78.13
膘厚/cm	4.76	4.30	3.67
眼肌面积/cm^2	16.69	26.82	28.28
瘦肉率 /%	37.68	48.37	52.14
肥肉率/%	43.29	36.42	31.80

从杂交性状看，发生了显著变化。从毛色看，与长白猪、大约克猪杂交后，其后代的体毛为白色，称之为内二元母猪或内二元商品猪，与杜洛克猪杂交后为黑色。用内二元母猪作母本，与杜洛克父本，杂交后代称为内三元商品猪。相比之下，杂交后代其体型外貌接近父本，抗病耐粗明显优于父本，而生长速度则明显优于母本。

洞口县黔邵花猪屠宰率 71.26%，胴体瘦肉率 37.38%，与长白、大约克、杜洛克杂交优势明显，其二元、三元杂交猪屠宰率分别为 76.79%、78.13%，分别高 5.53、6.87 个百分点，胴体瘦肉率分别为 48.37%、52.14%，分别高 10.99、14.76 个百分点。黔邵花猪、二元、三元猪出栏率分别为 85.4%、108.5%、124.1%。因此黔邵花猪是生产杂交瘦肉型猪好母本，无需大量引进外国良种猪品种母猪，从而大大节约引种资金，加快了瘦肉型生产基地县建设步伐。

20 世纪 80 年代末至 90 年代，洞口县生产内二元、内三元猪年达 60 万～100 万头。在县内加工小、中、大猪肉食冷冻加工厂有湖南三可公司、洞口县肉食冷冻加工有限公司 、云峰肉食冷冻加工公司等 6 家加工厂，销往香港、澳门活大猪最多年份 6 万头，销往香港、澳门冻乳猪 30 万～40 万头、冻中猪 20 万头左右，年创汇 3 500 万～4 000 万美元。在高沙镇形成了西南仔猪交易大市场，年交易仔猪 40 万头左右，交易额达 3 000 万元，最多的一年 1993 年为 53 万头。并创建了“高”和“玺”字牌冻乳猪、冻中猪肉食国家品牌。

洞口县商品瘦肉型猪生产基地县建设项目，1991 年国家验收达标，为 2007 年洞口县生猪调出奖励大县项目创建，打下了坚实的基础。黔邵花猪品种为洞口县生猪和区域经济发展做出了贡献。

5　对黔邵花猪地方品种肉品开发工作

5.1　黔邵花猪放养试验

2015 年在醪田镇书院村段嗣和猪场做了黔邵花猪放养试验：利用该猪场场外相对封闭的 40 多亩空地，放养 60 头黔邵花猪，只在一个固定点食槽每天下午放少量玉米粉（加了 0.5%食盐），并准备了避雨简棚。11～12 个月后体重 60～70 kg，春节前后出售，以 2 000 元左右每头

价格销售一空，毛重价达16～18元/斤，每头猪成本不到700元，每头猪可获利1 300元。并组织畜牧、农业有关部门对该放养猪屠宰测定和肉品质量、口感品尝，大家一致认为放养猪肉质细嫩、香脆、甜润、肥肉多于其他猪种，但肥肉肥而不腻，特别味美可口，感觉小时候（70年代前）过年猪猪肉味道又回来了。

5.2 黔邵花猪肉品开发

处在洞口县城工业开发区的嘉吉餐馆，自己办了个饲养和存放20～30头黔邵花猪小猪场，从山区专门采购黔邵花猪中、大猪。每天屠宰3头以上90 kg左右黔邵花猪肥猪，年宰杀销售1 000头以上，生意红火。大家都是奔向花猪肉大杂烩那道菜而来，就是以花猪的肥肉为主，并将花猪的少量肝、肺、心、肠混合成一道菜称花猪肉大杂烩，也就是洞口县传统过年猪肉大杂烩传承，也是花猪肉质细嫩、香脆、甜润、肥而不腻，特别味美可口，其他猪种做不出这道菜这种味道，这道菜价格高达100～120元。经计算嘉吉餐馆销售的1头黔邵花猪肥猪可达1 800元以上，合毛猪价10元以上，而且不受猪价涨跌影响。

吃着花猪肉大杂烩这道佳肴，想起小时候的事情，仿佛听到了那遥远的歌谣：丑猪婆，你莫夸嘴，山里的妹子哟，一日三餐伺待你；我养的那个懒猪哟，是又肥又大，我乐呵呵，乐呵呵，你是我的小钱罐哟，我乐呵呵，乐呵呵！

5.3 黔邵花猪地方品种产业产值

洞口县畜牧水产局根据黔邵花猪产能受限，在其二元猪饲养中，设计了提高猪肉鲜嫩度和风味的饲养试验方案：①添加0.3 mg/kg有机硒＋200 mg/kg维生素E试验组一。②添加陈皮100 g、桂皮50 g、八角20 g、小茴香20 g试验组二。③前2组结合为试验组三。将试验后的猪肉送湖南农大和有关肉品质检机构检验，如肉品的蛋白质含量、pH、滴水损失、抗氧化性、肉色a值等，作为今后试验提高和专利保护的依据，试验效果拭目以待。

洞口县黔邵花猪能繁母猪1 712头，年产花猪仔猪3.2万头以上，按出栏率85%，年生产销售2.72万头。销往长株潭地区花猪肥猪价也在9～10元/斤，在本地花猪价格也高于其他猪种30%～50%，近3年花猪保守估价在8.68元/斤，以肥猪90 kg，2.72万头计算，洞口县黔邵花猪产业年产值在4 250万元以上。

6 黔邵花猪品种资源保种保护

6.1 曾建立了洞口县黔邵花猪种猪场

1988年将原洞口县品种改良站（现处洞口镇渣林村）改为洞口县黔邵花猪种猪场，并从绥宁县东山黔邵花猪资源场引进黔邵花猪105头，其中母猪101头，公猪4头。种猪场连续运转了4年，由于商品瘦肉型猪冲击，饲养地方品种猪种猪和其商品猪销路不好，价格无优势，国家又无资金扶持，种猪场长期处于亏本状况而停办，改为饲养大约猪、长白猪、美国AA鸡为主的洞口县畜禽良种场。

6.2 现阶段黔邵花猪品种资源保种保护工作

洞口县引进湖南恒农集团民营企业参与黔邵花猪品种培育和保种工作。湖南恒农集团是湖南省农业龙头企业，包括邵阳天然生态农业发展有限公司和湖南恒农饲料有限公司。公司对优质猪肉开发高度重视，与湖南农大、洞口县畜牧水产局共同研究开发优质猪肉产品。确定

杨林乡破刀 、草塘村，罗溪乡崇阳坪、罗溪村，江口镇大马排、黄花坪村、月溪乡丰阁、欧溪村等8个村为黔邵花猪保种区，每年给予黔邵花猪母猪每头100元保种费，生产的仔猪、育肥猪公司予以收购销售，公司组建黔邵花猪核心场，已饲养黔邵花猪后备母猪89头，公猪1头，其中23头母猪已配种，准备为加盟的“公司＋农户”的农户提供黔邵花猪母猪，扩大黔邵花猪生产产区，并进行黔邵花猪品种提纯复壮育种工作。

7　结论

黔邵花猪是历史发展的产物，是长期自然选择和人工选择的结果。搞好黔邵花猪品种资源保护不仅顺应了养猪业生产的发展方向和现代都市人的消费观念，各级政府和畜牧主管部门要正确引导，发展黔邵花猪产业，产区各地要确定保种区和产区，并对保种经费，纳入财政预算，中央、省、市财政给予重点支持，保护和拯救地方猪纯种资源，避免纯种资源灭种的危险，其品种资源的保护对富国富民都具有十分重要的深远意义。

参考文献

[1] 朱吉，杨全英，孙建帮，等.湖南地方猪——黔邵花猪种质资源特性调查与研究[J].养猪，2012(01)：65-68.

[2] 刘梦岩，杨碧珍，杨昌新.绥宁花猪的种质资源及保护利用[J].猪业科学，2007(10)：83-87.

[3] 侯宇，陈宇光，张彬，等.绥宁花猪主要种质特性的调查研究[J].猪业科学，2011(02)：110-112.

[4] 刘梦岩，刘永治，杨碧珍，等.绥宁花猪近况及血缘特征调查报告[J].中国畜禽种业，2009(11)：51-53.

[5] 肖和良，李云，陈清华.优质猪肉研究以及饲料配制与饲养技术推广应用[J].当代畜牧，2015(08下)：76-78.

HACCP 体系规模生猪养殖场应用的必要性

韩瑜

（辽宁省凌海市金城动物卫生监督所，辽宁凌海　121200）

摘要：HACCP 体系可广泛应用于各种生产环节中，其系统、科学、结构严谨、适应性强的特点，将威胁规模生猪养殖场的风险最大限度地减少。应用 HACCP 就显得尤为必要。

关键字：HACCP；规模生猪养殖场；风险；减少；必要

HACCP 为危害分析和关键控制点（hazard analysis and critical control point）的英文缩写，是一个保证产品质量安全的预防性技术管理体系，其通过对某种生产工艺的分析，找出危害因素和关键控制点，并对生产过程中具有控制意义的各种可变因素进行监测，以便达到控制生产操作过程，主要目的是为了确保产品质量。目前，该体系得到世界许多国家的共识，得到广泛应用。

1　HACCP 体系在我国应用发展的现状

我国从 20 世纪 90 年代起，开始进行食品加工业应用 HACCP 的研究。水产业较早关注和引进 HACCP 体系，几年来经过国家商检局集中培训的专业人员分别在所在地区对企业的有关人员进行 HACCP 及水产进口国法规的培训，目前约有近千家水产品出口企业获商检的 HACCP 认证，从而提高了进出口企业产品在国际市场上的竞争力。而我国家畜养殖业中，仅有少数大型养殖企业有过建立 HACCP 体系来控制质量的探索。生猪养殖业一直是我国最主要的肉食品生产行业，亦是食品安全问题的突出行业。我国虽有相应的质量监控体系（主要通过对产品的抽样、检疫、检测），质量的实际控制效果并不理想。因此，生猪养殖行业中建立 HACCP 体系极其有待加深研究探讨。

2　HACCP 体系规模生猪养殖场应用的必要性

2.1　HACCP 体系的优势

其强调识别并预防食品安全风险，克服食品安全控制传统方法的限制，将实际存在和潜在的危害进行分析判断，在问题出现之前采取纠正，更为积极主动；有完整的科学依据和大量的记录，更加系统、客观、直接、科学；找出与最终产品质量有影响的关键控制环节而采取相应控制措施，将食品危害控制在最低限度，更为安全。

2.2 规模生猪养殖场可能存在的危害性分析

生猪养殖过程的危害因素主要有厂区设计布局、品种、防检疫、兽药残留、饲料、屠宰的安全等。

2.2.1 养殖场的设计布局，环境方面

养殖场的整体布局是否合理，各个区域衔接配合是否协调，区域位置选择是否合乎要求，防止各类污染是否到位，周围环境是否达标。

环境污染，由于选址不当，工业“三废”通过直接或间接的途径进入生猪体内，这些化学物质经食物链和生物富积作用在肉中残留超过人体解毒功能时，可对人造成急性或慢性毒害。

2.2.2 不良品种

品种不良会使生猪生长发育迟缓，饲料报酬低、产品质量差，抗病力不强、经济效益增加不明显甚至亏损。

2.2.3 厂区的防疫、检疫方面

小区的防疫设施是否健全，防疫措施是否到位，制度执行是否有力，人员车辆控制是否得力，消毒制度是否严格执行，各类传染病的免疫工作是否照章进行，是否按照国家和地方的要求及时进行牛群检疫检测。

动物疫病：动物疫病是近年来影响活猪安全的主要因素，因为动物疫病可以使活畜及产品携带可感染人的细菌、病毒、寄生虫等引起人发病，如猪链球菌病Ⅱ型、猪囊虫病、猪旋毛虫病等引起人畜共患疾病。

2.2.4 添加剂滥用

一些养殖场为追求养殖效益违规添加瘦肉精、抗生素等药物。造成肉中及粪便中药物残留污染环境，危害消费者健康。

2.2.5 兽药残留

在养殖过程中滥用抗生素药物，导致在畜产品中药物残留和病菌产生抗药性。

2.2.6 饲料质量问题

如饲料存在质量问题，由于饲料霉变、添加抗生素等原因导致生猪生病，严重甚至死亡，此类报道频出。

2.2.7 宰前应急

宰前供水不足、捆绑、运输中挤压、惊慌、受伤、疲劳等使肌体出现应急反应影响畜产品品质。

参考文献

[1] 高金鑫，李怀涛，章风羽. HACCP 在牧场生鲜牛乳生产过程中的建立和应用[J]. 中国奶牛，2006，24(8)：45-46.
[2] 李玉霞. HACCP 的应用与发展[J]. 安庆医学，2005，26(4)：56-58.
[3] 何志琼. HACCP 体系在生猪养殖业中的应用[J]. 阿坝科技，2007，79(1)：48-50.
[4] 刘志扬. HACCP 食品安全管理体系在我国的应用[J]. 经营管理，2011 年第 1 期：49-50.

浅谈“辽西肉羊绵羊集约化生产技术示范推广”项目在喀左县的应用

于向东

（喀左县畜牧技术推广站，辽宁朝阳　122300）

摘要：“辽西肉用绵羊集约化生产技术示范推广”项目是辽宁省农科院申报承担项目，由辽宁省风沙地改良研究所牵头实施。2015 年喀左县畜牧技术推广站作为项目承担单位，推广了该项目，在项目实施过程中按照“辽西肉羊集约化生产技术示范推广”项目实施方案要求确立养羊示范户，建立肉羊养殖基地、开展技术培训，提高示范户科技水平等相关技术紧跟全县肉用绵羊产业提质增效关键技术需求，一年来推广项目实施顺利并取得很好的经济效益、社会效益和生态效益。

关键词：辽西肉羊绵羊；集约化生产；示范推广；效果

2015 年我站作为该项目的实施单位，严格按照“辽西肉羊绵羊集约化生产技术示范推广”项目的实施方案实施，在项目实施过程中引进种公羊 22 只，给予示范户物化补贴，应用肉羊绵羊高效繁殖技术累计生产杂种母羊 3 000 只、优质肥羔羊 1.1 万只，良种覆盖率达到 85%以上，重大疫病防控密度达到 100%，组织培训县、乡技术人员 3 500 人次、养殖户 1 200 人次；核心示范户生产 6～8 月龄羔羊平均出栏活重达到 37.2 kg，只均增收 100 元，农民养羊收入占人均纯收入的比重从 21.3%提高到 23.4%，累计经济效益 650 万元，极大地促进了我地区肉羊产业的发展。下面就项目实施内容分述如下：

1　科技示范户的选择

全县选择养羊比较集中的 6 个乡镇 10 户具有一定养殖规模、经验的肉羊养殖户、合作社或养殖企业，解决他们生产中的关键技术，引导其走集约化生产之路，通过这 10 个示范户来引领带动周边的养殖户发展肉羊产业。

2　优质肉用绵羊品种合理利用技术示范推广

项目实施过程中以遗传学原理和杂交优势理论为指导，进行肉羊“二元”和“三元”杂交技术示范推广工作。

2.1　杂交父本品种选择

引进阜新种羊场培育的优质肉羊种公羊萨福克、道赛特、德国肉用美利奴、杜泊等作杂交父本，充分发挥优秀种公羊的生产潜能。

2.2　杂交母本品种选择

一是以产羔率高的地方品种小尾寒羊，二是选择群众饲养的杂种羊。

3　肉用绵羊高效繁殖技术示范推广

在10个示范户中推广母羊发情调控技术，利用中草药调控母羊发情，提前配种，使种羊由2年3胎提高到3年5胎，从而提高繁殖率，缩短饲养周期。

3.1　发情调控药物选择

一是抑制发情的孕激素类药物；二是促进黄体退化的前列腺素及类似药物。

3.2　发情调控药物方法

一是阴道栓塞法，应用海绵栓吸取药物，塞于宫颈附件，药物缓慢释放吸收并发挥作用；二是注射法，包括前列腺素处理法、孕激素处理法以及孕激素-前列腺素结合处理法。

4　优质肥羔羊快速育肥技术示范推广

4.1　羔羊育肥前期管理技术

4.1.1　羔羊早期断奶技术

一种方式是在羔羊出生1周龄左右即行断奶，然后用代乳品进行人工育羔；另一种方式是在羔羊出生40～50日龄时断奶，断奶后除饲喂优质混合精料补喂。

4.1.2　羔羊隔栏补饲技术

目的在于加快羔羊生长速度，缩小单双羔及出生稍晚羔羊的差异，为以后提高育肥效率打好基础。隔栏补料的羔羊在12～15 d开始补料，隔栏补料羔羊的配料选择，粗饲料应以青贮玉米＋优质干草或优质紫花苜蓿为好，让羔羊自由采食；精饲料主要是玉米、豆饼、麸皮等，饲料配方如下：玉米60%、麸皮15%、豆饼20%，苜蓿草粉5%。100 kg混合料中加广普抗生素4 g，骨粉少量。

4.2　羔羊育肥期管理技术——舍饲育肥

按照不同生长发育阶段肉羊的饲养标准配制日粮，并在较短的育肥期内对肉羊进行强度育肥。预饲期结束后进入正式育肥期，常用的日粮有精饲料型、粗饲料型、青贮饲料型3种。育肥期精料组成通常为：玉米47%，豆粕18%，棉粕12%，麦麸13%，菜粕2%，葵粕2%，食盐1%，预混料5%。其营养标准为：消化能12.87 MJ，干物质80.07%，粗蛋白质22.22%，粗脂肪2.34%，粗纤维3.67%，钙0.15%，总磷0.54%。

5　肉用绵羊粗饲料开发合理利用技术

5.1　玉米青贮(黄贮)技术

将切碎的新鲜玉米秸秆，通过微生物厌氧发酵和化学作用，在密闭无氧条件下制成的一种适口性好，消化率高和营养丰富的饲料，是保证常年均衡供应家畜饲料的有效措施。用青贮方法将秋收后尚保持青绿或部分青绿的玉米秸秆较长期保存下来，可以很好地保存其养分，而且质地变软，具有香味，能增进牛羊食欲，解决冬春季节饲草的不足。青贮饲料的技术关键是——水、糖、快、实、密。

原料要有一定的含水量，一般制作青贮的原料水分含量应保持在65%～70%，低于或高于这个含水量，均不易青贮。水分高了要加糠吸水，水分低了要加水。原料要有一定的糖分含量，一般要求原料含糖量不得低于2%。青贮过程要快，缩短青贮时间最有效的办法是快，一般小型养殖场青贮过程应在3 d内完成。这样就要求做到：快收、快运、快切、快装、快踏、快封。压实，在装窖时一定要将青贮料压实，尽量排出料内空气，不要忽略边角地带，尽可能地创造厌氧环境。密封，青贮容器不能漏水、漏气。

5.2 玉米秸秆粉碎发酵技术

玉米秸秆粉碎与精饲料混合饲喂是秸秆的又一种利用方式。应用粗饲料降解剂，对养羊所需的粗饲料玉米秸秆粉进行处理，处理后的秸秆粉用来饲喂育肥羔羊，经降解剂处理的玉米秸秆粉的有效营养成分粗蛋白含量较对照组提高80%以上，饲喂效果非常好。

6 肉用绵羊疾病防控标准化技术示范推广

包括肉羊的常见病、寄生虫病、传染病等标准化预防技术，确定肉羊疫病防治技术程序，通过免疫接种、检疫、寄生虫驱治及定期消毒等多项综合性防制措施来保证肉羊健康养殖。

参考文献

[1] 藏胜兵. 优质肉羊高效集约化生产配套技术[J]. 农家致富，2007(6)：38-38.
[2] 乔维艳. 肉羊产业发展现状及对策建议[J]. 兽医导刊，2015(20).
[3] 王艳丽. 喀左县肉羊产业发展现状与对策调研报告[J]. 中国畜牧兽医文摘，2016，32(4).

山羊养殖的规模化发展问题及对策

李继光

（山东省临清市潘庄镇政府畜牧兽医工作站，山东临清　252664）

摘要：笔者在根据自身实践经验，并查阅大量文献，从养殖户、山羊品种以及养殖资金等方面总结了山羊养殖规模化发展过程中存在的问题，并从加强宣传培训、积极推广先进的饲养技术、合理布局羊舍结构、建立健全的防疫制度、加大资金扶持力度以及适度发展规模化养殖等方面提出了相应对策。

关键词：山羊养殖；规模化发展；问题与对策

临清市位于山东省西北部，处于古运河和漳卫河交界处，是山东西进、晋冀东出的重要门户。为加快畜牧业发展，临清市以"节约、约制、密集、集中"为前提，充分运用现代畜牧业科学技术，以工业化生产为标准，充分发挥畜禽养殖群体的潜力，探索出一条适合该地区的产业化、规模化和集约化养殖模式。经过多年发展，全市成功打造出像润林牧业有限公司等一批现代化山羊养殖示范场。近年随着山羊价格的升高，山羊养殖效益显著提高，出现了一批一定规模的山羊养殖户，但是部分养殖户没有相关规模化山羊养殖经验，盲目扩大养殖规模，出现因防疫条件不合格、饲养管理不科学等原因导致其经济效益低下等问题，给其带来了严重的损失。笔者查阅大量文献，并结合自身实践经验，总结了山羊规模化养殖过程中存在的问题，并提出了相应的对策引导农户科学养殖，为山羊规模化养殖提供方向。

1　山羊养殖规模化发展中存在的问题

1.1　养殖户方面存在的问题

一是从业人员年龄偏大、缺乏系统的养殖技术、资金不足等是山羊养殖规模化发展过程中养殖户常见的问题。据调查研究显示，从事山羊养殖的人员中20～40岁的青年仅有10%，而60岁以上的人员约为65%，显示从事山羊养殖的人员年龄偏大，对新事物、新技术的接受能力较弱，仅按照传统的山羊饲养方法进行养殖，不仅费力费时，其经济效益也较差，无法满足现代山羊养殖规模化发展对新知识和新技术的要求，同时部分养殖户因身体等原因无法从事其他工作，转而从事山羊养殖，这些因素都限制了山羊养殖的规模化发展；而且与生猪养殖业和禽类养殖业相比，从事山羊养殖业的人员交流相对较少，山羊养殖的新技术推广较慢，总体来说，现在从事山羊养殖的人员很难促进山羊养殖业向规模化和产业化方向发展；二是资金不足也是限制山羊养殖业向规模化和产业发展的重要原因。大部分从事山羊养殖的人员为当地农民，缺少引进新设备和建设规模化羊舍必需的资金，养殖场表现为羊舍等基础设施简陋，这都为后期山羊规模化养殖埋下了隐患；三是与猪、鸡等畜禽养殖业相比，养殖山羊的农户相对较少，各地畜禽管理部门在管理和畜禽养殖知识培训等方面主要侧重在生猪、蛋鸡、肉鸡等养殖量较大的畜禽养殖业，对开展山羊养殖技术等知识培训相对较少，养殖户无法及时了解最新的山羊养殖技术，严重影响山羊养殖的规模化发展。

1.2 山羊自身方面存在的问题

死亡率高和生长缓慢是影响山羊养殖业规模化发展的主要原因。山羊的死亡率高直接影响山羊养殖业的经济效益，对山羊养殖企业的可持续发展产生不良影响。由于从事山羊养殖业的人员知识水平普遍较低，其在疫病防控等方面存在严重的认识不足和执行不到位，导致山羊在生长过程中出现发病率高、治愈率低等情况，严重影响山羊养殖业的经济效益。目前养殖户扩大养殖规模的方式主要为自繁自养和从其他养殖场和农户手中购买羔羊进行养殖，由于自繁自养需要母羊较多，且周期较长，大部分采用从其他养殖场或者农户手中购买羔羊进行养殖，这种方式可能会因为购买到携带疫病的羔羊而导致养殖场发生重大疫病，引起羊场内羊群大规模死亡；由于从业人员知识水平较低，在建设养殖时没有进行科学的规划，导致羊场内羊舍布局不合理，出现潮湿、通风不畅、卫生条件差以及不易管理等情况，这些都增加了山羊发生疫病的概率，降低了羊群存活率，严重影响其经济效益，阻碍羊场规模化发展。因为羊场管理不当，羊舍管理条件较差，山羊出现营养不全面等情况，影响山羊生长；同时由于山羊发病率较高，山羊治愈后其生长也较为缓慢，导致山羊饲养周期延长，提高饲养成本，影响养殖场经济效益，这就会打击农户养殖山羊的积极性，进而阻碍山羊养殖规模化发展。

1.3 其他方面存在的问题

近年随着外来山羊品种的大量引进，当地山羊出现随意杂交等现象，导致当地山羊品种退化，给当地山羊品种带来品种资源危机；同时养殖户将大量引进的外来山羊品种与当地山羊进行混养，就会将外来山羊品种携带的病原体传播给山羊，增加了当地山羊发生疫病的概率，影响山羊养殖规模化发展。部分山羊养殖户的养殖方式以传统的放牧为主，但是由于农村可利用牧草面积较少，加上农村土地产权的分属等问题，这些都限制了其养殖规模，而且以放牧为主的饲养方式，加大了羊群的管理和疫病防控难度，这些都为山羊规模化养殖带来了困难。

2 对策与建议

2.1 加强宣传培训，积极推广先进的饲养技术

加大对辖区内山羊养殖户的宣传力度，大力宣传科学饲养方式，并对山羊饲养者进行专业的培训，提高其科学饲养管理技术。传统的山羊饲养模式可以适用小规模的山羊饲养，但是无法满足规模化养殖场的需要。山羊规模化养殖需要科学的饲养方法，这涉及羊舍布局、羊舍投料和清粪模式、疫病防控技术、饲草种植及青贮、饲养繁殖等各项技术，需要进行系统的学习和建设，单单依靠养殖户自己学习和探索是不行的，这就需要相关部门对辖区内山羊养殖户进行指导和培训，提高其科学饲养水平。科学的、先进的山羊饲养技术是山羊规模化养殖的根本保障，因此各地区可以因地制宜的推广适合当地的情况的山羊规模化养殖技术，定期组合山羊养殖户进行相互交流和外出参观学习，开阔当地山羊养殖户的见识和饲养水平，为山羊养殖规模化发展提供知识保障。

2.2 合理布局羊舍结构、建立健全的防疫制度

羊舍是山羊生产、生长和休息的主要场所，羊舍的好坏直接关系到羊群的生产性能，因此建设科学合理的羊舍对山羊养殖具有重要意义。由山羊的生物学特性可知，山羊喜干燥，怕潮湿，因此在山羊羊舍的建设应该保证其干燥、卫生，可建设成双列式单层砖木结构的羊舍，其中长宽分别为 30 m 和 7.5 m，在羊舍中间有 1.5 m 的饲喂通道，羊舍要求高于地面 1～2 m，羊舍地板采用漏缝地板设计，根据羊的不同年龄大小，木条间隔小羊 1.5～2 cm，大羊 2～2.5 cm，下方地面坡度为 10°，并后接粪尿沟，这种羊舍具有防热、防潮、通风、卫生的优点，同时可以实现羊粪与羊舍分离，方便饲养管理和粪便清除，有利于山羊生长。在规模化羊场中，由于饲养山羊的密度较大，导致其传染病和寄生虫疾病的发生概率增大，如果没有健全的防疫制度，可能无法及时预防疫病的发生，容易给养殖企业带来重大的经济损失。目前对羊场造成山羊大量死亡的疫病主要有口蹄疫、羊梭菌病、羊痘、传染性胸膜炎等，为了防止以上疫病的发生，养殖户应该及时对山羊注射疫苗，防治疫病的发生。

2.3 加大资金扶持力度，适度发展规模化养殖

当前针对养羊的扶持政策还不多，由于比较效益低下，前几年牛羊数量都在下降，其价格一直都在上涨通道中。从调整农村经济结构、增加农民收入、改善人民膳食结构、保护优良生物资源等多个方面考虑，都希望国家给予一定的政策扶持，重点引导标准化养殖、健康养殖以及保护山羊宝贵品种资源等方面的工作。养羊经营是一个经济行为，要求一定的经济回报。理论上规模越大效益越高，但羊是活体动物，有其生物学特点，太大的群体由于打斗难以管理，同时还有山地资源分散的制约等，单个群体难以扩大。因此在资金扶持养羊产业时，要考虑一些真正有生命力的适当规模的经营体和有经济及管理实力的人，可以考虑以高床舍饲的模式发展更大规模的养羊经营体。

参考文献

[1] 韩书英，王长青，王树叶，等．山羊规模化养殖关键技术[J]．畜牧与兽医，2012，44(12)：96-98.

[2] 蒋坤锡，周小虎，田藜生，等．浅谈镇巴县白山羊规模化养殖存在的问题及对策[J]．畜禽业，2014(10)：53-54.

[3] 曹庆华．海安县角斜镇山羊规模化养殖发展历程[J]．兽医导刊，2016(20)：228-229.

[4] 刘波林，代方强．山羊的常见疾病预防与治疗[J]．农民致富之友，2013(24)：216-216.

[5] 李维炜．山羊养殖的规模化发展问题及对策[J]．中国畜禽种业，2015(10)：78-79.

农村山羊养殖技术的研究

刘兴兵

（四川省绵阳市三台县郪江畜牧兽医站，四川绵阳　621115）

摘要：山羊养殖，比较牛、猪等牲畜，有饲喂周期短、繁殖速度快等优势。而且，其他牲畜饲喂管理过程中，对养殖环境要求高，一旦气候条件不适应，有成群死亡的现象。山羊则不同，采食范围广，环境适应能力强，有着很好的养殖前景，由此，在养殖牲畜种类选择中，山羊为首选。但是，山羊养殖想获得高效益，同样需要科学化的饲喂管理技术。文章由此展开详细讨论介绍，以供同仁参考和借鉴。

关键词：养羊；技术；借鉴

1　前言

能掌握先进科学合理的养殖技术，是获得高养殖效益的前提保障。研究改进山羊养殖的技术措施，需要自养殖环境、设施配置、饲养管理、病害防治等多个层面综合讨论。

2　农村山羊养殖技术的研究

2.1　早期选址规划育种

为满足后期规模养殖发展需求，早期规划选址、设施配置到位很重要和关键。选址场址，水源充足，地势高燥、背风向阳、场地开阔。同时，羊场远离居民区，有充足的光照。建筑面积的规划，应根据羊场大小、公母比例等而定，确保羊群足够的进食空间和活动空间。通常情况下，成羊每只占地为 1.5 m^2 左右，发育中的小羊每只占地为 0.7 m^2 左右。另外，为了保证山羊进出羊舍不拥堵，羊舍门的高、宽设计要适当，一般门的高宽比为 1～1.5 m。

满足养殖需求，配置设施到位。满足饮食需求，用水泥进食槽。大小体积视羊群数量而定。进食槽砌筑材料一般选用水泥砂浆和普通砖，形状多为长方形，饲养规模较大的羊舍也可采用长边双排砌筑，高度要能保证山羊舒适进食。

此外，注意优选优质肉羊品种，为提升养羊效益的前提。优良的肉羊品种，个头要大，生长速率快、繁殖效率高，性成熟要早。比如：波尔山羊、马头山羊等，皆有不错的育肥效益。或选育本地适应性好，产肉性能高、繁殖力强、板皮质量高的黑山羊或白山羊。

2.2　羊群管理技术

2.2.1　母种羊管理

对母种羊管理，妊娠期和哺乳期是重点。

妊娠期指怀孕母羊,此期管理,重点提升饲料水平,确保繁殖羊羔健康。对待妊娠母羊,要耐心细致,留意母羊体重变化,能在短时间内提升营养水平。整个妊娠期管理,妊娠后期为重点。此时腹中羊胎儿,几近成形,需要大量的蛋白质补充。在此,建议此期增加蛋白补给,平衡微量元素摄取量,确保生产羔羊健康,提升羔羊成活率。

羔羊出生后,母羊进入哺乳期,加强此期饲喂管理,促进羔羊对钙质的吸收是关键。在此,饲喂母羊,用高蛋白、高脂肪、高维生素的饲料,避免母羊营养补充不足,影响乳汁质量而导致幼仔生长迟缓。

2.2.2 公种羊管理

公种羊品种优劣、饲养管理好坏,直接关乎下一代生长发育情况。加强公种羊管理,应注意膳食均衡。选配公种羊,膘情适中,遵循健壮的原则。饲喂公种羊,根据机体营养消耗,科学配比饲料。同时,留意其进食情况,根据进食喜好精心饲喂。不同种母羊,种公羊需长时间户外放养,期间注意远离母羊。

2.2.3 羔羊管理

刚出生的羔羊,营养补给靠母乳。期间,乳汁补给很关键。羔羊生长初期,进食以哺乳为主,期间适量补充草料。农村山羊养殖,有出现羔羊不进食或母羊奶水不足的情况,解决此问题最佳的措施,寻找奶水充足的母羊作代喂。通常情况下,经过2～3个月哺乳后,羔羊基本可进食草料,逐步提升草料等级。此时应该提高草料的营养等级。在农村地区,少数饲养员将豆饼、干草等作为精料喂养羔羊,事实证明这些饲料富含营养物质,羔羊发育一般都比较良好。另外,羔羊发育期间要注重户外放养,促进羔羊的新陈代谢,增强羔羊体质。

2.3 防病管理技术

山羊养殖,防病是头等大事。在防病措施中,搞好卫生消毒工作,是关键中的关键。农村山羊养殖,或多或少都面临着环境卫生难管理的问题,此问题处理不得当,直接加重病害感染概率,增加死淘率。由此,羊舍卫生清洁到位,每天定时定期清扫。夏季喂料,严格控制投料量,避免饲料剩余霉变。进食槽每天要清洗,严格冲刷,注意活动产地的全面消毒。

目前,正值冬季,搞好山羊养殖,如下几种病害,应尤为注意。冬季肉羊养殖,如下疾病,应作重点防控搞对象:风湿症为主防对象,四肢、关节、腰肌等处,症状最突出。临床治疗,用西药氢化可的松,穴位注射治疗。腐蹄病,此症治疗,以修蹄为主。注意清除蹄部腐败物,还用沥青、黄蜡、人发灰等适量,熬制成膏,混拌适量冰片,搅拌均匀后,填充患病部。同时,注意改善圈舍卫生,应营造康复适应的环境。疥癣病,用抗寄生虫药物治疗。同时,被污染的圈舍,用20%石灰乳消毒,病畜及时隔离,控制疫情蔓延。冬季羊易患痢疾,大肠杆菌病、链珠菌以及感冒等疾病。因此勤扫羊舍,清除残料,保持清洁干燥。常刷拭羊体。清除粪便进行生物热处理。定期用驱虫药对羊进行预防性驱虫,以保证羊安全越冬。

3 结论

总之,山羊的养殖特点主要为繁殖能力和适应能力强,适合圈养、放养,易于群体管理,故现在对山羊的饲养越来越普遍。而要搞好山羊养殖,技术措施到位是关键。在此,农村山羊养殖技术要想有所提高,必须要合理选择山羊的品种,将种羊的相应管理措施和培育方案落实到位。在饲养过程中要严格预防,控制疾病,加强卫生管理。

参考文献

谷燕华. 农村山羊养殖技术的研究[J]. 当代畜禽养殖业，2016(10):11-11.

减抗技术在出口型生猪养殖生产中的研究与应用

李健平[1]　张海鹏[2*]　瞿跃辉[1]　曾庆合[2]

（1.玉溪市动物卫生监督所，云南玉溪　653100；
2*.玉溪市红塔区动物卫生监督所，云南玉溪　653100）

摘要：随着人们生活水平的提高，从能够吃饱到想要吃好，人们对动物食物的要求越来越高，动物食品安全问题备受社会和媒体关注，在畜禽养殖生产中，兽药和饲料的不合理使用现象越来越严重，导致动物产品兽药残留，而这些兽药残留会通过食物链进入人体和环境，对人类的健康和安全构成威胁，影响畜禽产品国际贸易，阻碍了畜牧业的健康发展。

关键词：减抗；生猪；养殖；研究；应用

1　畜禽养殖生产中抗生素、违禁饲料添加剂滥用的原因

虽然我国已经颁布了《中华人民共和国动物防疫法》《兽药管理条例》《饲料、饲料添加剂管理条例》《允许作饲料药物添加剂的兽药品种及使用规定》《兽药国家标准和部分品种的停药期规定》等诸多法律法规，但由于执法监督难以到位，在动物的饲养过程中，人们为了防治动物疾病，提高饲料的利用效率，获得高产出的动物产品，往往会随意添加药物、超剂量使用和滥用兽药，产生动物产品兽药残留。

1.1　非法使用违禁或淘汰药物

为了提高生猪瘦肉率，或者增强猪肉的保水能力。有些不法饲养者将违禁或淘汰药物作为饲料添加剂长期使用，在动物胴体组织中残留大量违禁或淘汰药物，且短期内难以消除，如果食用这些有药残的动物性食品，会对人体产生很大危害，严重影响人体健康。

1.2　不执行兽药休药期

在养殖过程中，因为养殖场前期投入不足，畜禽养殖场规划不合理，设施设备简陋、生态环境差，消毒不到位，使畜群长期处于亚健康状态，动物疫病和寄生虫病容易发生和流行，为了减轻疫病对养殖生产带来的损失，一些畜禽养殖场（户）不按休药期的规定，在生猪出栏前继续使用促进生长、或者防治疫病的兽药，造成动物体内兽药残留。

---

* 通讯作者：张海鹏，男，1976年11月生，汉族；毕业于中国农业大学，农业推广与创新专业，本科学历，执业兽医，高级兽医师；研究方向为动物疫病防控、动物卫生监督执法及畜禽标准化健康养殖技术研究

1.3 盲目性治疗用药

许多猪场没有专业执业兽医，在治疗动物疾病时，不做科学诊断，不凭兽医处方用药，一旦生猪出现疾病症状，就盲目注射抗生素，且随意配伍，加大剂量，这样盲目用药，势必形成兽药残留。

1.4 假劣兽药的存在及使用

有些非法兽药厂家为了逃避批文报批，迎合养殖者高疗效的需要，违背有关标签及《兽药管理条例》的规定，在生产兽药的过程中非法添加一些禁止使用解热镇痛、抗病毒化学物质和激素类药物，而又不在标签中进行说明，从而造成用户难以明明白白用药，被动形成兽药残留。

1.5 畜产品加工与储藏的卫生

畜产品加工、储藏过程中，生产布局不合理，环境消毒不彻底，容器、工具、包装材料不卫生，间接造成畜产品成品被污染。

2 兽药残留造成的危害

2.1 兽药残留概念

兽药残留是指用药后蓄积或存留于动物机体或动物产品中原型药物或其代谢产物，包括与兽药有关的杂质的残留。一般以 μg/mL 或 μg/g 计量。

2.2 兽药残留的危害

兽药残留不仅直接对人体产生急慢性毒性作用，引起细菌耐药性的增加，还通过环境和食物链的作用间接对人体健康造成潜在危害，还直接影响着我国养殖业的发展和抢占国际市场的竞争力。

2.2.1 对人体健康危害

(1)引发中毒或过敏　长期食用含有兽药残留的动物性食品后，当体内蓄积的药物浓度达到一定量时会对人体产生多种急慢性中毒。许多抗生素具有抗原性，当这些物质进入身体，身体可以刺激抗生素的形成，从而使敏感的人感产生抗体。当这些人进一步接触致敏抗生素，将与抗体产生抗原抗体复合结合，由此发生过敏反应，如：青霉素类等药物的残留均可能引起变态反应，轻度则引起皮炎或皮肤瘙痒，严重时能导致休克，危及生命。

(2)加快人体细菌产生耐药性　在动物生产长期使用抗生素，导致动物体内细菌敏感性发生选择性抑制作用，由此产生耐药菌株，导致动物疾病更难治疗，提高药物研发的成本，由于耐药性减少了抗生素的疗效，将迫使兽医改变预防和治疗剂量，形成恶性循环。随着耐药菌株进入食物链，使人类的抗菌耐药性在人身体中也大大增强，最终危害人体健康。

(3)影响人类胃肠道正常菌群　正常人体的消化系统内稳态细菌群，一旦长期接触动物性食品内残留的抗菌药物，会破坏消化系统内微生物平衡，易引起胃肠疾病。

(4)影响人的内分泌系统　如果动物大规模使用激素类药物，会导致在动物组织、产品中残留激素类药物，一旦长期食用这些动物组织、产品，将会破坏人类的内分泌系统，导致异性化，男人生育能力下降，儿童早熟，肥胖。长期摄入雄性激素也会导致男性睾丸萎缩，肝肾功能不全或肝癌；妇女出现男性化，月经失调，多毛等异常现象。

(5)"三致"作用　经研究发现,许多兽药药物残留在动物产品中,长时间摄入,会具有致癌、致畸、致突变作用。如丁苯咪唑、丙硫咪唑和苯硫苯氨酯具有致畸作用;雌激素、克球酚、砷制剂、喹恶啉类、硝基呋喃类等已被证明具有致癌作用;喹诺酮类药物的个别品种已在真核细胞内发现有致突变作用;磺胺二甲嘧啶等磺胺类药物在连续给药中能够诱发啮齿动物甲状腺增生,并具有致肿瘤倾向;链霉素具有潜在的致畸作用。长期食用药物残留超标的动物产品,必然会对人类身体健康产生可以预见的危害。

2.2.2　污染生态环境

在畜牧生产中,饲料中会长期、大量使用抗生素和高铜、高锌等添加剂,在动物的排泄物中含会有生物活性原药及代谢产物,造成水源的污染和土壤的生态系统破坏,首先是在食物链中高度富集而造成残留超标,影响人类身体健康;其次是对周围的土壤、微生物和昆虫等生物的也有不利影响。第三是排放到环境中的兽药残留会造成大量抗性菌株的产生,使得耐药性环境微生物数量增加,动物对疾病的抵抗性下降,最终危害人类和动物的健康。

2.2.3　制约畜牧业发展

长期使用抗生素不仅会造成动物机体免疫力降低,影响疫苗免疫效果,也会引起动物体内源性感染和二重感染,导致以前不能足以致病的病原体引发疾病。同时,还可能出现的"超级细菌",使得一些常用药物的疗效下降甚至失去疗效,如青霉素、氯霉素、庆大霉素、磺胺类等药物在畜禽中已大量产生抗药性,临床效果越来越差,给兽医临诊和医学临床治疗带来严重影响,在生产中不得不通过加大兽药剂量或者更多药物配伍,形成恶性循环,加剧兽药残留产生,危及动物产品的安全性。

3　减少兽用抗生素使用的技术及措施

3.1　增强从业者的安全生产责任意识

3.1.1　培训提高,形成行业自律

通过媒体、讲座及法律法规的宣传贯彻,培养新型职业农民,提高生产者、消费者和有关部门对兽药残留危害认识,增强健康安全生产意识,让广大的农场主(户)掌握科学使用兽药的方法,形成科学用药物和严格执行休药期制度的意识。

3.1.2　宣传发动,全员监督

通过广泛宣传,营造全社会共同参与预防、监督和举报机制,形成高压态势,约束兽药生产、经营、使用企业规范生产经营使用行为,严禁制售、使用违禁、假冒伪劣兽药及添加剂。

3.1.3　制定建立政策,支持减抗行动

要出台扶持奖励政策,鼓励养殖企业大力发展绿色生态畜牧业,严格按照国内和国际所规定的卫生标准来实施生产,杜绝动物产品中兽药残留超标,实现减抗养殖,同时,建立猪肉产品优质优价机制。

3.2　科学配制无抗高品质全价饲料

强化养殖投入品的质量管理,建立健全兽药、饲料(含玉米、麦皮)、饮水等养殖投入品的质量管理体系,要做好饲料原料检测、脱毒、保鲜等工作,尤其是要求饲料添加剂、配合饲料应具

有一定的新鲜度，应具有该原料品种应有的色、嗅、味组织形态特征，无发霉、变质、结块、异味、异嗅，且不得使用违禁药物，同时要按照不同畜禽、不同的生长阶段，正确配制、使用无抗畜禽饲料，增强畜禽非特异性抵抗力和特异性免疫力，提高畜禽健康养殖水平，有效控制药物残留。

3.3 采取综合疫病防控措施

养殖场从业人员要注重学习，不断提高质量控制能力，制定并执行好科学的免疫程序、用药程序、消毒程序、病畜禽处理程序、驱虫程序，强化生物安全控制措施实现健康养殖，确保畜禽及其产品健康安全、无残留。要坚持预防为主，治疗为辅的方针，在治疗动物疫病过程中，要准确诊断，凭执业兽医处方，对症适度使用通过认证的兽药和正规厂生产的药品，避免产生兽药残留和中毒等不良反应。发生传染病时要根据实际情况及时采取隔离、扑杀等措施，以防疫情扩散。

3.4 依法规范使用兽药

养殖场要严格遵守兽药的使用适应动物、动物年龄阶段、使用期限、使用剂量以及休药期等，严禁使用违禁药物和未被批准的药物，严禁或限制使用人畜共用的抗菌药物或可能具有致毒、致畸、致突变“三致”作用和过敏反应的药物；禁用原料兽药。对允许使用的兽药要遵守休药期规定，在休药期结束前不得将动物、动物产品上市销售，供人食用。

3.5 改善工艺保护环境

加强生猪养殖场的规划布局和环境治理，采用固液分离，雨污分离技术及工艺，对畜禽生产过程中产生的污水，粪便作全面的无害化处理，加快兽药残留降解，实现粪污“达标”排放，减少对环境的污染。

3.6 用最严格的监管执法来防范兽药残留

3.6.1 建立健全有关法律法规

用完善的法律规章制度来规范和指导兽药残留监督管理和减抗工作，禁止将兽药作为饲料添加剂使用、严格执行兽药休药期规定等法律制度落到实处，对违反兽药使用规定的单位和个人应当依法采取严厉的惩罚措施。

3.6.2 加强监督执法力度

加强对兽药生产、经营企业、养殖场和屠宰场等关键环节实施全面监督，采取联合执法，严厉打击各类违法行为，使其依法生产和经营兽药，以确保兽药源头控制监管不留死角与空白。要规范执法人员的执法行为，对玩忽职守、徇私舞弊、滥用职权的执法人员要依法惩处，以确保监管到位。

3.7 强化兽药残留检测能力和力度

3.7.1 加强兽药残留监测力度

健全完善兽药残留检测机构，强化兽药残留的检测工作，增强各检测机构人员的素质，提高装备水平，让行业主管部门能准确无误地掌握兽药和畜产品的产量及质量状况，为执法部门、消费者和行业提供及时准确的信息。

3.7.2 制订抗生素逐步退出计划

国家层面要制订兽药残留监控计划，把对人体危害大、国外重点监测、国内有滥用现象的兽药列入重点监控计划中。

4　结论

畜产品兽药残留主要是由于在畜禽养殖生产非法使用违禁药物，滥用抗菌药物和药物添加剂，超量用药，不遵守休药期规定等因素造成，但究其根源却是养殖条件、人员素质、饲养管理、防疫消毒、观念意识等因素综合作用于动物机体，致使畜禽免疫力下降，动物疫病增多、动物生产性能不高引起的。在实际畜禽养殖生产中，动物药物的使用只是预防控制动物疫病的被动措施，唯有通过提高行业从业者的自律意识、专业素质，加强饲养管理，增强畜禽体质，健全法律，强化监管，减少兽药使用，才能生产出优质安全的动物产品，从根本上解决兽药残留的问题，消除兽药、违禁饲料添加剂残留对人类、动物和环境的危害。

参考文献

[1] 贾梧松，孙学领. 关于解决动物性食品安全问题的思考[A]. 中国畜牧兽医学会中兽医学分会 2013 年学术年会论文集[C]. 2013.
[2] 黄国清. 规范使用兽药是动物性食品安全的重要保证[A]. 福建省科协第三届学术年会卫星会议——创建精品畜牧业研讨会论文集[C]. 2003.
[3] 万遂如. 生态养猪与动物性食品安全[A]. 中国畜牧兽医学会动物福利与健康养殖分会成立大会暨首届规模化健康与福利养猪高峰学术论坛论文集[C]. 2015.
[4] 王菲菲，张光辉，解金辉. 畜禽养殖中抗生素的使用现状、问题及对策[A]. 中国畜牧兽医学会 2013 年学术年会论文集[C]. 2013.

大河乌猪月龄、采精季节对精液品质影响的研究

牛元力[1,2]　刘少华[2]　李生飞[1]　曹晓云[1]　杨勇[1]　龙罡[2]　李俊[2]　李祥[1,2]*

（1.云南省富源县畜牧局，云南富源　655500；
2.云南东恒经贸集团有限公司，云南富源　655500）

摘要：试验跟踪12个月测定36头大河乌猪种公猪精液品质，并随机调查公猪配种受胎和产仔情况，按月龄和季节分组统计分析年龄与季节对大河乌猪精液品质的影响。结果显示：大河乌猪7～24月龄处于精液品质上升期，24月龄趋于稳定，直到48月龄仍保持较高水平；春秋精液品质优于冬夏，最好为春季，最差为冬季；精液品质与受胎率相关，但与产仔数、初生窝重无关。

关键词：月龄；季节；大河乌猪；精液品质

大河乌猪是在大河猪（乌金猪类群）基础上导入外种猪半血育成的一个培育品种，2002年通过国家畜禽品种委员会审定，2003年农业部公告为国家级新品种。大河乌猪以肉质优良而闻名，在育成地的富源县已建立起原种选育、种猪扩繁到商品猪规模化生产的大河乌猪良种繁育体系，在生产中广泛推广应用。为了进一步揭示大河乌猪品种特性，同时为大河乌猪的持续选育和产业化开发提供更丰富的参数，2014年5月至2015年5月，在云南东恒集团多乐种猪场开展本试验研究。

1　材料与方法

（1）对东恒集团育种与扩繁群中全部36头大河乌猪种公猪连续跟踪测定12月。

（2）按半岁一个组做月龄分组（共7个年龄组），按春夏秋冬四季做季节分组（共4个组），分别统计分析年龄与季节对大河乌猪精液品质的影响。

（3）种公猪大栏饲养，1头1栏，自由饮水，日喂2餐，日采食量2.5 kg；饲料营养浓度为：DE 13.17 mL/kg、CP 17.20%、Ca 1.02%、P 0.78%（其中有效P 0.48%）、Lys 0.97%。

（4）公猪每周采精两次，每月抽取一次精液进行精液质量测定分析。

（5）每天上午采精，用集精杯采精，对采集的精液用4～6层消毒纱布进行过滤，去除胶状物，用精确度0.1 g天平称测原精液质量，用质量表示采精量。

（6）用北京伟力新世纪科技发展有限公司开发的WLJT－9000型彩色精子质量检测系统

---

*　基金项目：云南省科技计划项目（2015BB020）

作者简介：牛元力（1974—），男，汉族，云南富源人，本科，高级兽医师，主要从事种猪生产与疫病防控. E-mail：1027565730@qq.com

通讯作者：李祥（1965—），男，彝族，云南富源人，硕士，研究员，主要从事猪遗传育种. E-mail：qjfylx@126.com

（带 2.5 软件）作精液及精子质量分析。

（7）原精液涂片做精液活力、密度、畸形率检测；用 10 倍稀释精液涂片、甲醇固定、姬姆萨染色做精子形态观测，每个样本测定 200 个精子形态计算平均值。

（8）畸形精子判定标准、精子形态测定方法等参照《家畜繁殖学》（第 5 版）。

（9）全部数据采用 SPSS18 软件作 LSD 和相关分析。

2　结果与分析

2.1　年龄和季节对采精量、精子密度和畸形率的影响

2.1.1　不同年龄公猪精液量、精子密度和精子畸形率

由表 1 可知，采精量有随年龄增长而提高的趋势，达 24 月龄后趋于稳定，由高到低的顺序为：37～42 月龄组＞31～36 月龄组＞25～30 月龄组＞43～48 月龄组＞13～18 月龄组＞19～24 月龄组＞7～12 月龄组，37～42 日龄最高组采精量（306.69±21.64）g，7～12 月龄最低组采精量（183.29±48.89）g，最高与最低之差 123.40 g（$P<0.01$）；43～48 日龄高龄组有一定降低，但仍比全群平均值高 54.15 g；精子密度也有随年龄增长而增加的趋势，当公猪年龄达到 13 月龄以上趋于稳定，由高到低的顺序为：19～24 月龄组＞43～48 月龄组＞37～42 月龄组＞13～18 月龄组＞31～36 月龄组＞25～30 月龄组＞7～12 月龄组，19～24 月龄最高组（3.63±1.04）亿/mL，7～12 月龄组最低组（2.09±1.23）亿/mL，最高与最低相差 1.54 亿/mL（$P<0.01$）；43～48 月龄的最大年龄组 3.52Aa±1.38 亿/mL，与全群平均数比高 0.26 亿/mL；精子畸形率组间高低顺序为：7～12 月龄组＞37～42 月龄组＞13～18 月龄组＞25～30 月龄组＞19～24 月龄组＞31～36 月龄组＞43～48 月龄组，7～12 月龄最高组（11.70±9.47）%，43～48 月龄最低组（5.50±4.50）%，最高与最低相差 6.20 个百分点（$P<0.01$），43～48 月龄组最大，但畸形率最低。

表 1　不同年龄公猪精液量、精子密度和精子畸形率

组别	样本量	采精量/g	精子密度/（亿/mL）	畸形率/%
7～12 月龄	35	183.29Dd±48.89	2.09Bd±1.23	11.70Aa±3.47
13～18 月龄	114	213.95Cc±39.60	3.28ABab±1.19	9.18ABb±3.13
19～24 月龄	90	210.67Cc±23.38	3.63Aa±1.04	6.57BCc±3.05
25～30 月龄	56	289.55Bb±29.25	2.91Bb±1.13	8.43Bb±2.24
31～36 月龄	44	302.25Aa±22.31	2.99ABb±1.22	5.62Cc±2.22
37～42 月龄	26	306.69Aa±21.64	3.33ABab±1.07	9.26ABb±2.37
43～48 月龄	22	293.50ABb±35.26	3.52Aa±1.38	5.50Cc±2.50
总计	387	239.35±39.30	3.26±1.16	8.21±2.53

注：①同列标注字母不同差异不显著（$P>0.05$），不同大写字母差异极显著（$P<0.01$），不同小写字母差异显著（$P<0.05$），下表同。②表中样本数为月测定重复数，表 1～表 6 同。

2.1.2 不同季节公猪精液量、精子密度和精子畸形率

由表2可知，采精量从高到低的顺序为：春季组＞秋季组＞夏季组＞冬季组，春季组采精量(249.94±22.66) g，与秋季组、夏季组和冬季组相比，分别高6.49 g($P>0.05$)、16.63 g($P<0.05$)和32.63 g($P<0.01$)；精子密度从高到低的顺序为：春季组＞秋季组＞冬季组＞夏季组，春季组精子密度3.42±1.01亿/mL，与秋季组、冬季组和夏季组相比，分别高0.04亿/mL($P>0.05$)、0.15亿/mL($P>0.05$)和0.41亿/mL($P<0.05$)；精子畸形率由低到高的顺序为：秋季组＜冬季组＜春季组＜夏季组，秋季组精子畸形率5.49±2.78%，与冬季组、春季组、夏季组相比，分别低1.76个百分点($P<0.05$)、2.75个百分点($P<0.01$)和6.21个百分点($P<0.01$)。

表2 不同季节公猪采精量、精子密度与精子畸形率

组别	样本量	采精量/g	精子密度/(亿/mL)	畸形率/%
春季	86	249.94Aa±22.66	3.42a±1.01	8.24Bb±2.50
夏季	85	233.31ABb±32.42	3.01b±1.29	11.70Aa±3.01
秋季	87	243.45ABa±23.75	3.38a±1.15	5.49Cc±2.78
冬季	87	217.31Bc±25.61	3.27ab±1.21	7.25BCbc±2.26
总计	345	235.93±29.30	3.27±1.17	8.16±2.67

2.2 年龄和季节对公猪精子分级和活率的影响

2.2.1 不同年龄公猪精子分级比例及活力

由表3可知，把精子按运动速度和轨迹分为A、B、C、D四个等级，从优到劣顺序为：A＞B＞C＞D，A级精子比例，中等年龄的公猪优于年轻和老年公猪，由高到低的顺序为：31～36月龄组＞25～30月龄组＞19～24月龄组＞43～48月龄组＞37～42月龄组＞13～18月龄组＞7～12月龄组，31～36月龄最高组A级精子比例为(57.61±9.61)%，分别比7～12月龄年轻组和43～48月龄的老年组高14.1个百分点($P<0.01$)和6.60个百分点($P<0.05$)；精子活力(A+B)也与A级精子一样呈现中等年龄公猪优于年青和老年公猪的规律，由高到低的顺序为：31～36月龄组＞25～30月龄组＞13～18月龄组＞37～42月龄组＞19～24月龄组＞43～48月龄组＞7～12月龄组，31～36月龄最高组精子活力(A+B)(78.22±7.39)%，分别比7～12月龄年轻组和43～48月龄的老年组高9.71个百分点($P<0.01$)和4.30个百分点($P<0.01$)。

表3 不同年龄公猪精子分级比例及活力

组别	样本量	精子分级A级/%	精子分级B级/%	精子分级C级/%	精子分级D级/%
7～12月龄	35	43.51Bd±14.37	25.00ABbc±7.28	22.95Aa±10.01	8.54Aa±5.95
13～18月龄	114	44.69Bd±15.27	29.98Aa±7.00	17.63B±8.49	7.70Aab±6.79
19～24月龄	90	51.32ABbc±13.78	22.74Bbd±7.82	21.40ABab±7.98	4.54BCd±3.64
25～30月龄	56	54.11Aab±18.99	23.87Bcde±7.93	19.11ABbc±8.50	2.91Aab±11.26
31～36月龄	44	57.61Aa±9.61	20.61Bcf±6.75	17.69Bd±6.84	4.09Cd±2.64
37～42月龄	26	50.58ABbc±15.23	24.94Bc±7.47	17.64Bd±7.51	6.84ABbc±8.90
43～48月龄	22	51.01ABbc±14.04	22.91Bbd±6.47	18.96Bd±7.60	7.12ABbc±8.90
总计	387	49.31±15.68	24.33±7.55	18.97±8.44	7.39±8.47

续表 3

组别	样本量	精子活力/%	精子活率/%
7～12 月龄	35	68.51Cc±10.45	91.46BCcd±5.95
13～18 月龄	114	74.67Bb±11.54	92.30Cd±7.01
19～24 月龄	90	74.06BCb±9.23	95.46Aa±3.63
25～30 月龄	56	77.98Aa±14.51	97.09ABab±8.67
31～36 月龄	44	78.22Aa±7.39	95.91Aa±2.64
37～42 月龄	26	75.52Bb±12.47	93.16ABbc±8.61
43～48 月龄	22	73.92BCb±10.21	92.88Cd±5.02
总计	387	74.64±12.18	92.61±7.42

注：A 级（快速前向运动）、B 级（慢速前向运动）、C 级（非前向运动）、D 级（极慢或不动）；精子活率：指活动精子数占总精子数的百分比＝活精子 A＋B＋C；精子活力：指前向运动精子占总精子数的百分比＝A＋B；表 4 相同。

2.2.1　不同季节公猪精子分级比例及活力

由表 4 可知，A 级精子比例春秋高于冬夏，由高到低的顺序为：春季组＞秋季组＞夏季组＞冬季组，春季最高组 A 级精子比例为(56.05±9.87)%，分别比秋季组、夏季组和冬季组高 0.82 个百分点($P>0.05$)、11.18 个百分点($P<0.01$)和 11.69 个百分点($P<0.01$)；精子活力(A＋B)也与 A 级精子一样呈现春秋高于冬夏的规律，由高到低的顺序为：春季组＞秋季组＞夏季组＞冬季组，春季最高组精子活率 82.84±7.35%，分别比秋季组、夏季组和冬季组高 4.87 个百分点($P<0.05$)、12.19 个百分点($P<0.01$)和 16.36 个百分点($P<0.01$)。

表 4　不同季节公猪精子分级比例及活力

组别	样本量	A 级精子/%	B 级精子/%	C 级精子/%	D 级精子/%
春季	86	56.05Aa±9.87	26.79Aa±6.51	12.85D±5.41	4.31Cc±3.21
夏季	85	44.87Bb±13.42	25.78ABa±6.92	21.14B±9.02	8.21ABa±7.25
秋季	87	55.23Aa±16.43	22.74Bb±9.17	15.85C±6.38	6.18Bb±12.14
冬季	87	44.36Bb±13.40	22.12Bb±7.33	24.56A±7.47	8.96Aa±5.02
总计	345	49.79±14.07	23.86±7.55	19.31±7.64	7.04±7.68

组别	样本量	精子活力/%	精子活率/%
春季	86	82.84Aa±7.35	95.69Aa±4.31
夏季	85	70.65Bc±12.33	91.79Bc±6.71
秋季	87	77.97Ab±14.08	93.82ABb±4.24
冬季	87	66.48Cd±9.64	91.04Bc±5.46
总计	345	73.65±8.07	92.96±5.31

2.3　年龄和季节对公猪正常精子形态的影响

2.3.1　不同年龄公猪正常精子形态比较

由表 5 可知，不同月龄组间，精子头部面积 31～36 月龄组最大，面积为(38.39±3.70) μm^2，比面积最小的 25～30 月龄组高 1.09 μm^2($P<0.05$)，其余的形态指标差异均不显著($P>0.05$)。

表 5　不同年龄正常精子形态

组别	样本量	头部长度/μm	头部宽度/μm	长/宽比	头部面积/μm²	头部周长/μm	顶体比/%
8～12 月龄	35	9.36a±0.48	5.16a±0.26	1.83a±0.09	38.03ab±3.62	24.62a±1.17	50.20a±0.82
13～18 月龄	114	9.38a±0.46	5.12a±0.29	1.84a±0.10	37.84ab±3.68	24.60a±1.18	50.16a±0.37
19～24 月龄	90	9.45a±0.46	5.09a±0.28	1.88a±0.08	37.91ab±3.62	24.73a±1.15	50.26a±0.19
25～30 月龄	56	9.32a±0.50	5.09a±0.25	1.86a±0.08	37.30b±3.51	24.44a±1.20	50.21a±0.26
31～36 月龄	44	9.68a±0.40	5.17a±0.30	1.90a±0.09	38.39a±3.70	25.26a±1.07	50.25a±0.15
37～42 月龄	26	9.39a±0.31	4.88a±0.17	1.95a±0.08	38.01ab±1.59	24.34a±0.59	50.16a±0.21
43～48 月龄	22	9.39a±0.31	4.88a±0.17	1.95a±0.08	38.01ab±1.59	24.34a±0.59	50.16a±0.21
总计	387	9.42±0.47	5.11±0.28	1.86±0.09	37.93±3.63	24.68±1.17	50.21±0.39

2.3.2　不同季节公猪正常精子形态比较

由表 5 可知，不同季节组间，精子头部面积夏季组最小，面积为(36.36±3.21)μm²，与春季组、秋季组和冬季组分别低 2.19 μm²($P<0.05$)、1.95 μm²($P<0.05$)和 2.10 μm²($P<0.05$)，其余的形态指标差异均不显著($P>0.05$)。

表 6　不同季节正常精子形态

组别	样本量	头部长度/μm	头部宽度/μm	长/宽比	头部面积/μm²	头部周长/μm	顶体比/%
春季	86	9.55a±0.46	5.13a±0.32	1.88a±0.10	38.55a±3.87	24.94a±1.20	50.28a±0.21
夏季	85	9.16a±0.46	5.04a±0.25	1.83a±0.11	36.36b±3.21	24.09a±1.09	50.07a±0.68
秋季	87	9.41a±0.41	5.17a±0.28	1.84a±0.07	38.31a±3.53	24.73a±1.09	50.23a±0.28
冬季	87	9.57a±0.42	5.10a±0.27	1.89a±0.07	38.46a±3.48	24.96a±1.08	50.25a±0.16
总计	345	9.42±0.47	5.11±0.28	1.86±0.93	37.93±3.63	24.68a±1.17	50.21±0.39

2.4　年龄和季节对公猪配种受胎及分娩成绩的影响

2.4.1　不同年龄公猪配种受胎及分娩成绩比较

由表 7 可知，配种受胎率月龄组间高低顺序为：25～30 月龄组＞19～24 月龄组＞31～36 月龄组＞43～48 月龄组＞37～42 月龄组＞13～18 月龄组＞7～12 月龄组，当月龄达到 24 月龄时为相对稳定值，25～30 月龄最高组受胎率(92.89±14.69)%，与年轻的 7～12 月龄组和 13～18 月龄组相比，分别高 8.28 个百分点($P<0.01$)和 6.63 个百分点($P<0.01$)，比 43～48 月龄的高龄组高 1.68 个百分点($P>0.05$)；窝产仔数月龄组间高低顺序为：31～36 月龄组＞25～30 月龄组＞37～42 月龄组＞43～48 月龄组＞7～12 月龄组＞19～24 月龄组＞13～18 月龄组，31～36 月龄最高组窝产仔数(11.54±1.58)头，与年轻的 7～12 月龄组和 13～18 月龄组相比，分别高 0.91 头($P<0.05$)和 1.39 头($P<0.01$)，比 43～48 月龄的高龄组高，0.56 头($P>0.05$)；初生窝重月龄组间高低顺序为：25～30 月龄组＞31～36 月龄组＞43～48 月龄组＞37～42 月龄组＞19～24 月龄组＞7～12 月龄组＞13～18 月龄组，当月龄达到 24 月龄时为相对稳定值，25～30 月龄最高组初生窝重(11.30±2.49) kg，与年轻的 7～12 月龄组和 13～18 月龄组相比，分别高 1.2 kg($P<0.05$)和 1.80 kg($P<0.01$)，比 43～48 月龄的高龄组高 0.33 kg($P>0.05$)。

表 7　不同年龄公猪配种受胎及分娩情况

组别	样本量	受胎率/%	窝产仔数/头	窝产活仔数/头	初生窝重/kg
9～12 月龄	20	84.61Bb±17.66	10.63ABbc±1.49	9.24ABb±1.46	10.06ABbc±1.74
13～18 月龄	72	86.26Bb±19.14	10.15Bacd±2.22	8.60Bc±2.38	9.50Bc±2.41
19～24 月龄	53	91.45Aa±14.02	10.13Bad±2.08	8.97Bbc±1.58	10.38ABb±2.23
25～30 月龄	15	92.89Aa±14.69	10.78ABb±2.05	10.02Aa±1.86	11.30Aa±2.49
31～36 月龄	31	91.33Aa±12.49	11.54Aa±1.58	10.11Aa±1.33	11.28Aa±1.79
37～42 月龄	42	91.17Aa±14.49	11.32Aa±1.41	10.07Aa±1.33	11.17Aa±1.49
43～48 月龄	28	91.21Aa±13.30	10.98Aa±1.62	9.87Aa±1.22	10.97Aa±1.46
总计	261	88.77±18.34	10.33±2.06	8.95±2.03	10.01±2.30

2.4.2　不同季节公猪配种受胎及分娩成绩比较分析

由表 8 可知，配种受胎率季节组间的高低顺序为：春季组>夏季组>秋季组>冬季组，春季最高组受胎率(91.46±14.09)%，分别比夏季组、秋季组和冬季组高 0.91 个百分点($P>0.05$)、3.97 个百分点($P>0.05$)和 5.75 个百分点($P<0.01$)；窝产仔数季节组间的高低顺序为：春季组>秋季组>冬季组>夏季组，但组间差异不显著($P>0.05$)；初生窝重季节组间的高低顺序为：春季组>秋季组>冬季组>夏季组，春季最高组初生窝重(11.12±3.27) kg，分别比秋季组、冬季组和夏季组高 1.10 kg($P<0.05$)、1.49 kg($P<0.01$)和 1.51 kg($P<0.01$)。

表 8　不同季节公猪配种受胎及分娩情况

组别	样本量	受胎率/%	窝产仔数/头	窝活仔数/头	初生窝重/kg
春季	62	91.46Aa±14.09	10.58a±2.32	9.53a±2.58	11.12Aa±3.27
夏季	64	90.55Aa±14.54	10.04a±2.39	8.68ab±2.39	9.61Bb±2.46
秋季	64	87.49ABab±20.84	10.53a±1.81	9.10ab±1.78	10.02Ab±1.72
冬季	61	85.71Bb±22.09	10.16a±1.91	8.63b±1.49	9.63Bb±1.83
总计	261	88.77±18.34	10.33±2.06	8.95±2.03	10.01±2.30

3　结论与讨论

3.1　公猪月龄对大河乌猪精液品质的影响

7～24 月龄处于精液品质上升期，24 月龄后趋于稳定，直到 48 月龄仍保持较高水平。这与沈广戈、刘成达报道大约克公猪精液品质 8 月龄较低，9～12 月龄为上升期，24～36 月龄为高峰期，48 月龄开始下降的结果大体一致，但月龄段有所不同。大河乌猪 48 月龄没有下降迹象，43～48 月龄组采精量(293.50±35.26) g，精子密度(3.27±1.21)%，精子活力(73.92±10.21)%，均高于或接近全群平均值，这可能与大河乌猪品种特性有关。

3.2 季节对大河乌猪精液品质的影响

季节对大河乌猪精液品质影响，整体表现为春秋优于冬夏，最好为春季，最差为冬季，但差异没有沈广戈对大约克公猪精液品质报道的结果大，这可能与云南四季如春的气候特点有关。

3.3 公猪月龄与采精季节对精子形态的影响

公猪的精子形态的各项指标在月龄和季节组别上只有顶体面积个别组间存在差异，其余指标无显著性差异，证明公猪精子形态不受季节和年龄的影响。

3.4 月龄、季节对配种受胎率及母猪分娩成绩的影响

总体上与精液品质月龄和季节变化相关联，在月龄上：7～12 月龄，13～8 月龄两个年轻月龄组显著低于其他月龄组；在季节上：除冬季外，其余季节间无显著差异；母猪分娩成绩在配种季节和公猪月龄上组间存在显著和极显著差异，但与精液品质的变化规律不一致，这种差异可能来源于其他饲养管理因素。说明精液品质与受胎率相关，但与产仔数、初生窝重无关。

参考文献

[1] 朱士恩. 家畜繁殖学. 5 版[M]. 北京：中国农业出版社，2011：214-261.

[2] 沈广戈. 影响种公猪精液质量因素的研究[J]. 猪业科学，2015，32(2)：107-108.

[3] 刘成达，许国林，樊月钢，等. 公猪月龄与精液品质的关系[J]. 养猪，1997(3)：17-19.

外种杂交母猪的饲养管理和防疫

黎如尘

(重庆市垫江县鹤游镇畜牧兽医站,重庆垫江　408318)

摘要:外种杂交母猪在地方推广发展中,普遍存在后备期死亡率高、繁育期受胎率低、死胎、假胎、流产等症状频出,严重影响最终养殖效益。文章结合一线工作经验,就外种杂交母猪的饲养管理和防疫技术要点做系统阐述,以供参考和借鉴。

关键词:外种;杂交;母猪

1　前言

外种杂交母猪的推广,大大完善了地方母猪繁育体系。但是,同样存在饲喂管理水平低、防病意识淡薄、饲料采购把关不严等问题,这些问题的存在大大影响了养殖效益水平。文章就规范外种杂交母猪的饲养管理和防疫做系统阐述,以供参考和借鉴。

2　外种杂交母猪的饲养管理和防疫

2.1　进圈早期过好"三关"

第一关,应激关。刚购回的外种杂交母猪,注意做好防应激准备。冬季,用姜片、红糖,熬水,混速效感冒冲剂,每头猪用1包冲服,防应激较好。夏季,用板蓝根、黄连、陈艾,适量加白糖,混水熬制,待冷却后,加藿香正气颗粒,每头猪1包,预控应激效果好。

第二关,饲料关。进圈头天,不进食,仅进水。第二天,饲喂易消化饲料,喂食渐进,过渡到正常喂食量。饲喂饲料,最先用原猪场购回来的配合饲料,搭配本场饲料,逐渐过渡适应。

第三关,适应关。母猪进场后,环境适应很重要。早期,注意调教,规范吃喝拉撒,建立亲密的人畜关系,保证后期管理的有效。

2.2　重视后备期的管理

在外种杂交母猪培育中,后备期的管理很重要和关键,直接关系到外种杂交母猪的生产性能、繁殖性能发挥到什么程度。后备期管理不善,将导致肥猪、僵猪占有比例大增,影响后期的繁育。根据外种杂交母猪的生长发育特点,加强后备期的饲喂管理,配合饲料中,应保证:消化能13 MJ/kg,粗蛋白14%、钙1%、磷0.75%、赖氨酸0.75%。在饲喂方式上,体重在60 kg前让猪自由采食,60 kg后根据膘情供给配合饲料。

2.3　适时有效配种繁育

外种杂交母猪发情期症状不明显,配种期间很容易造成误判。由此,适时有效配种繁育,务必做到:第一,勤观察。阴户有无红肿、有无白色黏液,按压有无骑跨,有无呆立反应。第二,多试情。外种杂交母猪,发情期试情,有的有反应,有的无反应,必须综合按压、骑背等综合试情判断。第三,要对体质较弱、长期不发情的母猪,在配种前半月提高饲料的营养水平.特别是粗蛋白含量要达到16%,促使它发情。

2.4 注意妊娠期营养水平

平衡妊娠期营养,能提高配种效力。通常情况下,配种半月内,禁喂高蛋白饲料。或降低用量到日常的60%。在90 d内,饲料中米糠含量可加到15%～20%。增加青饲料的喂量.对LY母猪的妊娠不会造成任何影响。91～110 d要提高饲料的营养水平和增加饲料喂量,产前一周供应0.5 kg植物油或动物脂肪。预产前3 d要降低50%左右的精料喂量。

2.5 加强哺乳期管理

处于哺乳期母猪,应改善圈舍卫生,确保清洁、干燥。在产后2～5 d,为哺乳期管理关键点。产后母猪,头天补喂豆浆水或麦麸水,用量1 kg左右,配用适量的抗生素和食盐。产后第二天,开始喂料,约1 kg。第三天,喂料在2.5～3 kg。之后,逐渐增加用量,日喂料量在4～5 kg为最佳。

2.6 精心培育仔猪

仔猪初生,吃足初乳。用温水清洗乳房干净,严格彻底消毒,口服1 mL庆大霉素,开始哺乳。瘦弱的仔猪,安排前排乳头。强壮的仔猪,安排后排乳头。哺乳期间,注意仔猪保温。

出生后1周仔猪,用仔猪专用料诱饲,用仔猪专用料,播撒在仔猪常出没地,每天播撒4～6次,1周后即可采食。仍有不采食的仔猪,强行将其关在补饲栏中,每天3次诱食。待仔猪体重在7.5 kg,日采食量在200 g左右,用迁母留仔的方式,安排仔猪断奶。待稳定2周后,逐渐固定饲喂次数。严格控制断奶应激,不要断奶时暴饮暴食,而加重致死率。

2.7 规范接种防疫

(1)春秋两季猪瘟(最好在空怀期)、猪丹毒、猪肺疫、猪口蹄疫各免疫1次。

(2)临产前15～20 d和40～42 d猪分别用仔猪大肠杆菌苗(K88、K89、987P)免疫接种1次。疫情严重地区,产前7～10 d加强免疫1次。

(3)产前25～30 d,颈部肌注2 mL猪传染性胸膜肺炎疫苗。

(4)产前35 d、15 d各2 mL猪传染性萎缩性鼻炎疫苗。

(5)产前30 d和15 d分别用猪链球菌、水肿、病毒性肠炎、出血性肠炎灭活菌苗,免疫接种1次。

(6)猪传染性胃肠炎、轮状病毒、流行性腹泻疫苗分娩前5～6周肌注2 mL和分娩前1周肌注2 mL,免疫期为1年。

(7)猪喘气病疫苗产前3～4周免疫1次。(临产前2周内不得进行免疫注射)

(8)产后20 d,猪瘟、猪丹毒、猪肺疫肌注。

3 结论

总之,大力推广外种杂交母猪,对完善地方母猪繁育体系意义重大。结合多年来一线工作经验,规范外种杂交母猪的管理和防疫,对推广外种杂交母猪同样意义重大。这些技术要点,归纳起来无非如下几点：进圈早期过好“三关”——应激关、饲料关、适应关，后期应重视后备期的管理，将生产性能、繁殖性能发挥到最佳；外种杂交母猪发情期症状不明显，配种期间很容易造成误判，应注意综合判断适时有效配种繁育；注意妊娠期营养水平，平衡妊娠期营养，提高配种效率；加强哺乳期管理，改善圈舍卫生，确保清洁、干燥；精心培育仔猪，规范接种防疫，确保高生产效益。此外，更细节性的问题，有待我们更进一步的探讨和分析，文章就此不做论述。

参考文献

[1] 沈慧. 二元杂交母猪难产的处理[J]. 农村百事通，2007(16).
[2] 夏家超. 杂交母猪不宜做种猪[J]. 河北农业科技，2004(09).
[3] 伍伟华，陈长溪. 杂交母猪不发情、不受孕的原因探讨及防治措施[J]. 福建畜牧兽医，2003(04).
[4] 陈治钢. 科学解决杂交母猪繁殖难 借猪发财有保障[J]. 四川农业科技，2003(04).
[5] 张仕权. 二元杂交母猪产后长期不发情的处理方法[J]. 黑龙江动物繁殖，2002(04).

南方标准化羊场建设和管理应注意的问题

刘德洪[1]　余中奎[1]　何帮海[2]

（1.重庆市綦江区畜牧站，重庆　401420；

2.重庆市綦江区永新镇畜牧兽医站，重庆　401420）

近年来，国家通过中央现代农业山羊产业专项资金项目建设的投入，我区大部分规模羊场进行了标准化羊舍的建设，应该说这是羊场在饲养和管理上的一大进步。但是，在建设标准化羊舍的同时，还必须综合考虑场址的选择，各功能区的规划、各类舍别建筑物的布局、疫病防控、粪污物无害化处理等一系列技术问题。我区在实施山羊产业项目过程中，对标准化养羊场建设和管理得到一些肤浅的启示，供同行参考。

1　科学的选址

标准化养羊场的场址应根据《中华人民共和国畜牧法》《畜禽规模养殖污染防治条例》及当地政府的养殖（禁养区、限养区、适养区划分）规划进行选址，从保护环境的观点出发，既要考虑养羊场产生的废弃物不要污染周围的环境，也要考虑养羊场不要受到周围环境的影响。同时应考虑养羊场周围要有足够的农田、苗圃、果园等，才能更好地实现农林牧的有机结合，走“种养结合”的生态养殖之路。

2　正确的规划建设

在场区布局设计时，应将场区规划为三个功能区，即生活区、生产区和粪污处理区。三个功能区应根据当地全年主导风向，按照生活区→生产区→粪污处理区的顺序由上风到下风排列，各功能区之间用绿化带或围墙隔开。场区净道和污道分开，以防交叉感染。进入生产区要有消毒通道。场区排水要求屋面水沟和排污沟分开。在栏舍设计方面，要遵循科学合理、实用、节能、节水、减排、环保、防疫等原则，合理设计羊舍的保温隔热、环境控制、通风换气、采光照明、给水排水、消毒隔离等。同时必须设计与养殖规模相配套的污水处理、粪污处理、病死羊处理等场地和设施。尽量创造有利于羊群健康生长的良好生活环境，使羊场的养殖环境与周边环境协调发展。

3　加强卫生防疫制度

羊场大门口处、每幢羊舍门口处应有消毒设施，如车辆消毒池、脚踏消毒池、喷雾消毒室、更衣消毒室（装有紫外线灯）。饲养员进入生产区时，要在更衣消毒室更换消毒工作服、帽、靴才可进入。羊场执业兽医师不准对外开展动物诊疗服务。场内严禁饲养猫、犬等动物。羊场物品进出实行“单向制”，凡是羊舍清除物品，均须经污物通道运出，不得倒行。出售肉羊应经由装羊台装车，严禁运羊车辆进场装卸肉羊，凡是出场肉羊严禁运回场内。

4　加强免疫监测

疫病监测是羊场安全生产的重要措施，应在加强血清学监测，特别是免疫效果监测的同时，提高病原学监测的能力，提高监测对象范围和监测频率。羊场执业兽医师应根据免疫监测结果来指导免疫接种，制定科学的免疫程序，选购有GMP认证的疫苗生产厂家所生产的优质疫苗，采用可靠的免疫接种方法，给羊群进行相关疫苗的免疫接种，羊群经免疫接种后能产生免疫保护力，获得全面的免疫保护，能抵御相应致病菌的侵袭，能有效地预防传染病的发生。

5　加强日常饲养管理

应根据羊群的生理特点和生活习性，认真做好羊群日常饲养管理工作。要保持适宜的环境温度、湿度、合理的饲养密度和羊舍的通风采光良好，以保证舍内空气清新。圈养的肉羊除保证青饲料供应外，还应补一定的精料，用盐砖补充微量元素，有针对性地制定各龄期羊群药物保健方案，认真做好保健和药物预防工作。冬天注意防寒保暖，夏天注意防暑降温。要建立科学的饲养制度和管理措施，让羊群吃得卫生、吃得好、吃得饱、住得舒服、住得快乐。通过加强日常饲养管理可提高羊群的健康水平，使羊群处于最佳的生长发育状态并具备良好的抗病能力，以减少疾病的发生，保障羊群免受疾病的困扰。

6　加强环境及栏舍设备的消毒

为创造健康卫生的饲养环境，保证羊群的健康，羊场执业兽医师应切实组织做好经常性的预防消毒工作，应选购有GMP认证的兽药生产厂家所生产的不同种类消毒剂，如0.5%的抗毒灵、0.5%正碘双杀、0.5%菌毒杀净等溶液经常性地对羊舍、走道、用具、周围环境等进行轮流消毒，春夏季节每周2～3次，秋冬季节每周1～2次。实践证明：加强环境及栏舍设备消毒，能有效地杀灭被传染源散布在外界环境中的病原体，切断疾病的传播途径，防止易感羊群的感染，阻止疾病的发生、蔓延和扩散，是防制传染病的重要措施之一。

7　加强疫病的控制

羊群发生疫病或怀疑发生疫病时，执业兽医师要及时进行综合分析，做出初步诊断，并尽快采集病料送当地或上一级兽医防疫部门做实验室检查（在未得出实验室检查结果之前，应根据初步诊断采取相应措施，防止疫病的传播与扩散），当确诊为重大动物疫病时，羊场工作人员应积极配合当地县级兽医行政管理部门，依照相关疫病防控应急预案采取封锁、隔离、扑杀、消毒，紧急免疫接种等强制性措施，迅速扑灭疫病。病死羊、被扑杀的羊必须按照GB 16548《病害动物和病害动物产品生物安全处理规程》的规定进行无害化处理，以防止污染环境或造成疫病的传播。对被病羊污染过的圈舍、设备、场地和周围环境等均须按《畜禽产品消毒规范》的要求做彻底的防疫消毒。

8 粪污物必须无害化处理

按照《畜禽规模养殖污染防治条例》规定，羊场粪、尿、污水必须及时进行无害化处理。粪便要堆积密封发酵处理，处理后符合 GB 7959《粪便无害化处理卫生标准》的要求，后作为农业用肥。尿、污水导入沼气池制取沼气，通过厌氧发酵杀死病原体和寄生虫卵，防止污染环境，而且开辟了对二次能源的利用，节省燃料。沼气发酵后的残余物无毒无味，可分离成沼渣和沼液两部分。沼渣可作肥料施用，沼液可直接灌溉饲料作物，实现农业综合利用，避免产生二次污染。沼气又为羊场生产提供清洁能源。粪污物通过无害化处理，既可减少对环境的污染，降低养羊公害，防止疫病传播，又保护环境，提高生态效益，满足生态环境保护的要求，实现生产与生态的良性循环。

9 建立健全养殖档案资料

养羊场应有肉羊养殖过程的记录，包括生产记录、饲料、饲料添加剂和兽药使用记录、消毒记录、免疫记录、诊疗记录、病死羊无害化处理记录、羊群销售记录等。所有记录应在清群后保存两年以上，以利于建立起生产销售的规范化管理和追溯制度。

加强标准化养羊场的建设和管理，有利于提高生产效率和生产水平，增加农民收入；有利于规范养殖行为，提高羊肉产品的质量安全水平；有利于提高疫病防控能力，降低疫病风险，确保人畜安全；有利于加快养羊生产方式的转变，维护国家生态安全；有利于粪污物的无害化处理和资源化利用，实现养羊生产与环境的协调发展；对促进养羊业可持续健康发展，建设现代畜牧业具有重要意义。

2018

第四篇　家禽养殖

提高长顺绿壳蛋鸡产蛋率的关键技术措施

杨敏

（贵州农业职业学院，贵州贵阳　551400）

长顺绿壳蛋鸡是贵州省长顺县的特色鸡种，2009 年被国家农业部列入地方遗传资源保护品种，2012 年成功申报长顺县绿壳蛋鸡国家地理标志保护产品。分布于长顺县中南部鼓扬镇及周边中坝、云盘、摆所等 7 个乡镇，16 年全县总存栏量达 1 000 万羽。因其饲养方式大多采用散养方式，壳色独特，蛋味鲜美，营养丰富，市场销售一度供不应求。笔者于 2015—2016 年对长顺县广顺镇石板村、交麻乡、白云山镇等养殖户进行培训时，走访其饲养现场，发现长顺绿壳蛋鸡养殖户在饲养过程存在一些不足之处，导致鸡群产蛋率普遍较低，饲养管理粗放，养殖效益低下，严重制约长顺绿壳蛋鸡产业化发展。现就长顺绿壳蛋鸡养殖存在的不足及提高其产蛋率的措施总结如下，供同行借鉴和参考。

1　存在的不足

（1）养殖户普遍认为养鸡只要长得好不生病就没问题。忽视土鸡与产蛋鸡的饲养差异，用养肉鸡的方式饲喂蛋鸡，造成蛋鸡过肥，整齐度差，导致母鸡不产蛋或少产蛋。

（2）忽视不同生理阶段蛋鸡的营养需求不同，长期使用单一饲料饲喂，导致产蛋没有高峰期或高峰期较短。

（3）混批次同养，且育成期使用同一营养水平的饲料，不分段饲养，不限制饲养，导致鸡群体重大小不均，鸡群开产时间不一致，产蛋高峰持续时间短。产蛋期也没有根据产蛋水平高低进行日粮调整，补饲大多只采用玉米，饲料营养单一，影响鸡群产蛋潜力的发挥。

（4）养殖户不懂得光照控制对鸡群产蛋性能的影响，在鸡育成期、产蛋期完全依赖于自然光照。不懂得育成期的光照控制，导致开产早，小蛋多、高峰期推迟或没有高峰期；对开产后的母鸡而言，采用自然光照，没有根据开产鸡后逐渐增加光照刺激卵巢的发育，从而导致卵巢生长发育抑制，产蛋量减少。

2　改善措施

2.1　技术培训

对养殖户开展养殖技术培训，普及绿壳蛋鸡科学养殖技术，通过科学饲养，提高产蛋率。

2.2　科学配制饲料

根据绿壳蛋鸡不同生理阶段的营养需求，结合绿壳蛋鸡放养特点，科学配制饲料，实行分段定量饲喂，满足不同饲养阶段营养需求。

2.3 定期称重,提高鸡群发育整齐度

每周同一天随机抽样空腹称重一次,抽样数占群总数的5%。如平均体重超出当周标准体重10%,下一周喂料量不再增加料量而维持上周喂料量;如平均体重低于标准体重10%,下一周料量在原定喂料量基础上增加1%,使鸡群生长发育均衡,全群总数的80%以上的个体体重在标准体重的±10%以内。

2.4 注意光照控制,适时开产

育成期处于鸡性腺发育期,日照时数逐渐增长会促进性腺发育,导致鸡开产早,因此,在育成期应采取遮光措施,控制光照时间在10 h左右,有利于使鸡达到体成熟时开产,增加产蛋期产蛋量,降低母鸡死淘率。母鸡开产后,夜间应对母鸡进行补光,从自然光照的12 h每周逐渐增加0.5 h,直至每天16 h,一直维持到产蛋率下降到50%以下时停止补光。从而刺激卵巢的发育,提高产蛋率。

2.5 修喙,减少啄斗

该阶段的鸡处于青春期,性情暴燥,易争斗,散养状态下更易如此。再一次进行断喙处理(只断去雏鸡阶段断喙后新长出的部分),可有效减少因争斗带来的损失。

2.6 物理醒抱

(1)从蛋鸡身上摘一根羽毛,横穿正在抱的蛋鸡两个鼻孔,3~5 d后即可醒抱;

(2)在抱的蛋鸡两脚(小腿部)各套上一到两个环(塑料环、铁丝环均可),3~5 d后即可醒抱;

(3)用一布条一端绑着在抱的蛋鸡一条腿,另一端绑在小木桩上。使蛋鸡能自由饮水、吃食、活动为宜,3~5 d后即可醒抱。

参考文献

[1] DB52/T 785—2012《长顺绿壳蛋鸡》.

[2] 张晓红.散养鸡产蛋率低的原因剖析[J].养殖顾问,2012(20):88-90.

[3] 孟繁荣,杨立军,孙艳辉.散养鸡的饲养及注意事项[J].国外畜牧学——猪与禽,2015,35-9:50-52.

[4] 张华,赵丽芬,王慧,李照伟,等.日粮蛋白水平对长顺绿壳蛋鸡产蛋性能的影响[J].贵州畜牧兽医。2016,40-4:16-19.

浅析放养鸡扎堆死亡原因和解决方法

唐永勇[1]　尹钦建[2]　许小桂[3]　肖和良[4]

(1.湖南省洞口县山门镇动物防疫站,湖南邵阳　422300;
2.湖南省洞口县月溪乡动物防疫站,湖南邵阳　422300;
3.湖南省洞口县石江镇动物防疫站,湖南邵阳　422300;
4.湖南省洞口县畜牧水产局,湖南邵阳　422300)

摘要:放养鸡经常发生扎堆死亡,必须解决好这个问题,不然会造成较大损失。本文通过对放养鸡扎堆死亡原因分析,提出提供雏鸡生长的适宜温度、湿度、光照环境、保证雏鸡饮水和营养需要、设立栖架、预防鸡群疫病、减少应激、散养户购进中成鸡苗饲养等解决办法,有效地控制放养鸡扎堆死亡,为养鸡户提供参考。

关键词:放养鸡;扎堆死亡;原因;解决办法

1　放养鸡扎堆死亡问题提出

问题1:湘乡常青蔬菜(QQ2623905395):这高温天气为什么鸡总成堆睡觉?造成较大损失,急求专业人士解救?

问题2:洞口前进鸡场:我鸡场40日龄左右放养鸡扎堆死亡,有什么好的解决办法?

鸡群日龄:30～50日龄,鸡群平均体重:650～1 050 g,鸡群量:3 500只以上,鸡群病况:无病情,鸡舍温度:12℃以下,鸡舍条件:150 m^2/间,鸡舍密度:12只/m^2,鸡群体况:良好,鸡群应激:无,鸡舍地面:水泥地面,有沟槽,鸡舍照明:良好。死亡原因:3 d内已挤堆捂死439只。

2　放养鸡扎堆死亡原因分析

主要是对雏鸡的饲养管理,疫病防治不到位和鸡的营养供应不良等原因造成的。

(1)雏鸡鸡舍温度过高或者过低,鸡舍内供温不均匀,鸡舍水泥地面潮湿低温等原因都易出现扎堆现象。温度偏高时向温度偏低的地方扎堆。

(2)鸡群发生疾病时,体温降低,互相取暖,出现扎堆现象;因为温度过低,小鸡特别容易感冒,进而可能会诱发支气管炎,甚至是法氏囊等疾病。

(3)舍内氧气不足的情况下出现扎堆

是由于有些养殖户为了保暖采取关闭门窗,或者在圈内生火取暖。因为方法不当会引起氨气、煤气中毒,或二氧化碳浓度过高缺氧导致小鸡扎堆死亡。

(4)短时间应激因素,鸡只受惊造成扎堆。

3 放养鸡扎堆死亡解决的办法

3.1 提供雏鸡生长的适宜温度、湿度、光照环境

3.1.1 温度

放养鸡(30 日龄以上,下同)18～20℃为适宜温度。1～7 日龄刚从孵化温度 37～38℃出来,要保温,1 周龄以内育雏温度应掌握在 34～36℃,以后每周下降 2～3℃,6 周龄降至 18～20℃。温度过高过低都会造成扎堆,而且 1 个鸡舍间温度相差 2℃以上,也会造成向温度高的地方扎堆。供温设施主要为育雏伞、烟道和红外线灯泡,也可结合火炉供温。在实际操作过程中,保温由于季节、昼夜及雏鸡的大小不同而不同,硬性规定一个温度既不科学,也容易造成失误,使初学者的注意力集中在温度计上,而忽略了放养鸡保温的实际标准,使不少养殖户造成经济损失。应当“看鸡施温”,切勿“看表施温”,在保证温度的前提下以不打堆为标准。

3.1.2 湿度

放养鸡湿度在 60%～65%。雏鸡从高湿度的出雏器转到育雏舍,湿度要求有一个过渡期。第一周要求湿度为 70%～75%,第二周为 65%～70%,以后保持在 60%～65%即可。

3.1.3 通风

通风的目的是排出舍内污浊的空气,换进新鲜的空气。也可有效降低舍内湿度。自然通风主要靠开闭窗户来完成,机械通风要利用风机来完成。生产中,要特别注意冬季舍内的通风换气。

3.1.4 光照

放养鸡采用自然光照。育雏前 3 d,采用 24 h 连续光照制度,光线强度为 50 lx(相当于 1 m^2 15～20 W 白炽灯光线),便于雏鸡熟悉环境,找到采食、饮水位置,也有利于保温。4～7 日龄,每天光照 20 h;8～14 日龄,每天光照 16 h;以后采用自然光照,光线强度也要逐渐减弱。

3.2 把握好饲养密度和放养时间

3.2.1 饲养密度

0～2 周龄平面育雏饲养密度为每平方米 30 只,3～4 周龄为 25 只,5～6 周龄为 15 只左右。在合理的饲养密度下,雏鸡采食正常,生长均匀一致。密度过大,生长发育不整齐,易发生啄癖,死亡率较高。密度过少,体温难以保证。防止因密度不均造成的扎堆现象。

3.2.2 放养时间

雏鸡脱温后,4 周龄以上,白天温度在 15℃以上才第一次放养。气温低的季节,要 40～50 日龄才放养。每天放养时间在上午 10 点至下午 5 点,温差 2～3℃为宜。

3.3 采取厚垫料地面散养,防止水泥地面潮湿低温

在育雏室地面铺设 5～10 cm 厚的垫料,整个育雏期雏鸡都生活在垫料上,育雏期结束后更换垫料。优点是平时不清除粪便,不更换垫料,省工省时;冬季可以利用搪料发酵产热而提高舍温。缺点是雏鸡与粪便直接接触,球虫病发病率提高,其他传染病易流行。地面散养的关键在于垫料的管理,垫料应选择吸水性良好的原料,如木屑、稻壳、玉米壳、秸秆和泥炭等。平

时要防止因饮水器漏水、洒水而造成垫料潮湿、发霉。防止因水泥地面潮湿低温而出现的扎堆现象。

3.4 保证雏鸡饮水和营养需要

在雏鸡开食前要先饮水，在1～7日龄，可在饮水中加葡萄糖、电解多维和氨基酸之类的补药。参考的雏鸡饲料配方：0～4周龄：玉米47.4%，豆粕37%，鱼粉5%，大豆油7.5%，磷酸氢钙1.1%，石灰石粉0.8%，食盐0.3%，氯化胆碱0.2%，蛋氨酸0.2%，维生素0.5%。5～10周龄：玉米60.2%，豆粕23.8%，鱼粉3%，大豆油0.5%，麸皮9.5%，磷酸氢钙0.7%，石灰石粉1%，食盐0.3%，氯化胆碱0.05%，蛋氨酸0.5%，维生素0.5%。或到饲料店购饲料厂专用鸡饲料。保证了雏鸡充足饮水和营养需要，对提高鸡的免疫力，强壮鸡的体魄，增强抗寒能力，尽可能地减少因放养鸡为了御寒而导致的饲料能量损耗。

3.5 设立栖架

鸡有高栖过夜的习性，每到天黑之前，总想在鸡舍内找个高处栖息。没有栖息架，个别的鸡会飞在高处过夜，多数拥挤在一角栖伏在地面上，容易造成扎堆，对鸡的健康不利。因此在舍内部分设有栖架。栖架主要有两种形式：一种是将栖架做成梯子形靠立在鸡舍内，收立式栖架；另一种将栖架钉在墙壁上。2013年7月至12月，笔者在洞口县石江镇804马某鸡场、洞口县竹市镇管竹村唐某鸡场、棉花村杨某鸡场，设立栖架试验，设立栖架的为试验组，没有栖架的为对照组。试验组鸡8 990只，分2组：其中30日龄至50日龄的3 550只，50日龄以上的5 440只，对照组鸡9 760只鸡，也分2组：其中30日龄至50日龄的4 540只，51日龄以上的5 220只，共4个组，每个组晚上观察10 d。试验结果：试验组30日龄至50日龄组扎堆鸡245只占6.9%，比对照组扎堆鸡694只15.3%，减少9.4个百分点，试验组51日龄以上组扎堆鸡228只占3.2%，比对照组扎堆鸡778只14.9%，减少11.7个百分点。因此设立栖架可有效地解决扎堆问题。

3.6 预防鸡群疫病，增强放养鸡抗病能力

7日龄预防新城疫＋传染性支气管炎二联疫苗。接种方法：滴眼或滴鼻。14日龄预防法氏囊炎，应用中毒株疫苗。接种方法：饮水。21日龄预防新城疫＋传染性支气管炎二联疫苗。接种方法：滴眼或滴鼻.28日龄预防法氏囊炎，应用法氏囊炎疫苗。接种方法：饮水。对于一些肠道细菌性感染（如白痢、霍乱等）要定期进行药物预防。特别是20日龄前后，要预防球虫病的发生，尤其是地面垫料散养的鸡群。1～4日龄，预防鸡白痢和大肠杆菌，参考用药：氧氟沙星。6～9日龄，预防呼吸道疾病。参考用药：酒石酸泰乐菌素。12～15日龄，再次预防鸡白痢和大肠杆菌，参考用药：硫酸新霉素。18～20日龄，预防球虫病，参考用药：三字球虫粉，也可每1 000 kg饲料添加尼卡巴嗪、或乙氧酰胺苯甲酯预混剂500 g。26～29日龄，预防肠道和呼吸道交叉感染，参考用药：氟苯尼考。注意用药期间要错开免疫期，免疫期前后两天需停药。有效地防止放养鸡发病，体温降低，互相取暖而出现的扎堆现象。

3.7 防止鸡受惊等应激反应

要随时观看天气预报，当天要下暴雨或大风，及时把鸡赶回来，防止鸡在野外淋雨而死。还要注意野兽伤鸡，特别是蛇和黄鼠狼、老鹰等。开始放养的几天，可在饲料或饮水中加入一定量的维生素C或复合维生素B等。

3.8 注意和把握鸡群的健康状况

对刚购进或刚出壳的雏鸡，前几天的白天和晚上各观察一次是否有扎堆现象，晚上小心轻进鸡舍，并用弱光观察鸡群，防止受惊应激。有扎堆现象时及时调整温度、湿度、光照。放养时注意鸡群出进和精神状况，对不愿出门或停在门内外、羽毛松乱、翅下垂、精神不振的可能发病鸡只，予以隔离饲养。

4 总结

(1)赵子津、辛英霞等在温度、湿度、光照等雏鸡饲养管理进行了研究，刘小军、蒋小松等对放养鸡的放养时间、放养密度、轮牧方面提出了较好的意见。对放养鸡扎堆死亡的解决办法，提供了参考。通过实践，笔者指导湖南省洞口县茶铺管理区新升鸡场、洞口县石江镇804鸡场等54个中、小型鸡场，都较好地解决了放养鸡扎堆死亡的技术问题。

(2)为了发展养鸡事业，洞口县结合国家基层农技推广(养殖业)补助项目，2013年以来，建立养鸡科技示范基地1个，养鸡科技示范户39个户，示范带动养鸡户1 120户。如养鸡科技示范基地洞口县竹市家禽有限公司存笼种鸡2.5万只，主要有桃源鸡、青脚麻品种，年向洞口县周边县以及贵州、云南、广东、广西等地供应鸡苗250万～300万羽，根据顾客需要，公司自己饲养部分30日龄，50日龄的鸡苗，提供给散养户，2015年中成鸡苗供应达到35%以上，也部分解决了散养户放养鸡扎堆死亡，养雏鸡难的问题。

5 建议

加强对散养户放养鸡技术培训和咨询工作。洞口县畜牧水产局每年举办养鸡技术培训班2期以上。洞口县竹市家禽有限公司不定期举办养鸡技术培训班，每年4～6期，销售鸡苗时每年发放养鸡技术小册子和光盘各2 000(本、盘)，每年培训技术员和饲养员200名以上，在洞口县和周边县发展养鸡户1 500户，饲养肉鸡120万羽，产值7 200万元以上，成为农业部标准化示范场，法人代表陈善梅被评为邵阳市巾帼英雄。因此建议养鸡散养户参加县级和养鸡科技示范基地养鸡技术培训班，并到养鸡科技示范基地和科技示范户学习，当学徒和饲养员，然后才养鸡，初养者第一、二批只养300～500只，或直接购进中成鸡苗饲养，积累经验后才扩大饲养规模，以减少养雏鸡的风险。

参考文献

[1] 赵子津. 雏鸡的饲养管理要点[J]. 农技服务，2009(11)：71-72.
[2] 刘小军，仲世江. 放养鸡饲养管理问题的探讨 [J]. 畜牧兽医杂志，2012(04)：114-116.
[3] 蒋小松，杜华锐，等. 当前四川放养鸡生产中应注意的几个问题 [J]. 四川畜牧兽医，2011(10)：35-36.
[4] 辛英霞，胡月超，闫振富. 雏鸡饲养管理十要点[J]. 新农业，2009(12)：13.

现代化畜禽生态健康养殖模式探讨

冯晓静

（山东省高密市畜牧局，山东高密　261500）

摘要：当今，我国经济社会全面发展，畜禽养殖也进入了一个新的发展阶段，传统模式已经难以跟上现代社会的需求。要想提高畜禽生产养殖产量，以适应现代化农业发展的需求，必须对传统的生产养殖模式进行改造。现代生活讲究健康自然，绿色养殖、健康养殖、零污染是现代畜禽生产养殖的追求。在生产养殖过程中，可结合动物与植物的特点，对资源进行循环利用，可节省成本，降低污染。

关键词：现代化；畜禽养殖；健康

生态健康养殖就是在可持续发展的生态系统中实现养殖，因地制宜、农业与牧业相结合，利用科学提高动物的健康水平，提高产品质量，同时不对环境造成伤害，对动物的排泄物进行利用，使其发挥自己的作用，减少因养殖造成的环境污染，促进动植物养殖的有效结合，使其能够各自发挥自己的作用，既发展了经济，又能有效避免对环境的污染。

1　种养结合的生态健康养殖模式

生态健康养殖就是将土地与周围环境相结合，合理利用，既不浪费，不能超过土地的负荷。在养殖过程中，难免产生污染物，如动物的排泄物等，对动物的排泄物要合理处置，避免对环境产生污染。一般环境可以承受一定规模的养殖，目前家庭式的适度规模养殖模式比较受推崇。但是当养殖规模大于环境的承受能力时，就会对环境产生伤害，且伤害难以修复。

当养殖规模达到一定程度时，就可以使用一种新的生态养殖模式，这种模式称为立体循环模式。通过“养—种—养”的消化链来有效处理养殖过程中产生的有害物质或者对环境产生污染的物质，这是一个将废物有效利用的过程，即变废为宝的过程。当前我国的多种行业如畜牧业、种植业、渔业等都利用了此种生态养殖模式。在养殖动物的过程中，动物产生的粪便等排泄物将作为种植业中的有机肥再利用，既节约了资源，又能对污染物有效处理，再次利用，且处理过程真正绿色无污染。同时，种植业中的玉米及青饲料又可以投入到动物养殖中去，作为动物的饲料来源等，使养殖的动物食物真正绿色无污染。这个过程是动植物养殖有效结合的过程，养殖动物过程中产生的排泄物以及污染物有效用于植物养殖中，养殖植物的剩余物又可以成为动物的食物，这样循环利用，既避免了对环境的污染，又节约了资源，还避免了在处理废物过程中产生新的消费。各地方可根据当地的情况合理养殖种植，农牧结合，走可持续发展的生态健康养殖之路。

2 多元化的农牧结合

当今单一、散养、规模比较小的养殖模式在养殖业里正在慢慢被淘汰，市场的需求率也越来越低，取而代之的是大规模、集约化的生态养殖模式。需要注意的是，大规模养殖过程中，动物粪便的产生也是大量的，难以短时间内处理的，这对环境来说是一种压力，容易造成环境的污染，甚至对环境造成难以修复的伤害。所以，当把养殖业与其他行业有效结合时，建立多元化农牧结合的生态健康养殖模式，减少了动物排泄物以及养殖污染物对环境造成伤害的同时，又能有效利用动物的排泄物，使其发挥自己的优势，为植物提供有机肥料，使整个养殖过程称为一种健康生态、可持续发展的过程，这就是循环农业。

所谓农业牧业相结合，是养殖业与种植业有效利用对方产生的副产品，为自己提供养料或者饲料的过程。动物养殖过程中，产生大量的粪便，处理粪便需要一定量的土地，而种植业正是在土地上进行，同时，种植植物需要肥料，现今使用的化肥多为化学物质，购置化肥使生产成本增加，对土地产生的损害难以修复。当养殖业与种植业有效结合时，植物对粪便的有效利用避免了对粪便进行处理，减少了污染，同时，植物也获得了天然的有机肥，减少了对土地的污染，产生了健康有机的植物产品，这对土地结构也是一种有效的优化，对种植产物的质量也是一种改善。

3 科学引领生态健康养殖新常态

转变畜牧业的发展方式，需要对科学知识的有效利用。首先要提高质量。传统的养殖模式对资源的消耗巨大，对环境的污染较为严重，结果就是既浪费了资源，又对环境造成难以挽回的伤害。当前需要转变观念及模式，科学作为养殖业的基础，发展模式选择高质量、高效益的方式，提高产业素质的同时，又能保证质量。第二是转变方式。传统养殖中，一般是以户为单位的养殖，这直接导致了效益的低下，养殖不成规模，面对风险时抗击能力也有限。在养殖过程中，可考虑在符合环境的承受能力之下，适当加大规模养殖，使养殖向标准化靠拢，对粪便有效利用，对畜牧业养殖业进行产业化的经营，与环境和谐发展，友好养殖。第三，对结构进行合理调整。传统养殖中，品种单一，品牌效应难以实现，可持续发展更是奢侈，对结构进行调整之后，将畜牧业作为重点，以地方为特色，发展本地优势，使生产、加工、储藏、运输、销售一体化。

4 生态健康养殖发展的措施

现今发展证明，生态的、健康的养殖模式是未来畜牧业发展的方向，也得到了农业部的大力推广。“高效益、低排放”是生态健康养殖模式的标志，绿色养殖、生态养殖、对废物有效利用、低碳环保是生态健康养殖的目的。在进行绿色健康生态养殖过程中，需要以下措施：一是对布局进行科学合理的优化，对资源进行合理开发，避免盲目开发、过度开发；二是对养殖品种进行优化，对优良的品种要进行有效保护并且合理开发；三是对饲料进行科学优化，对饲料合理利用，添加剂也要科学合理使用；四是养殖设施进行优化，在建造动物栏舍时要规划科学合理；五是对粪便优化处理，能利用的要有效利用，能循环处理的要循环处理，避免对环境产生不必要的伤害。

5 结束语

现代化的畜禽生态健康养殖生产模式，符合绿色发展健康发展的理念，养殖企业应多学习，多借鉴，发展畜禽生态养殖。

参考文献

[1] 刘国平. 现代化畜禽生态养殖生产模式研究[J]. 畜牧与饲料科学，2016(4).
[2] 王俊峰. 畜禽健康养殖与疾病控制分析[J]. 乡村科技，2016(33).

禽流感及其预防措施

木哈买提汗·夏依克

(新疆阿勒泰地区布尔津县窝依莫克镇畜牧兽医站,新疆布尔津　836601)

摘要:禽流感是由A型流感毒引起的发生于各种家禽和野鸟的传染性疾病,此病毒有多种血清亚型,发病的禽群在临床上有程度不同的表现形式,可见亚临床症状,轻度上呼吸道感染,产蛋量下降以及急性致死性的临床表现,称为欧洲鸡瘟(或称真性鸡瘟)的禽流感,是致死率极高的急性出血性疾病。本文通过资料分析和结合生产,对禽流感的病因、流行特点、诊断及预防进行了描述。

关键词:禽流感;家禽;预防及措施

1　流行病学

1.1　易感染动物

迄今已在88种鸟类中分离到禽流感病毒,家禽包括鸡、火鸡、珍珠鸡、石鸡、鹅、鸭等。野禽包括鸭、鹅、天鹅等。在家禽中,火鸡和鸡最易感染,发病率和死亡率都很高。鸭、鹅等水禽易感性相对较差,可带毒或隐性感染,但有时死亡率也较高,如从病死的番鸭、半番鸭分离的H5亚型感染鸭致死率为10%～41.7%,而鸡发病率和死亡率为100%。

1.2　传播途径

一是通过家禽交易或已受病毒污染的;二是通过迁徙的水禽等候鸟传播;三是从鸡传染给哺乳动物。研究表明,禽流感病毒可以在家禽和野禽之间传播,病禽主要是通过分泌物和排泄物将病毒排出体外,动物通过消化道、呼吸道、皮肤和眼结膜传染,但消化道和呼吸道是主要的。病禽的分泌物、排泄物和尸体是主要的传染源。

1.3　流行季节

禽流感病的发病季节与迁徙禽有关,但从迄今发生的禽流感病的时间来看,多发生于冬春季节。

2　症状

禽流感分为高致病性、低致病性和无致病性三种。

2.1　高致病性禽流感

高致病性禽流感来势猛,发病率高,死亡快。有些未出现任何症状就突然死亡。其主要症状:头冠黑(苍白),头、下颌、肉髯肿胀,鸡冠和肉垂边缘出现紫黑色坏色斑点,脚鳞紫变,腿部鳞片有紫黑色出血斑,跗关节肿胀。病鸡精神高度沉郁,采食量迅速下降或废绝,拉黄绿色、青色稀粪,呼吸困难,有干啰音。产蛋率迅速下降,甚至停产,软壳蛋、薄壳蛋、畸形蛋迅速增多。有些鸡群感染后,没有出现明显临床症状即大批死亡,死亡率高达90%以上。鹅、鸭症状基本相同,但以精神症状为主。

2.2　低致病性禽流感

低致病性禽流感发病率高,但死亡率低。发病禽群主要表现:采食量明显减少,饮水增多,饮水时不断从口角流出黏液;精神沉郁,羽毛蓬乱,垂头缩颈,鼻腔分泌物增多,鼻窦肿胀,眼结膜充血,流泪。呼吸道症状明显是低致病性禽流感的特点,禽群发病后的当天或第二天即表现出严重程度不一的呼吸道症状,有的表现为咳嗽,呼吸啰音,有的呼吸困难,张口伸颈,每次呼吸时均发出尖叫声:有的呼吸道症状较轻,仅在夜间安静时能听到。病鸡腹泻,拉水样稀粪,常带有未完全消化的饲料,有的拉灰绿色或黄绿色稀粪。蛋禽产蛋率下降,蛋壳质量变差,也是本病的特点。

3　病理变化

3.1　外观变化

急性死亡鸡体况良好,无明显的外观变化。亚急性型病例,病死鸡脱水,皮肤干燥,口腔有黏液,倒提时有酸臭的液体,挤压鼻腔有黏液流出,鸡冠发紫,肛门突出,有的鸡冠或肉垂水肿,有的肿头。病鸡喉头、气管黏膜充血、出血、内有血性分泌物。

3.2　呼吸道病变

发病初期,气管充血、出血,并有大量黏液性分泌物。气囊膜增厚,内有纤维素性分泌物或干酪样渗出物。

3.3　消化道病变

口腔内有黏液,素囊内有大量酸臭的液体;腺胃肿胀,并伴有乳头出血,同时黏膜面潮红或出血,个别鸡腺胃和肌胃、腺胃和食道交界处有带状出血,肌胃角质层易剥离,角质层有出血斑,十二指肠或小肠黏膜有片状或条状出血,盲肠扁桃体有肿胀、出血;泄殖腔严重出血。

3.4　生殖道病变

发病前期,卵泡充血、出血,呈紫黑色,有的卵泡变形、破裂卵黄液流入腹腔、造成卵黄性腹膜炎;输卵管水肿,有白色脓性分泌物或干酪样物;发病中期卵泡和输卵管萎缩;公鸡睾丸肿大。

4　诊断

禽流感在诊断上与鸡新城疫(ND)、传染性喉气管炎(ILTT)、传染性支气管炎(IB)、鸡毒霉浆体(MG)与大肠杆菌感染、减蛋综合征(EDS.76)、肿头综合征等疾病很相似。很难从临诊上作出准确的判断,确诊需进行实验室检验。

禽流感的呼吸道症状与ILT或IB极相似,但ILT及IB一般较少出现腹膜炎、胰脏坏死、肌胃和腺胃出血等。

②鸡毒霉浆体及大肠杆菌感染的过程一般较慢，抗菌药物治疗虽有反复，但总体来说还是有明显效果的，这些与禽流感有所差别。

③减蛋综合征引起产蛋下降和蛋的畸形为主，一般无呼吸道症状，蛋壳颜色一般无明显变化，而禽流感感染后蛋壳颜色一般变浅变白。

5 预防及小结

5.1 免疫接种

接种同亚型的灭活油乳剂疫苗对禽流感的感染有较好的保护作用，可以避免产生毁灭性的死亡率和减蛋，但很难达到整个鸡群完全不出现呼吸道症状或轻度的减蛋。在实施免疫接种时，重要的是要弄清当地流行的病毒亚型，然后选择对应的亚型毒株灭活疫苗，并非疫苗所贪的亚型越多越好。即使亚型对应，也还要筛选免疫原性好的毒株，好的制作工艺等，并非所有的禽流感病毒都可用作制作灭活疫苗的抗原，也并非所有的灭活疫苗都是有效的。

5.2 药物预防

对于生产期短的快大型肉鸡，不能应用疫苗的地方，药物预防也是一种行之有效的方法，我们研制的 2 号药添加剂，在一些鸡扬已使用 2 年多，有效地避免禽流感的损失，每只肉鸡药物成本 0.10 元，经济上可以承受，总体效益也满意。

对于病毒性感染一般无治疗价值。但对一些由非高致病力禽流感毒株引起的非典型禽流感，使用我们研制的 2 号药或病毒唑、金刚烷胺等一些抗病毒药物可以明显减轻死亡造成的损失。

禽群感染禽流感病毒后，合并或继发细菌性感染往往是造成死亡损失的重要原因，因此适量使用抗菌药物也能有效地减少死亡损失。

如对感染禽流感的鸡群接种鸡新城疫疫苗，尤其是接种Ⅰ系新城疫疫苗，往往会明显增加死亡率，甚至引起 100％死亡，这要特别注意。

高致病性禽流感综合防控技术措施

张海鹏[1] 张文贤[2*] 杨霂[2] 李莉[3] 施德兰[4] 张伟贤[5]

（1.玉溪市红塔区动物卫生监督所，云南玉溪 653100；
2*.玉溪市华宁县动物卫生监督所，云南华宁 652899；
3.红河州泸西县动物卫生监督所，云南红河 652400；
4.玉溪农业职业技术学院，云南玉溪 653106；
5.玉溪市峨山县动物卫生监督所，云南峨山 653200）

摘要：高致病性禽流感疫情一旦发生，会给养禽业造成巨大的经济损失，严重影响社会和谐稳定，严重挫伤消费者的消费信心，甚至会危及人类的健康。对养禽业而言，就是毁灭性的灾难。本文通过对高致病性禽流感的再认识及诱发关键因素进行分析总结，提出行之有效的预防控制思路及具体的防控技术措施，供养禽场、禽病诊疗服务机构及各级畜牧兽医部门开展高致病性禽流感防控工作参考借鉴。

关键词：高致病性；禽流感；综合；防控；措施

1 认识禽流感

禽流感是由A型流感病毒引起的一种以呼吸道病到全身性严重败血性症状的禽类烈性传染病。禽流感病毒感染后可以表现为轻度的呼吸道症状、消化道症状，死亡率较低；或表现为较严重的全身性、出血性、败血性症状，死亡率较高。临床症状上的差异，主要是由所感染的禽流感病毒毒力强弱及感染家禽的特异性免疫力决定。

1.1 禽流感病毒分型

根据禽流感病毒糖蛋白：血凝素（HA）和神经氨酸酶（NA）的血清学反应情况进行分型。HA分为H1～H16 16个不同的型别，NA分为N1～N9 9个不同的型别，二者组合匹配后，使得禽流感血清型多达144个。

1.2 按照禽流感致病性的分型情况

在兽医临床上，根据禽流感临床死亡率、临床症状和病理变化可将禽流感分为高致病性禽流感、中等致病性禽流感、低致病性禽流感和无致病性禽流感四种临床症候群，其中由H5与H7亚型禽流感病毒引起的发病为高致病性禽流感，其发病率和死亡率接近100%。世界动物卫生组织（OIE）将高致病性禽流感列为A类传染病，我国将高致病性禽流感列入一类动物疫病病种名录。

1.3 禽流感病毒具有的易变异特性

禽流感病毒的基因由8段独立的RNA片段组成，因此在禽流感病毒在流行过程中非常容易通过抗原漂移、抗原转变或基因重组而发生突变，导致变异。在两种流感病毒亚型同时感染同一动物时更易发生和加快变异。

1.4 禽流感病毒分布

禽流感病毒广泛分布于世界范围内的许多家禽，包括鸡、火鸡、珍珠鸡、石鸡、鹧鸪、鸵鸟、鸭、雉、鹌鹑、鸽、鹅和野禽（鸭、鹅、燕鸥、天鹅、鹭、海鸠、海鹦和鸥等）。其中，在迁徙水禽，尤其是鸭中分布的病毒最多；禽流感在家禽中对火鸡和鸡的危害最为严重；野生水禽和其他水栖鸟类是所有禽流感病毒基因的原始储藏库；猪是一个可以同时感染来源于禽和哺乳动物流感病毒的混合器，并能产生能够感染人及其他哺乳动物新的毒株。

1.5 传播途径及流行特点

感染禽流感病毒的家禽从呼吸道、眼结膜、粪便中排出病毒，通过被污染的饲料、水、工具、衣物、鞋底及空气等传播。昆虫、种蛋、特别是鸟类均可传播病毒 。本病一年四季均可发生，但以候鸟迁徙的寒冷季节为严重多发期。近年来，季节界限逐渐被打破。当前，在高强度的强制免疫及多种家禽混养的大背景下，禽流感病毒毒力有增强态势，鸭子、鹅等水禽在感染禽流感病毒后也出现了大批死亡的临床病例。

1.6 禽流感病毒对理化因素的抵抗力

禽流感在环境中稳定性相对较差、物理因素如热、极端 pH 非等渗条件和干燥等能使其失活。

（1）病毒不耐热。4℃温度下存活 30～35 d；20℃ 温度下存活 7 d；56℃ 温度下存活 30 min；60℃加热 10 min、70℃加热 2 min 即可丧失活性。直射阳光下 40～48 h 即可灭活该病毒。紫外线直射可破坏其感染力、血凝素活性和神经氨酸酶活性。

（2）病毒耐低温。在冷冻的禽肉和骨髓中可存活 10 个月，在有甘油保护的情况下可保持活力 1 年以上。在－20℃温度下可存活数年。

（3）在干燥的尘埃中可存活 2 周，阴冷潮湿的条件有利于病毒的生存。凉爽和潮湿的条件下病毒存活时间会很长。冬天病毒在潮湿的粪便中可以存活 105 d。根据美国科技部门研究得出：1 g 带毒的病鸡粪便可以感染 100 万只鸡，因此，无论是家禽粪便污染的养殖环境、设施设备、人员和水源，一旦健康非免疫家禽与其一接触即可引起感染并发病。

（4）在野外条件下，禽流感病毒常从感染禽的鼻腔分泌物和粪便中排出，病毒受到鼻涕或粪便等有机物的保护，增强病毒对理化因素的抵抗力。

1.7 杀灭病毒的方法

要控制野毒感染就需要采取适当的方法消灭环境中隐藏的病毒。

（1）控制高致病性禽流感的主要问题是如何控制严重污染的粪便。垫料和粪便可以通过掩埋、用塑料盖住堆肥发酵等方法进行处理。如：将鸡舍温度加热到 32.2～37.8℃，并维持 1 周。彻底清除和通过掩埋、堆肥（不少于 10 d）或者焚烧等方法处理粪便和垫料。

（2）要灭活环境中的病毒，首先应扑杀掉全部发病鸡只，然后对整个圈舍喷洒有效的消毒剂，将有机物包括粪便清除，再用洗涤剂清洗表面，之后再用次氯酸钠溶液消毒、福尔马林熏蒸等方法消毒，以杀灭房舍内污染的流感病毒。鸡舍、设备在清扫、清洗、消毒后空置 2～3 周。

（3）禽流感病毒是囊膜病毒，对诸如去污剂等脂溶剂比较敏感，抵抗力不强。常用消毒剂很容易将其杀死，如：戊二醛、碘制剂、含氯消毒剂、烧碱、过氧乙酸、双链季铵盐等能消毒剂可将病毒杀灭。

(4)家禽产品的安全烹饪。巴氏消毒法和烹饪能有效灭活禽流感病毒。USDA 对禽肉的标准烹饪时间是内部应达到 73.9℃,巴氏消毒法(55.6～63.3℃,210～372 s)足以杀死病毒。

2　高致病性禽流感的症状

2.1　临床症状

(1)突然暴发,无任何临床症装,突然死亡,高发病率、高死亡率,死亡率达 40%～100%。

(2)病程稍长的,精神萎靡,可见羽毛松散,呆立不动,体温升高,体温达 43℃,不食,有些可见绿黄色下痢。冠和肉髯肿胀,边缘有紫黑色坏死斑点。呼吸困难,尖叫,严重呼吸道症状,头面部水肿,流泪,眼分泌物增多;腿跖部皮肤鳞片下有紫黑色出血。有的鸡出现神经症状,抽搐,运动失调,母鸡产蛋量急剧下降。

2.2　剖检症状

全身皮下尤其头部皮下出现胶冻状浸润;脑部有坏死灶,非化脓性脑炎;气管、支气管、肺脏充血、出血,气管有大量黏液或者出血;胸腺出血、萎缩;内脏各种浆膜、黏膜广泛性出血;腹腔内有多量干酪样渗出;卵泡充血、出血、破裂、畸形、萎缩、液化、变性,呈纤维素性或卵黄性腹膜炎。输卵管内有大量蛋清(奶油)样分泌物;公鸡睾丸出血、肾脏出血、心肌、肝有坏死灶,脾脏坏死,呈大理石样变;消化道表现为口腔有大量黏液或者出血,嗉囊中积有大量液体,腺胃乳头有大量黏液或者出血、肌胃角质层下严重出血,肠道黏膜为卡他性出血炎症,胰腺链条状肿胀、坏死,泄殖腔黏膜充、出血。

3　高致病性禽流感造成的经济损失

3.1　直接经济损失

(1)耗费大量人力、物力和财力扑杀处置、清洁消毒、隔离监测及扑杀补助等。

(2)家禽的高死亡率和高致病率给养殖场带来灾难性打击和巨大经济损失。

3.2　间接经济损失

(1)影响家禽生产性能、鸡蛋品质及养殖场主收入。

(2)浪费地租、固定资产折旧等费用。

(3)污染养殖场环境,导致停场空舍 6 个月以上。

(4)养殖场心理负担加重,疫情引起社会消费恐慌,造成经济发展受阻甚至停滞。

4　引发禽流感疫情的诱因

4.1　疫苗免疫存在漏洞

4.1.1　发生疫情养禽场的流感疫苗免疫情况

据调查得出,发生疫情养禽场饲养的 150～195 日龄蛋鸡群易感性高,鸡龄偏大且疫苗保护超期或者免疫程序不合理、高致病性禽流感疫苗免疫次数少于3次的鸡群较易发病。

4.1.2 基础免疫及日常疫病诊治不规范

发病养禽场的常规基础免疫程序不合理，疫苗使用廉价疫苗，品质难以保证；养殖场接受非专业游医的技术指导服务；使用劣质低价兽药，有滥用兽药倾向，造成因常规疫病未能有效控制而继发疫情。

4.2 养殖场生物安全控制存在的问题

4.2.1 选址不合理

养殖场选址、规划、布局、圈舍设计有问题，临近公路及候鸟栖息水源地，封闭、防疫条件不理想。

4.2.2 无序布局

家禽养殖场（小区）小规模大群体的现象突出，养殖区域布局密集、畜禽混养，养殖大环境恶劣，养殖场鸡舍环境小气候控制能力差，外界天气变换对鸡舍影响大，骤降的天温是发病的诱因。

4.2.3 防疫设施建设滞后

发病养殖场消毒防疫意识和防控意识不强，不具有必需的消毒防疫设施设备，特别是大门口的消毒通道。即使建有消毒池，也多是闲置，或者使用低价劣质消毒液，严重影响消毒质量和效果。养殖的防鸟设施建设滞后，麻雀等鸟类可随意进入鸡舍内觅食和排泄粪便。

4.2.4 人员流动及工具移动控制粗放

（1）养禽场雇佣社会职业免疫接种服务人员实施免疫注射、紧急注射治疗、断喙、转群服务，甚至有的养殖场还使用他们提供的公共注射器。

（2）封闭意识不强，养殖场处于开放状态，人员、车辆、工具进出自如，特别是家禽及蛋品贩运人员、专业拉粪人员车辆及工具、动物保健品、鸡苗、饲料销售服务人员可随意进出养殖场生活区，管理区，甚至是生产区。

4.4 发病鸡场饲料营养状况水平

鸡蛋价格及家禽价格低迷，养殖场兴起自配饲料或者使用低营养水平的廉价饲料。而养殖场自配制饲料因原料把关、配方设计、加工工艺、搅拌均匀度、储藏条件、生产防疫卫生环境等、饲料运输车、鸡蛋运输车消毒不严格，造成饲料霉菌超标、饲料污染及营养失衡，损伤实质器官，大幅度降低了家禽的免疫力。

4.2.5 饲养鸡苗品种来源地复杂

养殖场引种混乱，品种来源地多，增加了引入性疫病的发病概率；鸡苗品质参差不齐。部分发病养殖场饲养的家禽存在着免疫抑制疫病，如血管瘤时有发生，影响了家禽的整体疫苗免疫效果。

4.2.6 在养殖内或者周围晾晒鸡粪

为了处理好鸡粪，提高鸡粪的销售价格，增加养殖场经济效益，部分养殖场直接在养殖场内或者周边晾晒鸡粪，增加了疫病的交叉、传播和感染机会。

4.2.7 饮水来源

部分养殖场缺水问题突出，部分养殖场从场外拉来开放天然水塘的池塘水供鸡饮用或者冲洗场地，导致疫病传播。

4.2.8 畜禽来源混杂

存在把市场上销售剩余鸡来回养殖场原舍饲养或者从养殖场外购买鲜活家禽及产品到养殖场的问题；对残鸡、次鸡、病鸡未进行隔离，未做到全进全出；存在多种畜禽混养的问题。

4.2.9 对病死家禽处置不当

将病死鸡生喂猪、犬或者乱扔、乱宰。

5 综合预防控制措施

5.1 强化组织领导

各级政府强化组织领导，建立养殖从业人员的培训教育机制，落实养殖场户主体责任，畜牧兽医部门要，制定防控技术措施，有计划地开展全覆盖防疫督查指导，严格动物检疫，建立活禽交易市场准入机制，开展动态病原学监测及风险评估，畅通疫情举报渠道，及时排查，规范处置可疑疫情，统一技术措施、统一防控步骤，统一提升防疫级别，实现大区域统防统控。

5.2 养禽场综合防控技术措施

(1)封闭饲养，提升生物安全控制水平，限制人流、物流，强化消毒灭源工作，严格消毒制度，做好大门口消毒、进出人员消毒、饮水消毒、带禽消毒与外场周边环境卫生控制、消毒。

(2)规范免疫程序，加强常规免疫和高致病性禽流感的强制免疫工作，主动接受检测和动物卫生监督部门的监督，做到每 2～3 个月 1 次，提高家禽特异性免疫力。

(3)精细管理，注意鸡舍的防寒保暖，减少应激，饲喂高品质全价饲料，最大限度提高家禽非特异性免疫力。

(4)不重复使用外来专用塑料(回收)蛋箱、受污染蛋托和注射器等用具。

(5)不让无关人员进入圈舍，不再雇佣职业疫苗免疫服务队进入鸡舍开展免疫接种服务。

(6)选择通过 GSP 认证的兽药经营服务企业和执业兽医提供保健预防服务和安全用药，确实抓好常规疫病的防控和治疗工作。

(7)对病死家禽严格进行无害化处理，不销售、不乱扔、不生喂猪、犬、不屠宰食用。

(8)加装防鸟设施，着重防住鸟，同时强化防鼠、防苍蝇及蚊虫工作。

(9)保持养殖场清洁卫生，不在养殖场周边或者场内晾晒禽粪。

(10)专一生产。不得鸡、猪、犬、猫混养，鸡、鸭、鹅混养。

(11)停止引进新的家禽，引进家禽也需严格执行检疫申报制度及隔离制度。

6 结论

禽流感病毒具有血清型多、变异快、症状多、易感动物多、传播途径多，造成损失大，对家禽养殖是毁灭性的，实践证明，禽流感病毒多重特性，决定了过多依靠对型疫苗的免疫或者高频次的免疫，单一依靠各自为政的养殖场无序防控，是无法有效、彻底防控住禽流感的，只有通过各级政府、畜牧兽医主管、技术监督服务部门和养殖场(户)密切配合，统一思想、统一技术、统一方案、统一步骤、各司其职，构建起涵盖县区、养殖场的生物安全控制为主导的系统防控工程，严格执行养殖场的防疫条件审查，推进标准化健康养殖技术，精细化管理才可以有效防控住禽流感疫情，确保家禽业持续健康稳定发展。

参考文献

[1] 赵青松.宜昌市禽流感的调查与防制对策研究[D].华中农业大学，2004.

[2] 龙新.正确分析当前禽流感疫情形势 扎实推进各项禽流感防控措施落实[N].中国畜牧兽医报，2007.

[3] 崔尚金，李曦，童光志.禽流感发生的流行病学分析[A].中国畜牧兽医学会，2004学术年会暨第五届全国畜牧兽医青年科技工作者学术研讨会论文集(下册)[C].2004.

[4] 颛锡良.吴延功研究员谈禽流感的防控[J].北方牧业，2009(07).

[5] 魏磊，高致病力禽流感流行新特点及预防控制对策[J].安徽农业科学，2004(02).

[6] 张秀美.禽流感的流行特点和综合防制[J].山东家禽，2002(02).

2018

第五篇　特种养殖

骆驼低磷病的诊断及治疗

李彦军* 梁建忠 李晓婷 桑吉策仁

（内蒙古阿拉善右旗动物疫病预防控制中心，内蒙古阿拉善 737300）

摘要：通过对双峰驼骨质疏松病的研究，结果表明，该病发病率为 30.9%，致死率 28.3%，该区土壤、牧草中、P 含量极显著低于正常值（$p<0.01$），牧草 Ca：P 为 50：1；病驼全血和被毛 P 含量亦低于健康驼（$p<0.01$）。因此认为该病主要是由双峰驼食物链中 P 缺乏所致的一种骨营养不良症。

关键词：双峰驼；骨质疏松症；磷缺乏

在内蒙古阿拉善右旗努日盖苏木阿嘎查，有两户牧民的双峰驼发生以走路摇摆，步态强拘，骨折，卧地不起，消瘦继而引起死亡为主要特征的疾病，经流行病学调查，临床症状，病理变化及实验室矿物元素分析，诊断为低磷所致的双峰驼骨质疏松病。

1 流行病学调查

内蒙古阿拉善右旗努日盖苏木阿嘎查位于巴丹吉林沙漠腹地，牧草稀疏，主要有沙竹、梭梭、白茨、黄蒿等。气候干旱恶劣。双峰驼饮水主要为地表水，矿化度 2～3 g/L。该次双峰驼发病的两户牧民家的双峰驼在同一眼井饮水，草场类型相同。两户牧民共有双峰驼 166 峰，发病 53 峰，发病率 31.9 %，死亡 15 峰，死亡率 28.3%。在这两户牧民的驼群中共有母驼 44 峰，发病驼中母驼有 24 峰，母驼的发病率高达 54.6%，当地双峰驼以放牧为主，较少补饲，平时双峰驼营养较差；这几年当地又连续大旱，双峰驼饲草缺乏、单一，主要以梭梭枝叶为主，调查该两户牧民的双峰驼膘情很差、营养不良。

2 样品采集

选择巴丹吉林沙漠腹地两户双峰驼发病牧民家具有典型症状的病例，采集其颈静脉全血，用肝素抗凝，同时采集颈部被毛样品，对其中的 6 例病驼进行病理剖检，并选择了发病率较高的 12 个点采集土壤 12 份，饮水 12 份和牧草 20 份（芦苇、沙竹、梭梭、白刺等牧草的混合样），用以分析矿物质含量。同时在未发生骨质疏松症的阿拉善右旗巴温苏木采集对照样品，对照区属戈壁荒漠草场，牧草以白刺、梭梭为主。

---

* 作者简介：李彦军（1966—），男，高级兽医师，本科，从事兽医基层工作，E-mail：lyj669660@163.com

通讯作者：李彦军（1966—），E-mail：lyj669660@163.com

3 样品矿物元素分析

土壤风干后用100目筛选；牧草在80℃干燥箱中烘干、粉碎；被毛用1%洗洁精浸泡洗涤，用自来水冲洗若干次，再用蒸馏水和无离子水各洗3次，置80℃烘干。

所有样品均用湿法消化，用AA-640原子吸收分光光度计和Lamb-7紫外分光光度计测定下列元素：Cu、Fe、Zn、Mn、Co、Ca（火焰原子吸收法），Se（氢化物发生原子吸收法），Mo、P（比色法），F（氟度剂法）。

4 临床症状及剖检变化

发病驼体温、脉搏、呼吸正常，主要表现为消瘦、走路摇摆、步态强拘、强行驱赶不能快走或易摔倒；站立时两前肢向外扩展，两后肢叉开似“八”字；喜吃异物，如盐碱土、动物骨头等；病情严重的骨折或无法站立，因饥饿消瘦而死亡。

剖检变化最主要的是全身性骨损伤，最严重的是肋骨、肩胛骨、椎骨、头骨等，用穿刺针头极易刺入，受损骨多孔，呈海绵状，易击碎，重量变轻，四肢骨密质层变薄，关节后面出现虫蚀状不规则的溃疡；在肋骨还可见陈旧的骨折痕迹；肾脏极度肿大、发黄、发软、肝脏轻度肿大，大脑、小脑脊髓轻度充血和水肿。

5 组织病理学变化

皮质骨哈氏管极度扩张、扭曲，哈氏系统骨板萎缩变小或疏松，甚至出现裂隙，骨基质减少，骨细胞变圆，周围间隙增宽。松质骨骨小梁数量减少，体积变小，无纤维增生和过量骨样组织形成。肾皮质近曲小管上皮变性、空泡化，坏死甚至崩解，居灶性间质纤维化，夹杂肾小管萎缩，有时可见亚急性肾小球肾炎。肝细胞变性，肿胀甚至坏死，胞浆内有微细的颗粒物质。中枢神经系统神经细胞肿胀变圆，胞浆均质透明、尼氏小体减少。

6 矿物元素分析

6.1 土壤、牧草矿物元素含量

土壤、牧草矿物元素含量见表1。经生物统计学分析，土壤、牧草中Cu、P含量极显著低于对照区（$P<0.01$），牧草中Ca含量极显著高于对照区（$P<0.01$），牧草中Ca∶P为50∶1，其余元素均差异不显著（$P>0.05$），病区双峰驼饮水F含量为（1.148 ± 0.24）μg/mL。

6.2 双峰驼血、毛矿物元素含量

双峰驼血、毛矿物元素含量见表2，从表2显示，病驼血、毛磷含量显著低于正常驼（$p<0.01$）。

表 1　土壤、牧草矿物元素含量　　$\mu g/(g \cdot kg)$

元素	土壤		牧草	
	病区（12 份）	对照区（6 份）	病区（20 份）	对照区（10 份）
Se	0.05±0.04	0.083±0.02	0.045±0.022	0.044±0.015
Cu	10.52±6.83	16.3±2.10	2.473±1.99	8.27±2.56
Ca	16 320±3 209	14 367±1 462	18 855±1 2547	5 820±1 252
P	42.3±13.5	63.5±11.0	379±27.4	776±23
F	17.31±3.27	20.8±4.3	24.36±5.77	19.2±2.1

表 2　双峰驼血、毛矿物元素含量

元素	血/（$\mu g/mL$）		被毛/（$\mu g/g$）	
	病驼（20 份）	健康驼（30 份）	病驼（20 份）	健康驼（30 份）
Se	0.274±0.102	0.288±0.09	0.213±0.172	0.194±0.04
Cu	0.804±0.297	0.827±0.263	4.64±1.55	4.751±0.83
Zn	15.31±4.19	14.87±3.09	147.67±24.41	146.9±18.2
Mo	0.531±0.104	0.433±0.09	0.412±0.21	0.409±0.18
Fe	527.3±94.8	559.6±103.8	323.2±195.8	330.5±155.6
Mn	0.421±0.105	0.341±0.104	4.34±1.25	4.719±1.46
Co	0.953±0.227	0.61±0.12	1.01±0.32	0.98±0.23
Ca	124±31.2	126.3±24.1	2 104±643	1 983±467
P	253±72.4	288±62.4	98.4±21.7	132±13.4

6.3　双峰驼组织元素含量

双峰驼组织元素含量见表 3。从表 3 可知，病驼肝、肾铜含量低于正常驼（$p<0.01$）；肋肌中磷含量显著低于正常驼（$p<0.01$），仅为健康驼的 42.6%。病驼、健康驼肋骨钙：磷分别为 5∶1 和 2∶1。肋骨和牙齿氟含量在正常范围之内。

表 3　双峰驼组织元素含量　　$\mu g/g$

元素	肝		肾		肋骨		牙齿	
	病驼	健康驼	病驼	健康驼	病驼	健康驼	病驼	健康驼
Se	1.5042±0.199	1.109±0.83	3.975±0.117	3.942±0.147	0.294±0.159		0.374±0.111	—
Cu	447.9±213.3	538.1±308.9	11.29±3.93	23.44±9.87	5.28±3.98	7.266±2.52	4.866±0.265	—
Mo	7.00±3.342	6.84±4.14	6.676±1.449	5.01±2.65	1.118±2.705	1.34±1.12	2.993±1.497	—
Zn	136.7±50.26	139.8±39.7	87.23±13.23	80.09±14.65	123.63±51.39	81.69±18.24	100.3±62.8	—
Fe	584.1±155.1	497.9±267.7	435.98±78.58	487.6±92.3	170.6±140.3	206.3±99.04		—
Mn	6.781±1.978	5.66±1.65	2.516±0.61	2.523±1.19	4.624±1.678	5.007±0.73	5.245±0.44	—
Ca/(Mg/g)					150.6±36.94	134.88±8.83	171.16±29.62	—
P/(Mg/g)					32.00±9.18	75.09±9.99	31.25±8.03	—
F	115.2±31.5	—	45.92±34.65	—	55.91±32.57	97.23±11.42	90.72±8.52	—

7 结论

(1)通过流行病学调查,临床诊断,病理剖检和组织病理学观查,血、毛、组织矿物质元素分析,确认该病为低磷所致的双峰驼骨质疏松症。

(2)依据诊断进行了治疗。一是给病驼(未骨折)灌服磷酸二氢钠,每天一次,每次 60 g,连服 7 d,二是给病驼和健驼投服 Se、Cu、Co 微量元素缓释丸(30 g,基质为铁粉),观察一年。

病驼灌服磷酸二氢钠 7 d 后,停药症状减经,可以跟牧。适当补饲优质牧草,每日补饲玉米 2 kg/峰,一个月后症状完全消失。投服微量元素缓释丸观察一年,两户牧民放牧的双峰驼未发生该病,认为 Se、Cu、Co 微量元素缓释丸对该病有防治效果。

鸣谢:本项目元素分析由甘肃农业大学兽医学院帮助完成,在此表示感谢。

笼养花冠皱盔犀鸟云南亚种在模仿原生环境条件下的繁殖研究

李有龙[1*]　金志堃[2]　刘秀梅[1]　唐阳春[1]　刘垒成[1]　李康兰[1]　李元珍[1]

(1.云南野生动物园有限公司,云南昆明　650218;
2.云南森林自然中心,云南昆明　650000)

摘要:花冠皱盔犀鸟在动物园人工圈养的圈舍面积有限,在昆明自然环境下繁殖颇有难度。2014 年云南野生动物园对饲养的 1 对花冠犀鸟圈养笼舍改造,人工模拟原生环境,并通过犀鸟对人工环境的适应,经过 2 年的研究成功繁殖 2 次花冠皱盔犀鸟。

关键词:花冠皱盔犀鸟云南亚种;模仿原生环境;繁殖研究

花冠皱盔犀鸟云南亚种根据《犀鸟科中国新纪录——花冠皱盔犀鸟》报道,1992 年 3 月和 1997 年 4 月在盈江铜壁关乡下石梯和洪崩河村寨的猎人家中分别获得两具头骨,并在 1996 年在盈江铜壁关乡下石梯看见犀鸟活体飞行。由于栖息环境的破坏和屡禁不绝的非法盗猎,野生犀鸟的数量已越来越少,稀少的野生种群也难以进行基因交流;动物园圈养的犀鸟繁殖存在很大难度,现有种群数量不多且在日益减少,已被列入《国家重点保护野生动物名录》国家二级保护动物。

1　花冠皱盔犀鸟云南亚种的野外生存环境

1.1　野外分布范围

花冠皱盔犀鸟云南亚种仅见于中国云南西部盈江县铜壁关乡下石梯和洪崩河一带有过报道。

1.2　野外栖息环境

花冠皱盔犀鸟云南亚种分布的铜壁关乡最高海拔 2 877 m,最低海拔 240 m,年降水量 1 800 mm,年平均气温 16℃,主要栖息于亚热带常绿阔叶林中,尤其在河流沿岸湿性常绿阔叶林中较易见。

1.3　野外生活习性

常成 3～5 只的小群活动。叫声单调、沙哑,像狗叫,有时也能发出低沉的双音节声音。飞

---

* 作者简介:李有龙,男,毕业于中国农业大学动物医学专业,云南野生动物园经理,主要从事野生动物管理、救护、繁殖、疾病预防研究。

翔时显得较笨重，很远即能听见振翅声响。食性主要以植物果实为食，也吃树蛙、蝙蝠、蜥蜴等动物性食物。

1.4 野外繁殖

在中国未见有文章对野外繁殖的记录，据在印度对其他亚种的繁殖研究，从2～6月均见有产卵的。营巢于树上，特别喜欢选择在丛生的巨树上营巢。每窝产卵2～3枚，有时仅产1枚卵。卵为白色，有时沾染黄色，光滑无斑。

2 模仿原生环境

2.1 植物营造

对圈养犀鸟馆外活动场种植热带常绿乔木，修建水池，外运动场的面积约为70 m^2，网格式、高低错落种植樟树3棵、木姜子树2棵、山茶树5棵、木莲2棵、杞木1棵、臭椿2棵、樱桃树2棵、鸟巢蕨5棵，地面种草。犀鸟可以在树上栖息，把人工制作巢穴安装在靠角落相对安静的树丛间，可以避让工作人员打扫卫生等进出笼舍，减少应激。

2.2 温、湿度调节

人工控制温度控制13～28℃，湿度70%～80%，光照保持9 h。

(1)室内安装暖风机、室外运动场用红外线灯安转在遮阳伞底下使温度达到13℃以上，室外运动场形成保温局部和不保温区域温度差异供其自然选择。

(2)使用绿化喷淋水管和喷头改装在运动场的房顶上盘绕一圈固定，在湿度达不到要求的情况下打开喷水，始终保持外室地面湿润，达到湿度范围。

(3)昆明光照时间短，安装日关灯使用光控开关和定时开关控制电源，定时时长在每天9 h。

2.3 繁殖巢穴制作

(1)繁殖巢穴的外观：模拟生态环境树木，使用木板制作成圆形树状，外表树皮包裹，高度250 cm，树立在树丛间。

(2)繁殖巢穴的尺寸：巢体内部做成不规则树洞，直径85 cm，高110 cm，在距地面底部130 cm高的中部开一50 cm×70 cm的椭圆形不规则开口，开口边缘做的粗糙不平。

(3)营巢物：巢内底层铺黄泥、放置热带树叶做铺垫。犀鸟封闭洞口期间提供枯草、枯叶、泥块、碎木屑、红泥土等方便犀鸟取用。

2.4 食物选择热带水果为主及喂食丰容

日粮配方选择接近原生地质软容易消化的热带水果为主，如火龙果、西番莲、龙眼、琵琶、山竹、红毛丹、木瓜、荔枝等，各种时鲜果蔬轮换饲喂。饲喂时把水果插到树枝上让其自然采食，让犀鸟模拟自然界采食行为。

3 繁育行为观察及结果对比

3.1 使用方法

3.1.1 观察方法

肉眼观察,并做好详细记录。观察季节选择在犀鸟繁殖的3～7月份共5个月,每天进行6次观察,每次时长30 min:8:30—9:00;10:00—10:30;11:30—12:00;13:00—13:30;15:00—15:30;16:30—17:00。

3.1.2 观察内容

发情情况:根据发情的行为表现程度分为10个等级记录。

每天交配次数:记录每天交配的次数。

交配期长:指从交配第一天起到停止交配的一天止的天数。

产卵数量:指每一窝产卵的枚数。

出壳数量:记录孵化出壳的幼雏数量。

育雏成活数量:是记录犀鸟出巢穴飞行开始即定位成活。

3.2 观察数据对比分析

(1)从图1对比图可以看出模仿原生境后犀鸟发情、交配、交配期长都成正比的态势上升,并在模仿原生境第一年就开始产蛋,第二年相继产蛋孵出小犀鸟育雏成活。证明改造模仿原生境的环境有利于犀鸟的繁殖。

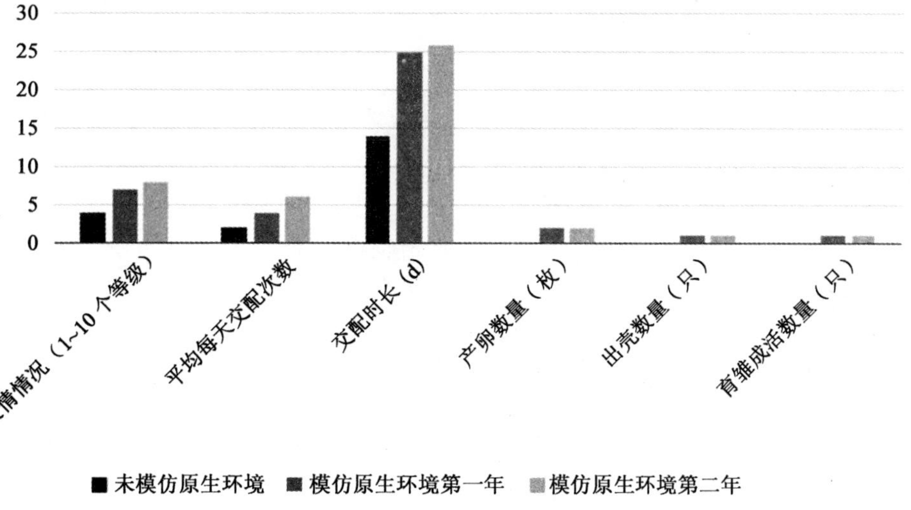

图1 繁育行为数据分析图

(2)在产卵数量、出壳数量、育雏成活数量自从模仿原生境第一年和第二年没有变化,因为时间年限和犀鸟个体本身的差异没法求知其原因。

(3)本文单就环境的改造得出的结论，只是同一对犀鸟的对比，没有办法就更多的统计学数据去论证种群的影响有多大。

参考文献

[1] 袁剑峰，于柏健.花冠皱盔犀鸟的驯养[J].野生动物，1999.20(4).
[2] 李有龙，刘秀梅.中药对花冠皱盔犀鸟催情方面的应用[J].中国畜牧兽医文摘，2015(12).